矿山开采与地下水环境保护研究

张祥　李飞飞　杜欣莉　主编

吉林科学技术出版社

图书在版编目（ＣＩＰ）数据

矿山开采与地下水环境保护研究 / 张祥，李飞飞，
杜欣莉主编. -- 长春 ：吉林科学技术出版社，2022.8
ISBN 978-7-5578-9520-4

Ⅰ．①矿… Ⅱ．①张… ②李… ③杜… Ⅲ．①矿山开
采－关系－地下水保护－研究 Ⅳ．①TD8②X523

中国版本图书馆CIP数据核字(2022)第112483号

矿山开采与地下水环境保护研究

主　　编	张　祥　李飞飞　杜欣莉	
出 版 人	宛　霞	
责任编辑	王　皓	
封面设计	北京万瑞铭图文化传媒有限公司	
制　　版	北京万瑞铭图文化传媒有限公司	
幅面尺寸	185mm×260mm	
开　　本	16	
字　　数	305 千字	
印　　张	14.5	
印　　数	1–1500 册	
版　　次	2022年8月第1版	
印　　次	2022年8月第1次印刷	

出　　版	吉林科学技术出版社
发　　行	吉林科学技术出版社
地　　址	长春市南关区福祉大路5788号出版大厦A座
邮　　编	130118
发行部电话/传真	0431-81629529　81629530　81629531
	81629532　81629533　81629534
储运部电话	0431-86059116
编辑部电话	0431-81629510
印　　刷	廊坊市印艺阁数字科技有限公司

书　　号	ISBN 978-7-5578-9520-4
定　　价	58.00 元

《矿山开采与地下水环境保护研究》
编审会

前言

　　矿山开采过程中所排放的废石、矿坑水以及尾矿所造成的水污染是不可忽视的环境问题，它不仅污染着矿山的水资源，同时给周边居民生活用水带来不同程度上的威胁。一般来说，地下水污染是由于人为因素的影响，导致水中所含成分的浓度发生变化，进而达到破坏环境，危害人类健康。矿山污染物对地下水污染的主要形式包括可溶盐溶解及水文地球化学作用。而矿山开采对地下水的污染总体上主要包括直接污染与间接污染两种形式，其中直接污染主要是通过尾矿、废石、选矿过程中所排放的污水及矿坑水对水资源污染来实现。矿山开采中所抛弃的废石由于长期经过各种水源的浸泡及渗滤对地下水鱼地表水造成很大的危害，比如金属矿废石如果废弃于地面，经过长期的雨水渗滤、氧化及分解会产生大量的酸性废水，这些废水任意排放会严重危害当地居民生活用水，造成无法挽回的损失。总之，矿山开采不仅影响着水资源量与水资源循环，同时也引起含水层水位变化及造成地下水污染。要通过统一规划管理与推行水资源有偿使用、强化开采过程中保护矿山地下水资源的措施、加大对矿山废水污染控制力度及做好地下水污染的调查和防治工作等途径，切实保护矿山地下水资源。

目录 CONTENTS

第一章 矿山及开采基础知识

第一节 矿山开采基础知识

一、煤层的分类

煤层的倾角、厚度、形状、结构、稳定性等对开采方法与所需设备的选择影响较大，因此，需要按照其赋存特征对煤层进行分类。

（一）按照煤层倾角的分类

根据当前矿山开采技术，中国按照倾角将煤层分为 4 类：近水平煤层（＜8°）；缓斜煤层（8°～25°）；倾斜煤层（25°～45°）；急斜煤层（0°～45°）。

中国煤矿以开采近水平煤层和缓斜煤层（0°～25°）为主，矿井数占 65.6% 左右，生产能力占 78.4% 左右，开采其他煤层的矿井数和生产能力所占比重均较小。

（二）按照煤层厚度的分类

根据当前矿山开采技术，中国按照厚度将煤层分为 3 类：薄煤层（＞1.3m）；中厚煤层（1.3～3.5m）；厚煤层 03.5m）。通常又把大于 8.0m 的煤层称为特厚煤层。

根据煤种、煤质、煤层倾角、开采技术水平等，我国煤矿薄煤层的最小开采厚度一般为 0.5～0.8m。

中国煤矿的可采储量和产量以厚及中厚煤层为主，它们分别占总储量的 81.3%

左右和总产量的 93.3% 左右。

（三）按照煤层结构的分类

煤层通常是层状的，其中有时含有厚度小于 0.5m 的沉积岩层，称之为夹矸层。

根据煤层中有无较稳定的夹矸层，可将煤层分为 2 类：①简单结构煤层，即煤层中不含夹矸层，但可能有较小的矿物质透镜体和结核；②复杂结构煤层，即煤层中含有较稳定的夹矸层，少则 1～2 层，多则数层。

夹矸层会造成煤层含矸率高，煤质差，机械化开采困难等一系列问题。

（四）按照煤层形状的分类

按照煤层形状将煤层分为以下 3 类：

①层状；

②似层状，如串珠、瓜藤状；

非层状，如鸡窝、扁豆状。五、按照煤层稳定性的分类

煤层的稳定性是指煤层形态、厚度、结构及可采性的变化程度。

按照煤层的稳定性可将煤层分为 4 类：①稳定煤层，即井田内煤厚均大于最小可采厚度，其变化有规律；②较稳定煤层，即煤层厚度变化较大，但大多可采，仅局部不可采；③不稳定煤层，即煤层厚度变化很大，因此常出现不可采区域；④极不稳定煤层，即煤层常呈现特殊的似层状、非层状，分布不连续，仅局部可采。

二、矿井井巷的分类

（一）按照井巷空间角度的分类

为进行采矿而在地下开掘的各类巷道和硐室的总称为矿井井巷。

根据其空间角度特征，可将矿山井巷分为垂直巷道、水平巷道和倾斜巷道。

（1）垂直巷道

如立井、暗立井、溜井等。

在地层中开凿的直通地面的垂直巷道称为立井，又称竖井。专门或主要用于提煤的立井叫主立井；主要用于提升物料设备、升降人员等辅助工作的立井叫副立井；生产中开掘的专门用来通风、排水等的立井，相应称为风井、排水井等。

不与地面直通的垂直巷道称为暗立井，其用途同立井。

井下专门用于由高到低溜放煤炭的垂直巷道称为溜井。在采区、盘区及带区内，高度不大、直径较小的溜井称为溜煤眼。

溜井一般不需装备提升设备，而暗立井则需要。

（2）水平巷道

如平硐、平巷、石门等。

在地层中开凿的直通地面的水平巷道，称之为平硐。它分为主平硐、副平硐、通风平硐、排水平硐等。

2

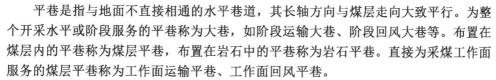

平巷是指与地面不直接相通的水平巷道,其长轴方向与煤层走向大致平行。为整个开采水平或阶段服务的平巷称为大巷,如阶段运输大巷、阶段回风大巷等。布置在煤层内的平巷称为煤层平巷,布置在岩石中的平巷称为岩石平巷。直接为采煤工作面服务的煤层平巷称为工作面运输平巷、工作面回风平巷。

石门是在岩层中开掘的、不直通地面、其长轴方向和煤层走向垂直或斜交的岩石平巷。连接井底车场和大巷、为开采水平服务的石门称为主石门。为采区服务的石门称采区石门。在厚煤层中开掘的、不直通地面、与煤层走向垂直或斜交的平巷,则称为煤门。

(3) 倾斜巷道

如斜井、上山、下山、分带斜巷等。

在地层中开凿的直通地面的倾斜巷道称为斜井。其作用与立井、平硐相同。不与地面直通的斜井称为暗斜井,其作用与暗立井相同。

上山是位于开采水平以上,为本水平或采区服务的倾斜巷道;下山是位于开采水平以下,为本水平或采区服务的倾斜巷道。按照用途,上下山又可分为运输上下山、轨道上下山、通风上下山、行人上下山等。

采用带区式划分时,采煤工作面两侧的分带斜巷按照其用途可分为运煤斜巷和运料斜巷。此外溜煤眼和联络巷等有时也是倾斜巷道。

(4) 硐室

具有专门用途,在井下开掘的断面较大但长度较短空间构筑物称为硐室．如绞车房、水泵房、变电所、煤仓等。

(二) 按照井巷用途及服务范围的分类

按照井巷的作用及服务范围不同,可将矿井井巷分为开拓巷道、准备巷道及回采巷道 3 种类型。

(1) 开拓巷道

为全矿井或一个开采水平服务的巷道称为开拓巷道．它是从地面到达采区的通道。其作用在于构成开采水平,形成全矿生产系统的主体框架。其服务范围大,服务年限较长,一般为 10 ~ 30a,例如井筒、井底车场、主要石门、运输大巷、回风大巷、主要风井等。

(2) 准备巷道

服务于一个采区、盘区或带区的巷道称为准备巷道,它是从开拓巷道到达区段或分带斜巷的通路。其作用在于构成采区、盘区或带区独立生产系统。其服务年限一般为 3 ~ 5a,例如采区上下山、采区或带区车场、区段集中平巷、采区硐室等。

(3) 回采巷道

服务于一个采煤工作面的巷道称为回采巷道,它是从准备巷道到达采煤工作面的通路。其作用在于构成采煤工作的面独立生产系统。其服务年限一般较短,为 0.5 ~ 1.0a,如区段运输平巷、区段回风平巷、开切眼等。

上述 3 类巷道是按照用途和服务范围划分的,所有巷道都可归于其中,这 3 类巷道之间是互相有机联系的整体，它们共同构成矿井生产系统。

矿井开拓、准备和回采是矿井生产的基本环节，合理解决三者之间的关系，是矿井安全正常生产的前提。

（三）按照井巷所在岩层层位（岩性）的分类

按照井巷所在岩层层位（岩性）的不同，将矿井井巷划分为煤巷、岩巷和半煤岩巷（即岩层或煤层占掘进巷道断面的 $1/5 \sim 4/5$）。

三、矿井巷道布置及生产系统

（一）巷道布置

矿井巷道布置因地质条件、井型、设备、采煤方法的不同而各有特点。矿井巷道掘进准备顺序的原则是要尽快构成主要风路，形成通风系统，确保生产安全；要尽量采取平行作业施工，缩短建设工期，确保采煤工作面早投产、早见效。矿井巷道布置及生产系统如图 1-1 所示。

以图 1-1 为例介绍矿井中的主要生产系统。

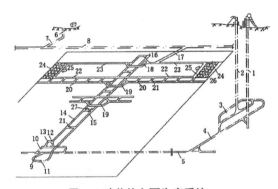

图 1-1 矿井的主要生产系统

1—主井；2—副井；3—井底车场；4—主要运输石门；5—运输大巷；6—风井；7—回风石门；8—回风大巷；9—采区运输石门；10—采区下部车场；11—采区下部材料车场；12—采区煤仓；13—行人进风巷；14—采区运输上山；15—采区轨道上山；16—上山绞车房；17—采区回风石门；18—采区上部车场；19—采区中部车场；20—下区段回风平巷；21—联络巷；22—区段运输平巷；23—区段回风平巷；24—开切眼；25—采煤工作面；26—采空区；27—采区变电所

（二）矿井主要生产系统

（1）运煤系统

自右侧采煤工作面 25 采下的煤，经区段运输平巷 22、采区运输上山 14、采区煤仓 12，在采区下部车场 10 内装车，经开采水平运输大巷 5、主要运输石门 4 到达井底车场 3，由主井 1 提升到地面。

即采煤工作面 25 采下的煤 → 22 → 14 → 12 → 10 → 5 → 4 → 3 → 1 → 地面。

（2）通风系统

新鲜风流从地面经副井2进入井下，经井底车场3、主要运输石门4、运输大巷5、采区运输石门9、采区下部材料车场11、采区轨道上山15、采区中部车场19、下区段回风平巷20、联络巷21、区段运输平巷22，进入右侧采煤工作面25。清洗工作面后，污浊风流经区段回风平巷23、采区回风石门17、回风大巷8、回风石门7，从风井6排出井外。

即新鲜风流自地面→2→3→4→5→9→11→15→19→20→21→22→25右侧采煤工作面；污风自右侧采煤工作面25→23→17→8→7→6→井外。

为调节风量和控制风流方向，需在适当位置设置风门、风窗等通风构筑物。

（3）运料排矸系统

采煤工作面所需材料、设备．用矿车由副井2下放到井底车场3，可经主要运输石门4、运输大巷5、采区运输石门9、采区下部材料车场11，由轨道上山15提升经上部车场18到区段回风平巷23，再运到采煤工作面25。

采煤工作面回收材料、设备和掘进工作面的矸石用矿车经与运料系统相反的方向运至地面。

（4）排水系统

排水系统一般与进风风流方向相反，由工作面25．经区段运输平巷22、采区轨道上山15、采区下部材料车场11、采区石门9、运输大巷5和主要运输石门4等巷道一侧的水沟．自流到井底车场水仓，再由水泵房的排水泵通过副井的排水管道排至地面。

即采煤工作面的涌水经25→22→15→11→9→5→4→3（井底水仓）→2→地面。

（5）动力供应系统

供电系统：矿井地面变电所→副井（高压线缆）→井底车场中央变电所（供给6kV、10kV等高压电）→运输大巷→运输上山→采区变电所（进行降压或不降压）→采煤工作面和掘进工作面移动变电站（升压）→采掘设备。

压气系统：地面压气机房（经管道）→井下各用气地点→掘进工作面风动设备。有的矿井压气机房直接建在井下。

（6）其他生产系统

矿井建设和生产期间，井下还需建立避灾、供水（防尘）、瓦斯抽放（瓦斯矿井）、灌浆系统（防灭火）以及通讯及监测系统等。

第二节 矿产资源及其开发利用

一、矿产资源的概念与分类

矿产资源是指由地质成矿作用形成的，并具有利用价值，呈固态、液态、气态的自然资源。由于研究角度不同，矿产资源分类体系各异。

1. 根据成因和形成条件分类

矿产资源分为内生、外生和变质矿产。内生矿产是由地球内营力作用产生的矿产；外生矿产是由地球外营力作用产生的矿产；变质矿产是由变质作用改造和变质作用形成的矿产。

2. 根据物质组成和结构特点分类

矿产资源分为无机矿产和有机矿产。无机矿产即矿产资源的物质组分全部是无机物质组成的矿产；有机矿产即矿产资源的物质组分全部或者主要由有机物质组成的矿产。

3. 根据特性和用途分类

矿产资源可分为能源矿产、金属矿产、非金属矿产与水气矿产。

（1）能源矿产。是蕴含有某种形式的能，并可能转换成人类生产和生活必需的热、光、电、磁和机械能的矿产。根据物质特性，能源矿产资源可分为三类：①燃料矿产，又称可燃有机矿产。主要由有机物构成，既是燃料又是重要的化工原料。按产出状态又划分为固体矿产、液体矿产和气体矿产。②放射性矿产。即可裂变或聚变为原子能的矿产。③地热矿产。即蕴藏于地球内的热能，主要源自放射性元素蜕变放热和地幔热流，在火山区则源自岩浆活动。

（2）金属矿产。是通过采矿、选矿和冶炼等工序，可从中可提取一种或多种金属单质或化合物的矿产。它是钢铁、有色金属等原材料工业的物质基础。按金属元素性质和主要用途可细分为黑色金属矿产、有色金属矿产、贵金属矿产、稀有金属矿产、稀土金属矿产、分散元素矿产。稀土金属矿产又可细分为轻稀土矿产和重稀土矿产。

（3）非金属矿产。是能提取某种非金属元素或可直接利用其物理化学或工艺性质的矿产。依据非金属元素自身的性质和用途，又可细分为冶金工业原料矿产、化学工业及肥料工业原料矿产、制造业原料矿产、陶瓷及玻璃工业原料矿产、压电及光学原料矿产、建筑材料及水泥原料矿产、工艺美术原料矿产、铸石和研磨材料矿产。

水气矿产。是蕴含有某种水、气，经开发可被人类利用的矿产。

二、矿产资源的特性

从自然和经济两方面进行分析，矿产资源的特性概括为五个方面：

1. 不可再生性

矿产资源生成过程是漫长、复杂的，相对于人类社会的发展而言，是有限的，是不可再生的。

2. 隐蔽性和风险性

矿产资源除少数出露在地表外，绝大多数都埋藏在地下，状态隐蔽。而且矿产资源的获得也必须经过普查—勘探—开发的过程，因此矿产资源开发利用探索性强、风险大。

3. 分布不均衡性

由于构造运动的不均衡、运动能量的不均衡和成矿环境的不同，矿产资源在同一区域不同地层和同一地层不同区域形成时会产生分异，同时又因后期构造运动改造，物质运移，导致矿产资源富集和缺失。因此，矿产资源在地域分布上存在极大的差异。

4. 动态性和可变性

矿产资源是在一定科学技术水平上可利用的一种自然资源，它受地质、技术、经济三维动态的控制。随着科学技术、经济社会的发展，以及地质认识水平的提高，原来不被认为是矿产的物质，可以转化为矿产资源。由于矿产资源是非再生性资源，随着人类开发利用程度的提高，已经发现的矿产资源会逐渐减少直至枯竭。

5. 用途广泛性

据统计，在被社会利用的自然财富中，矿产资源约占80%，有的经济学家认为未来世界经济发展所需90%的能源，80%以上的工业原料，仍将取自矿产资源。在中国也是如此，每年消费的能源中有94%以上来源于矿产资源，工业原料消耗量的80%来源于矿产资源。正像有人所描述的一样：石油是工业的"血液"，煤炭也是工业的"粮食

三、中国矿产资源赋存特点

1. 矿产资源总量大，人均占有资源量少

中国地域辽阔，地质条件复杂，具有多种矿产的成矿条件，形成了储量丰富、种类齐全的矿产资源。目前，中国已发现171种矿产，已探明资源储量的有159种，已查明的矿产资源总量大，约占世界的14.6%，仅次于俄罗斯和美国，居世界第三位。从资源总量看，中国堪称资源大国，但人均矿产资源占有量却低于世界平均水平，除煤、锌、钴外，均不足世界平均水平的一半，人均资源占有量不足，仅为世界平均水平的58%，居世界第53位。

2. 综合矿产多，单一矿少

中国矿产资源不但种类多，而且矿石物质成分较复杂，其中共生矿产较多，单一

7

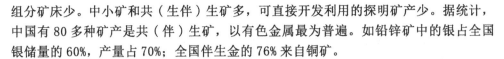

组分矿床少。中小矿和共（生伴）生矿多，可直接开发利用的探明矿产少。据统计，中国有 80 多种矿产是共（伴）生矿，以有色金属最为普遍。如铅锌矿中的银占全国银储量的 60%，产量占 70%；全国伴生金的 76% 来自铜矿。

3. 大宗矿产贫矿多，富矿少

中国矿产资源总量多，但部分国民经济发展需要的大宗矿产如铁、铜、铝、锰、磷、钾盐等以贫矿为主，从而在不同程度上影响了其开发利用。如中国可以直接入炉的富铁矿仅占铁矿总量的 2%，86% 为贫矿石；锰矿平均品位 22%，而世界平均品位为 48%；铜矿品位大于 1% 的储量仅为 35%，平均品位仅为 0.87%；钾盐中国严重短缺，现在利用的盐湖钾镁盐，无法与国外固态氯化钾开发的成本效益比较。

4. 资源分布不均衡

由于地质成矿条件不同，矿产资源地区分布极不平衡，与生产力布局不匹配。如石油主要分布在东北、华北和西北地区；煤主要分布在华北、西北、东北和西南地区，其中 72% 的煤炭查明资源储量集中于山西省、陕西省、内蒙古自治区、新疆维吾尔自治区、贵州省等 5 省（区），东南沿海各省则很少。铁矿也主要分布在东北、华北和西南地区，其中 70% 的铁矿和查明资源储量集中于辽宁省、河北省、四川省、山西省 4 省，西北、华南分布少；镍集中分布在甘肃金川，占全国查明资源储量的 70%，铜矿分布虽广，但以长江中下游最为重要；铅锌主要分布在中南、西南和西北等地区；锡主要分布在云南省和广西壮族自治区；稀有金属则以新疆维吾尔自治区为主；磷矿的 80% 查明资源储量集中于云南省、贵州省、湖南省、四川省、湖北省等省，北方和华东地区短缺。西部地区矿产资源潜力巨大，但受经济不发达，交通不便利等因素制约，其开发利用基本处于起步阶段。矿产资源这种分布格局，使资源的开发、利用受到极大的制约，因此北煤南调、西煤东运、西电东送和南磷北调的格局长期存在。

四、中国城市矿产资源开发利用现状

（一）中国城市矿产资源量现状分析

1. 回收数量方面

目前，中国城市矿产资源种类多，涵盖了多类资源，既有废塑料、废玻璃、废木质等低值废弃物，也包括大量有色金属、稀贵金属以及非金属材料等大量高值废弃物。近年来，中国城市矿产资源数量增长较快，2011 ~ 2016 年，中国城市矿产中废钢铁、废有色金属、废塑料、废轮胎、废弃电器电子产品、报废汽车、报废船舶、废纸、废旧纺织品、废玻璃、废电池（铅酸除外）等 11 种资源的回收利用总量从 16461.8 万 t 增长至 25642.1 万 t，增长了 55.77%。从资源增加幅度来看，报废汽车、废有色金属两类资源增长幅度最为显著，分别增长了 153.09%、105.93%，而废弃电器电子产品则出现了负增长，减少了 1.24%；从资源结构来看，废钢铁、废纸两类资源所占比最高，两者之和大约占到了资源总量的 80% 左右，其余种类资源之和所占比重则基本处于 20% 左右，除了废塑料外，大部分资源所占比重均在 5% 以下（图 1-2）。

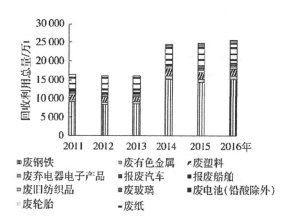

图1-2 2011～2016年中国城市矿产主要资源回收利用量

2. 回收价值方面

近年来，中国城市矿产回收价值总体呈现出波动增加状态，2011～2016年，中国前文所提的11种城市矿产资源回收总值从5763.9亿元增加至5902.8亿元，增长了2.4%，其中，2011～2013年一直处于下降区间，2014年增加至6446.9亿元，首次突破6000亿元，但随后在2015年再次出现下降，直到2016年才重新增加至5902.8亿元。从不同类别资源价值来看，废钢铁、废有色金属、废塑料、废纸等4类资源回收总值在所有城市矿产资源中所占比重较高，达到了94%左右，以2016年为例，废钢铁、废有色金属、废塑料、废纸等4类资源回收总值分别为2042.6亿元、1829亿元、957.8亿元、70.5亿元，分别占到了当年度11种城市矿产资源回收总值的34.6%、30.99%、16.23%、12.61%（图1-3）。

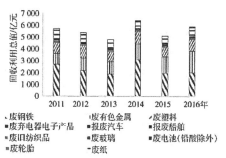

图1-3 2011～2016年中国城市矿产主要资源回收价值

3. 进口量方面

目前，中国城市矿产进口主要集中于废钢铁、废有色金属、废塑料、废纸、报废船舶等5类资源。近年来，由于禁止洋垃圾入境和推进固体废物进口管理制度改革等政策背景影响，2011～2016年，中国以上5种主要城市矿产资源进口量总体呈现出下降趋势，已从4726.7万t下降至3990.4万t（图1-4）。但与此同时，和发达国家相比，中国国内城市矿产开发利用率仍然明显偏低，以废钢铁为例，中国废钢铁再生利用率长期低于 20%，远远低于世界 45% ～ 50% 的平均水平，因此，充分激发国内城市矿产资源开发利用潜力，也是应对降低进口固体废弃物导致的资源供需矛盾的一个较为重要的方面。

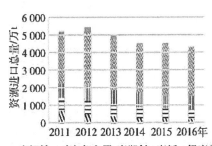

图 1-4　2011 ～ 2016 年中国城市矿产主要资源进口情况

（二）中国城市矿产资源开发利用进展分析

近年来，中国城市矿产开发利用主要围绕国家级城市矿产示范基地和相关政策体系建设两方面工作展开。

1. 中国国家级城市矿产示范基地现状分析

2010 ～ 2015 年，中国先后分六批批复建设了 49 家国家级城市矿产示范基地。从空间上看，这 49 家国家级城市矿产示范基地分布在中国东部、中部、西部 27 个省（区、市），呈现出东密西疏的地理特征，且主要集中在环渤海地区、长三角地区和中部地区。国家级城市矿产示范基地的建设对提升中国再生资源产业整体发展水平，推动产业规模化、规范化、集聚化起到了积极作用。在建设城市矿产示范基地的过程中，各地各级政府积极探索实践，积累了一些较好的经验，包括：为加快项目建设、减少审批过程组建的联席会议制度；为督促实施单位保质保量完成建设目标提出的领导干部包干制度；为保障项目顺利运营提出的财税优惠制度；一些地区还通过立法手段把经过实践的体制机制进行固化，形成了一批地方循环经济发展法规。但从整体而言，中国城市矿产示范基地大部分尚处于初级发展阶段，在盈利能力、回收利用体系、从业规范、产业链延伸、产品附加值以及技术创新等方面，还有待进一步提升。此外，随着国家级城市矿产示范基地进入全面实施期，相应目标任务、考核指标和验收标准也更加严格，根据 2017 年、2018 年国家发展和改革委员会、财政部公布的"城市矿产"示范基地验收结果显示，目前已先后有两批共计 8 家示范基地因未通过验收而被撤销示范试点资格。其中，2017 年有福建华闽再生资源产业园、新疆南疆城市矿产示范基地、佛山市赢家再生资源回收利用基地、山西吉天利循环经济科技产业园区（主动申请）、贵州白云经济开发区再生资源产业园（主动申请）等 5 家；2018 年有辽宁东港再生资源产业园、青岛新天地静脉产业园（主动申请），江苏如东循环经济产业园（主动申请）等 3 家。主要原因在于以上示范基地在目标任务完成情况、中央财政补助资金执行情况、项目建设运营以及管理情况、配套及保障措施、环境保护情况、

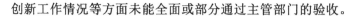

创新工作情况等方面未能全面或部分通过主管部门的验收。

2. 中国城市矿产资源开发利用政策体系现状分析

2010年,中国发布《关于开展城市矿产示范基地建设的通知》（以下简称《通知》），《通知》就开展城市矿产示范基地建设的重要意义、主要任务和要求、组织实施方案等做出了安排，充分体现了国家层面对城市矿产开发利用的高度重视。以此为标志，经过多年探索和发展，中国城市矿产开发利用相关政策体系正逐步完善，政策出台的频率，密度也在不断增强，政策环境持续优化。

（三）中国城市矿产资源开发利用取得的成效

通过前期国家级城市矿产示范基地和政策支撑体系建设，中国城市矿产开发利用取得了一系列成效，表现为：一是产业规模化，集约化程度不断加深，产业龙头企业发展迅猛，行业集中度进一步加强，使再生资源产业在国民经济中的作用愈发显著；二是产业规范化、专业化格局渐趋成型，一方面，再生资源来源流向逐渐规范，固体废物进口管理更加严格，洋垃圾通过非法途径入境等情况有了明显改善，另一方面，行业上下游产业链不断完善，并进一步向深加工延伸，高值化利用比重不断加大；三是产业绿色化水平逐步提升，随着产业高端技术研发投入加大，现代信息技术与城市矿产资源开发利用的不断融合以及对非法经营活动整治和污染物排放有效的治理，城市矿产开发利用行业节能减排绿色发展能力也在不断增强。

五、中国矿产资源开发利用存在的问题

1. 矿产资源消耗速率过快，消耗强度过高

矿产资源是不可再生的，近百年来，人类对矿产资源疯狂的掠夺式的开发，世界上很多地方的矿产资源都已经枯竭。中国改革开放以来，社会进入快速发展时期，工业和现代化建设需要的矿产资源成倍增加，老矿山的资源枯竭问题日趋严重，"四矿"问题十分突出。国家加大力度进行危机矿山找矿工作，虽然取得了一些突破，但仍然不能改变资源消耗速度远大于找到资源的速度。因此，资源短缺成为社会快速发展的瓶颈问题。

长期以来，中国在区域经济发展中特别强调矿产资源开发对区域经济增长的基础性作用，使资源被破坏、浪费，产出效率偏低而消耗水平高。目前单位矿产资源投入产出只及日本的1/6和美国的1/3，矿产资源开发速度明显高于世界水平。据2006年统计数据分析，中国国内生产总值（GDP）仅占世界的5.5%，却消耗了世界的15%的能源、30%的钢材、50%的水泥。中国的能源强度高于发达国家，甚至高于印度等发展中国家。中国单位产值的能源是世界平均水平的2倍多，比日本高8.7倍，比美国高2.5倍，比欧盟高4.9倍。尤其是中国高耗能产品单位能耗比发达国家平均水平高35%以上。

2. 优势矿产过量开采与过量出口问题依然十分严峻

由于对国家保护性矿种钙、锡、镜和稀土等优势矿产长期过量的生产和低价出品，

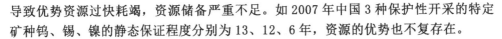

导致优势资源过快耗竭，资源储备严重不足。如 2007 年中国 3 种保护性开采的特定矿种钨、锡、镍的静态保证程度分别为 13、12、6 年，资源的优势也不复存在。

3. 矿产资源综合利用水平不高

矿山企业生产技术及设备普遍落后，采富弃贫，经营粗放，效益不高，优势资源未能转化为经济优势。中国矿产资源采选冶综合回收率、伴生综合利用率均低于世界平均水平，如国有矿山完全没有进行综合利用的占 45%，矿产资源总回收率仅为 30% 左右，比世界平均水平低 20 个百分点，综合利用率不到 20%，比国外先进水平低 10 个百分点。能源利用效率目前仍然很低，比发达国家落后 20 年，相差 10 个百分点；能源消费强度大大高于发达国家及世界平均水平，约为美国的 3 倍、日本的 7.2 倍。

4. 区域开发不合理

中国矿业在区域布局上，呈现出两种截然不同的特征：一是在资源分布之上，东弱中西强；二是在矿业市场能力上，东中强西弱。由于中国矿产资源未考虑到资源分布及组合状况，片面追求产品的增长，致使开发无论是产业布局还是产业组织结构都不尽合理，整个矿产资源产业效率低下。以煤炭为例，按经济社会发展水平划分，中国煤炭产量从多到少排序依次是中部、西部和东部。中部是中国的主要产煤区，含内蒙古自治区在内的煤炭产量一直占全国煤炭总产量的 80% 左右；西部地区虽然煤炭资源富足，但生态环境比较脆弱，经济发展滞后，且距煤炭消费地甚远，运输成本高，致使煤炭资源开发力度受限，长期以来基本保持自给自足、少量外调的局面。东部地区经济发达，但煤炭资源贫乏，产销失衡状况一直比较严重。

由于煤炭生产力布局与煤炭消费布局不适应，使部分煤矿生产能力闲置。西部现有矿山有 5000 万吨生产能力闲置。煤炭产业组织结构不合理，企业数量过多，产业集中度低。目前中国最大的动力煤生产企业大同煤业集团公司市场占有率仅 2.9%，最大的炼焦美洲国家组织生产企业市场占有率仅为 1.5%。美洲国家组织国家的煤炭企业，都以经营规模大、经济实力强的大集团和大公司为主，美国年产煤 10 亿吨，其中 4 家大公司产量占 36%，俄罗斯年产煤 2.55 亿吨，其中 1 家大公司产量占 95%。

5. 环境污染与生态破坏代价巨大

中国矿业 2009 年废水排放总量为 2343857 万吨，废气排放总量 436064 亿标立方米，固体废物排放总量 203943.4 万吨。矿山建筑设施及废石、废渣、尾矿占用大量土地。

矿山地面塌陷破坏土地和耕地。地面塌陷是煤矿和其他地下开采矿山存在的较为严重的地质灾害。每采万吨原煤造成地面塌陷 0.2 万平方米。塌陷区面积为采煤区面积的 1.2 倍。据统计，全国国有矿山塌陷区面积已达 83992.2 万平方米。如唐山开滦煤矿造成塌陷 1500 万平方米，减少耕地 9300 万平方米，山东肥城、徐州煤矿等均有大面积的塌陷区。

废水、废渣引起的水体和土地污染。矿产资源在开采利用过程中产生的废水污染是造成水源恶化的污染源主要因素之一。据相关统计，全国有监测的 1200 多条河

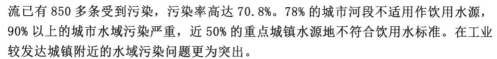

流已有 850 多条受到污染，污染率高达 70.8%。78% 的城市河段不适用作饮用水源，90% 以上的城市水域污染严重，近 50% 的重点城镇水源地不符合饮用水标准。在工业较发达城镇附近的水域污染问题更为突出。

6. 政策支撑体系尚不完善

主要表现在：一是政策手段较为单一，从国家层面来看，目前中国城市矿产开发利用的支持政策以财税政策为主，相关的金融、投资、技术政策手段仍处于起步阶段，无法对城市矿产开发利用形成有效支撑；二是政策实施绩效不高，从财税政策来看，中国城市矿产资源回收、加工环节企业享受财税政策优惠力度有限，且存在门槛高、条件严、周期长等问题；三是配套政策比较滞后，从地方层面来看，现阶段，即便是在城市矿产示范基地所在区域，部分区域在土地保障、行业门槛、执法监督、区域合作等方面的配套政策也处于缺位状态。

7. 各类主体参与程度不高

目前，中国城市矿产开采和资源再生利用涉及到政府、企业、居民及社会组织等多类主体，首先，从政府层面来看，相对于传统产业，城市矿产开发利用占地多、利润低、税收少，部分地方政府过于注重经济效益，对城市矿产资源巨大潜力及其资源环境效益认识不足，导致其推动城市矿产开发利用的积极性不高；其次，从企业层面来看，受宏观经济运行及产业自身特点影响，城市矿产开发利用前期投入大、环保门槛高、盈利水平弱，且尚未形成完善的产业政策支撑体系，会使企业投资意愿不强；最后，从居民层面来看，由于垃圾分类知识普及率不高及回收利用渠道建设滞后，居民进行垃圾分类回收的意识和参与程度均不高。此外，现阶段中国城市矿产资源行业性、专业化的社会组织也比较缺乏。

8. 基础研究系统性不足

一是成矿机制尚无全面深入系统的研究，包括城市矿产构成要素、城市矿产成矿作用过程及驱动因素分析、城市矿产流动格局、城市矿产成矿演化规律等尚待进一步研究；二是开采潜力的定量化研究不足，相对准确的开采潜力评估是城市矿产开发利用的重要前提，但是关于中国城市矿产社会蓄积量、对原生矿产资源替代程度及降低；三是综合效应评估研究不足，相较于原生矿产资源开采，城市矿产开发利用的项目经济性、投入产出、资源节约量、废弃物减少量、污染物及温室气体减排量等指标均存在显著差异，目前对城市矿产开发利用中的经济、资源、环境效应分析多集中于定性角度研究，缺少较为准确的定量化评估支撑。此外，由于基础研究系统性不足，尚未完全摸清城市矿产资源成矿机制及开采潜力，使中国城市矿产开发利用的战略定位较为模糊。

六、促进中国城市矿产资源开发利用的对策建议

1. 积极开展城市矿产的基础研究

一是要进一步明确城市矿产资源的战略定位，充分认识城市矿产开发利用的重要

战略意义，把"城市矿产"资源开发作为"第三渠道"，建立"国内资源＋国际市场＋城市矿产"新的资源统筹观；二是要重视城市矿产成矿规律的系统性研究，包括城市矿产形成和分布的时间空间、物质构成以及影响因素等问题，尤其要注重工业化、城镇化、人口增长、消费能力、消费习惯、产业升级等因素对城市矿产成矿机制影响的研究；三是定量化摸清城市矿产资源的开发利用潜力，与传统矿产资源相类似，城市矿产资源开采具有巨大潜力，要按资源类别、来源行业开展城市矿产资源开采潜力估算，摸清中国城市矿产开发利用潜力；四是对城市矿产开发利用过程中"经济－资源－环境"效应进行系统性研究。

2. 持续创新城市矿产开发利用模式

一是在充分考虑区域资源开发利用潜力和覆盖效果的基础上，确定适中的国家级城市矿产示范基地数量，优化现有及未来国家级城市矿产示范基地的空间布局，提升国家级城市矿产示范基地覆盖效果和回收利用效率；二是建立健全回收处理体系，实现回收处理体系的有效运行，积极探索"互联网＋回收""产业化＋推广""产学研＋示范"等回收利用模式；三是协调好城市矿产开发利用涉及到的相关主体的利益诉求，真正实现城市矿产开发利用过程的"政府主导、企业运作、全民参与"；四是探索试点生产者责任延伸制度，把生产者对其产品承担的资源环境责任从生产环节延伸到产品设计、流通消费、回收利用、废物处置等全生命周期；五是积极探索城市矿产资源开发的盈利模式，构建基于移动 APP、微信、微博、网站等全方位 O2O 平台，形成"互联网＋分类回收"新模式，加大政府政策保障力度，营造稳定公平透明、可预期的营商环境，吸引各类投资主体参与到城市矿产开发利用中。

3. 重视技术创新升级和装备水平提升

由于城市矿产开发利用的技术依赖性较强，应充分重视技术创新升级和装备水平提升，具体而言：一是要推动单一组分的低值利用向多组分高值化利用的转变，采用组合技术手段，促进拆解加工技术向精细化、智能化方向发展，通过固体废弃物的深加工延伸产业链和扩大产业规模，实现行业经济效应的整体提升；二是注重技术装备将向精细化梯级分离、高效分离装备制造发展，并注重产品全生命周期的生态设计及梯级循环利用发展，推动整个行业装备水平的提升；三是注重大数据、物联网、云计算等新兴信息技术的应用，对不同区域、不同时间城市矿产资源变化进行趋势分析，为城市矿产资源管理研究、信息监管、决策和政策评估提供强有力的信息和技术支撑；四是以城市矿产示范基地建设为契机，推动构建科学有效、分工合理、转化顺畅的产学研用合作体系，针对城市矿产开发利用的现实问题，积极开展城市矿产开发利用可循环性分析、回收处理技术研发以及产品设计研究。

4. 加强进口固体废物评估监管工作

一是正确认识、区分进口固体废物与"洋垃圾"，在严格贯彻落实《推进关于禁止洋垃圾入境推进固体废物进口管理制度改革实施方案》的同时，科学客观来看待进口固体废物，不能将进口固体废物简单等同于"洋垃圾"，固体废物除列入禁止进口目录的"洋垃圾"外，还包括限制进口可用作原料、非限制进口则可用作原料目录中的各类固体废物，这些固体废物与"洋垃圾"不同，现阶段仍然对中国国民经济社会发展具有积极作用，如部分金属和金属合金废碎料等；二是加强进口固体废物全过程监管，进一步推进固体废物进口管理制度改革，借鉴发达国家的有关经验与做法，完善建立堵住洋垃圾的长效机制、进口监管制度、非法入境管控机制等，强化对不同环节相关企业的监管，以城市矿产示范基地建设为契机，提高国内固体废物回收利用水平；三是增强对国际舆论压力预判和应对能力，对于中国禁止进口的《巴塞尔公约》管控之外的废物类别，筛选工业来源和非家庭产生的废塑料、废纸、废金属等重点关注废物类型，逐步逐个开展环境影响风险分析等科学论证工作，为援引 GATT 第 20 条豁免条款做好充分论证和可能的 WTO 应诉准备。

　　5. 完善政策法规支撑体系

　　目前，中国现有的政策措施无法充分满足城市矿产开发利用的需求，应实现从单纯依靠财政补贴向多元化政策支撑体系的转变。具体而言：一是梳理现有关于城市矿产开发利用的各项政策，整合多部门政策，形成政策合力，提高政策绩效；二是城市矿产开发利用涉及到众多部门，要加强不同部门间的协调沟通，完善顶层设计；三是加快编制城市矿产开发利用的中长期规划，明确城市矿产开发利用的时间表和路线图；四是构建系统的城市矿产开发利用政策支撑体系，财政、税收、技术、金融、资金、土地、人才以及公共服务等方面的政策支撑体系，鼓励引导企业加大再生资源的使用比例，此外，地方政府也要积极出台相应的配套扶持政策，并加强行业管理，注重对非正规企业监管工作；五是采取多种措施、利用多种渠道，且进一步提升居民绿色环保意识和参与程度。

第三节　矿产资源规划的产生与发展

一、矿产资源规划涵义、性质和特点

1. 矿产资源规划的涵义

　　矿产资源规划是国家或地区根据矿产资源禀赋条件、勘查开发利用现状和一定时期内国民经济和社会发展对矿产资源的需求，对矿产资源的调查评价和勘查、开发利用与保护、矿山地质环境保护与治理恢复、矿山土地复垦等在总量、结构、布局和时序上做出的总体安排和部署。从经济学角度来看，矿产资源规划的最终目的是实现资源优化配置和高效的产出回报。

　　矿产资源是经济和社会发展的重要物质基础，具有不可再生性和有限性。人类在适应自然、认识自然与改造自然的过程中，不断发现并利用矿产资源，并由此促进了生产力发展和社会文明进步。从石器时代、铜器时代、铁器时代到信息时代每一个时代的更替，都是对矿产资源开发利用一次大的飞跃。随着经济社会发展水平的提高，特别是工业化、城镇化的快速推进，对矿产资源的消耗越来越多，然可供开发利用的资源在不断减少，这种供给与需求之间的矛盾逐步加剧。同时，由于不当的矿产资源开发利用所造成的环境污染、资源浪费等问题也在日益增多。因此，编制和实施矿产资源规划，对矿产资源勘查和开发利用实行规划调控，是世界各国的普遍做法。

2. 矿产资源规划的性质

矿产资源规划具有"三性"，即战略性（解决关键问题、长远问题、全局问题）、政策性（运用政策工具，体现鼓励什么、限制什么、禁止什么）与可操作性。

第一，具有战略性。矿产资源规划是国家矿产资源勘查、开发利用与保护的综合性规划，是落实国家矿产资源战略和重大部署的重要手段。要站在全局的高度，从资源国情出发，着眼于未来，充分体现国家的战略意图。必须紧密结合实际，坚持与时俱进，超前研究新情况、新问题，准确把握经济社会发展形势，正确认识矿产资源勘查开发现状和发展趋势，从实现可持续发展的高度，提出矿产资源勘查、开发、管理、保护与合理利用的目标和任务。将提高矿产资源对经济社会可持续发展的保障能力作为根本目标，将合理利用与保护矿产资源的主线贯穿始终。

第二，具有政策性。矿产资源规划是实施矿产资源政策的重要载体，不仅要体现国家政策的各项要求，而且要针对矿产资源领域的突出问题，落实国家调整经济结构、促进经济增长方式转变的要求，提出完善政策的方向和原则，充分发挥规划在矿产资源管理中作为政策依据、政策工具和政策准则的作用。按照国民经济和社会发展的需要，遵循节约优先，效率为本的原则，强化对矿产资源勘查的政策引导，强化对矿产资源开采总量的调控，强化对矿产资源开发利用结构优化的引导与约束，强化矿产资源节约和高效利用的政策导向，并更加强调资源与环境保护。

第三，必须具有可操作性。矿产资源规划是依法审批和监督管理矿产资源勘查、开采活动的重要依据，必须具有很强的可操作性。规划目标、任务和措施都要经过反复研究、科学论证、切实可行。规划编制要充分考虑矿产资源自然属性和地质勘查工作程度，体现高风险、低风险和无风险等各类矿产资源的特点。要科学分区，增强规划的空间控制能力，指导矿业权科学设置。要加强科学论证和筛选，研究提出一批关系全局、带动作用强的重大工程项目。突出加强重点矿种、重点成矿山带勘查，努力实现地质找矿新突破。要在总体规划指导下，做深做实专项规划，包括地质勘查规划和矿山生态恢复治理规划等，建立层次分明、功能清晰、相互协调的规划体系。要建立责任明确、约束力强、监督有效、保障有力的规划实施机制，确保规划任务落到实处。并适时根据新形势对矿产资源规划的要求，继承和发展了以往规划好的做法，在规划的细致化方面进行深化，以便提高规划的可操作性。

3. 矿产资源规划的特点

矿产资源规划具有五个特点：

第一，强调在发挥市场机制对资源配置的基础性作用的同时，突出政府的宏观调控和社会服务功能。

第二，以保护和合理利用资源为主线，妥善处理资源开发与保护的关系，把转变资源利用方式摆在重要位置。

第三，强调以人为本的思想，其要求在资源开发的同时必须注重生态环境保护。

第四，充分考虑经济全球化、国际矿业环境和加入世界贸易组织对中国矿业的影响，把利用"两种资源、两个市场"作为解决资源安全供给问题的重要途径。

第五，强调矿业对地区经济发展的贡献，合理安排矿产资源勘查、开发利用的区域布局。

二、矿产资源规划的发展历程

矿产资源规划是应矿产资源管理的需要而产生的，而矿产资源管理是伴随矿产资源开发利用而发展的。以此推论，矿产资源开发利用的历史进程，也是矿产资源规划思想的发展过程。

中国是世界上开发利用矿产资源历史最为悠久的少数几个国家之一，200万年前的"巫山人"已开始利用石料来制作石器，西周的《易经》已经有了天然气在水中燃烧的记载。由此，中国的矿产资源管理也具有悠久的历史，各时代一般设有专门机构或监管机构，加强矿业和矿场管理。在我国古代，矿产资源管理一般围绕开放还是禁采、官办还是民办展开，主要采用的是"官山海"政策，对盐、银、金、铜和铁等资源实行官营。虽然在不同朝代也曾探索实施过民采，收取矿税的政策，但对重要矿产实行有国家垄断经营、计划开采的政策占据主导地位。尽管这一政策与现代意义上的矿产资源规划大相径庭，但却体现了封建统治者的强权调控意志，也不自觉地流露出了对资源持续利用的规划思想。

新中国成立后，矿产资源规划大致经历了三个发展阶段。

1. 矿产资源规划萌芽

新中国成立后到改革开放初期，中国对矿业活动的管理采用的是以计划手段为主的行政管理方式。国家计委统筹安排全国矿产资源勘查、开采活动，在矿产资源管理中起决定性作用；地质部门根据国家计委确定的矿产资源勘查计划，组织开展全国地质勘查工作，承担全国矿产储量管理和地质资料汇交管理的职能；有关工业主管部门负责组织实施矿产资源的开发利用。基本的模式是：计划部门下达任务，地质部门找矿，工业部门开矿。这一时期，没有现代意义上的矿产资源规划，五年计划或年度计划在一定程度上发挥了规划的调控作用。

随着改革开放政策的实施，矿业投资体制出现多元化。"有水快流"的矿业政策，促进了矿业经济的蓬勃发展，但同时也出现了越来越多的矿业纠纷和资源破坏问题。国家着手考虑矿产资源的统一管理问题，并从立法和管理体制上付诸实施。1982年，国务院决定在原地质部的基础上组建地质矿产部，并在原有职能基础上增加了管理和保护全国所有矿产资源，对全国矿产资源勘查实行行业管理，对全国矿产资源开发利用实行监督管理的职能。1986年，《中华人民共和国矿产资源法》颁布实施，并明确规定："国家对矿产资源的勘查、开发实行统一规划、合理布局、综合勘查、合理开采和综合利用的方针"，矿产资源规划被提上了法律日程。地矿部门开始重视和加强矿产资源规划工作。在1996年前后，云南省和湖北省部分县市率先进行了地方矿

产资源规划的试点工作。

2. 矿产资源规划产生（第一轮矿产资源规划）

1998年，中国政府机构改革和职能再次进行调整，国土资源部成立，确立了全国矿产资源集中统一管理的构架，资源规划职能在国土资源部"三定"方案中，被放在各项职能的首位。1999年，国土资源部着手开展《全国矿产资源规划》的基础研究和编制工作，开始研究规划和政策对矿产资源勘查、开发利用的宏观调控作用，并印发了《矿产资源规划管理暂行办法》。经近三年的努力，2001年4月，国务院批复了首部《全国矿产资源规划》。矿产资源规划的发展得到了国务院领导的高度重视，2001年4月，时任国务院副总理的温家宝同志针对省级规划编制提出明确要求："各省、区、市编制规划要充分利用已有的工作成果，突出重点，提高深度，防止简单重复"。

以细化落实首部《全国矿产资源规划》为契机，国土资源部稳步推进省、市、县三级矿产资源总体规划、矿产资源专项规划与矿产资源区域规划的编制与实施工作。截至2004年底，全国绝大多数地级市和1248个县（区）完成了矿产资源总体规划的编制工作，另有261个县（区）编制了矿产资源总体规划实施方案。此外，2004年和2005年间，国土资源部分别启动了省级地质勘查规划和矿山地质环境保护与治理规划等专项规划的编制工作。各地也根据管理实际，积极开展重要矿种和重点矿山的专项规划编制工作，如《湖北省煤炭资源开发利用规划》、《山西省铝土矿资源开发利用规划》、《辽宁省葫芦岛市连山区杨家杖子－钢屯地区钼矿矿山总体规划》和《广西南丹县大厂锡多金属矿田矿产资源规划》等规划相继完成编制且实施。

3. 矿产资源规划发展（第二轮矿产资源规划）

在系统总结全国、省和市县级规划实施取得成效与存在问题的基础上，2006年，国土资源部先后启动了全国地质勘查规划、第二轮全国矿产资源规划编制工作。2008年，国务院先后批复了《全国地质勘查规划》和《全国矿产资源规划（2008～2015年）》。2010年，国土资源部发布实施了《全国矿山地质环境保护与治理规划（2009～2015年）》，此后，又编制完成了《全国矿产资源节约与综合利用规划》，并启动了《鄂尔多斯盆地矿产勘查开采规划》，统一部署开展了攀枝花钒钛磁铁矿、赣南稀土矿等240多个重点矿山、重点矿种专项规划的编制工作。

第二轮矿产资源规划同样受到国务院领导的高度重视，2007年6月，时任国务院副总理的曾培炎同志专门做出重要批示："编制和实施矿产资源规划，是贯彻落实科学发展观、促进矿产资源合理开发利用的重要手段。开展第二轮矿产资源规划编制工作，要坚持在保护中开发、在开发中保护的方针，统筹安排矿产资源勘查、开发、利用与保护的任务，加强和改善对矿产资源开发的宏观调控，完善规划的管理制度，严格规划的组织实施，发挥规划的指导作用，保障中国矿业持续健康发展"。

目前，第二轮全国矿产资源规划实施全面推进，省级总体规划编制审批全面完成。市县级总体规划编制审批有序推进，专项规划编制实施深入进行，四级三类矿产资源规划构成的规划体系基本建立，各级各类矿产资源规划正在矿政管理中发挥着重要的作用，已经成为矿政管理的重要依据以及纲领性文件。

三、矿产资源规划管理制度建设情况

（一）首轮矿产资源规划管理制度建设情况

从首轮规划开始，国土资源部就十分重视矿产资源规划管理制度建设。陆续出台了系列矿产资源规划管理的规范性文件，初步建立矿产资源规划的编制、审批、实施和系统建设的制度体系。

1. 规划编制方面

印发了《省级矿产资源规划编制指南》和《市、县级矿产资源规划编制指导意见》，用以指导省级和市县级矿产资源规划编制工作。制定了《省级矿产资源规划会审办法》和《省级矿产资源规划审批办法》，明确规定，对省级矿产资源规划的审批实行会审制，以扩大规划编制参与范围，提高规划质量。

2. 规划实施方面

印发了《矿产资源规划实施管理办法》和《关于进一步加强矿产资源规划实施管理工作的通知》。前者规定了规划实施目标责任、规划公示、规划备案、计划管理、规划审查、规划实施中期评估和规划实施监督检查等制度，后者强化了对矿产资源调查评价、勘查、开发利用与保护的规划管理。

3. 规划体系建设方面

印发了《关于加强矿产资源规划体系建设的意见》，确定由四级三类矿产资源规划构成的规划体系，明确了各级各类矿产资源规划功能定位。

4. 矿产资源规划数据库建设方面

印发了《矿产资源规划数据库标准（试行稿）》，规范规划数据库建设，为建立全国、省、市、县四级规划管理信息化体系，加强规划数据库与其他管理数据库的互联互通，提高矿产资源规划管理信息化水平提供了依据。

（二）第二轮矿产资源规划管理制度建设情况

为进一步提高规划的科学性和有用性，配合第二轮矿产资源规划的编制工作，国土资源部进一步加强了矿产资源规划管理制度建设。先后印发了《关于开展第二轮矿产资源规划编制工作的通知》、《第二轮矿产资源规划编制工作方案》、《第二轮省级矿产资源总体规划编制要点》、《省级矿产资源总体规划编制技术指南》、《省级矿产资源总体规划成果要求》等文件，进一步规范矿产资源规划编制工作。

此外，各省（区、市）国土资源厅（局）根据本地实际，不断加强矿产资源规划制度建设，规范规划管理。如浙江省、江苏省、北京市将矿产资源规划管理制度的有关内容，纳入矿产资源管理条例等地方性法规，切实提高了规划的法律地位。大多数地区结合本地实际，制定了市县级矿产资源规划编制技术规程、规划审批管理等规章制度，使矿产资源规划各项工作做到有章可循，矿产资源规划的编制、审批和实施等逐步走上更加规范化轨道。

第二章 地下水基础知识

第一节 地下水的存在形式

一、岩石的空隙

地下水存在于岩石空隙之中。地壳表层十余千米范围内，其中都或多或少存在着空隙，特别是浅部 1～2km 范围内，空隙分布较为普遍。按照维尔纳茨基形象的说法，"地壳表层就好象是饱含着水的海绵气

岩石空隙既是地下水的储容场所，又是地下水的运动通路。空隙的多少、大小及其分布规律，决定着地下水分布与运动的特点。

将空隙作为地下水储容场所与运动通路研究时，可以分为三类，即：松散岩石中的孔隙，坚硬岩石中的裂隙以及易溶岩层中的溶穴。

（1）孔隙：松散岩石是由大大小小的颗粒组成的，在颗粒或颗粒的集合体之间普遍存在空隙；空隙相互连通，呈小孔状，故称做孔隙。

孔隙的多少用孔隙度表示。孔隙度乃是某一体积岩石（包括孔隙在内）中孔隙体积所占的比例。如以 P 表示孔隙度，表示孔隙体积，V 则表示岩石体积，则得或，孔隙度可以百分数或小数表示。

孔隙度的大小主要取决于颗粒排列情况及分选程度；另外，颗粒形状及胶结情况也影响孔隙度。

为了说明颗粒排列方式对孔隙度的影响，我们可以设想一种理想的情况，即颗粒

均为大小相等的圆球。当这些理想颗粒作立方体排列时，算得其孔隙度为 47.64%；作四面体排列时，孔隙度仅为 25.95%。颗粒受力情况发生变化时，通过改变排列方式而密集程度不同。上述两种理论上最大与最小的孔隙度平均起来接近 37%，自然界中松散岩石的孔隙度与此大体相近。

应当注意，我们在上述计算中并没有规定圆球的大小；因为孔隙度是一个比例数，与颗粒大小无关。

自然界并不存在完全等粒的松散岩石。分选程度愈差，颗粒大小愈不相等，孔隙度便愈小。因为，细小颗粒充填于粗大颗粒之间的孔隙中，自然会大大降低孔隙度。我们可以假设一种极端的情况；如果一种等粒砾石的孔隙度 P1 等于 40%，另一种等粒的极细砂的孔隙度 P2 也等于 40%，而极细砂完全充填于砾石孔隙中，则此混合砂砾的孔隙度。

自然界中也很少有完全呈圆形的颗粒。颗粒形状愈是不接近圆形，孔隙度就愈大。因为这时突出部分相互接触，会使颗粒架空。

粘粒表面带有电荷，颗粒接触时便连结形成颗粒集合体，形成结构孔隙。

松散岩石受到不同程度胶结时，由于胶结物质的充填，孔隙度有所降低。

孔隙大小对水的运动影响极大，影响孔隙大小的主要因素则为颗粒大小。颗粒大则孔隙大，颗粒小则孔隙小。需要注意的是，对分选不好、颗粒大小悬殊的松散岩石来说，孔隙大小并不取决于颗粒的平均直径，而主的可溶岩要取况于细小颗粒的直径。原因是，细小颗粒把粗大颗粒的孔隙充填了。除此以外，孔隙大小还与颗粒排列方式、颗粒形状以及胶结程度有关。

（2）裂隙：固结的坚硬岩石，包括沉积岩、岩浆岩与变质岩，其中不存在或很少存在颗粒之间的孔隙；岩石中的空隙主要是各种成因的裂隙，即成岩裂隙、构造裂隙与风化裂隙。

成岩裂隙是岩石形成过程中由于冷却收缩（岩浆岩）或固结干缩（沉积岩）而产生的。成岩裂隙在岩浆岩中较为发育，如玄武岩的柱状节理便是。构造裂隙是岩石在构造运动过程中受力产生的，各种构造节理、断层即是。风化裂隙是在各种物理的与化学的因素的作用下，岩石遭破坏而产生的裂隙，这类裂隙主要分布于地表附近。

裂隙率可在野外或在坑道中通过测量岩石露头求得，也可以利用钻孔中取出来的岩芯测定。在测定裂隙率时，一般还应测定裂隙的方向、延伸长度、宽度、充填情况等。因为这些都对水的运动有很大影响。

裂隙发育一般并不均匀，即使在同一岩层中，由于岩性、受力条件等的变化，裂隙率与裂隙张开程度都会有很大差别。因此，进行裂隙测量应当注意选择有代表性的部位，并且应当明了某一裂隙测量结果所能代表范围。

（3）溶穴：易溶沉积岩，如岩盐、石膏、石灰岩、白云岩等，由于地下水的溶蚀会产生空洞，这种空隙就是溶穴。

岩溶发育极不均匀。大者可宽达数百米、高达数十米乃至上百米、长达数十千米或更多；小的只有几毫米直径。并且，往往在相距极近处岩溶率相差极大。例如，在具有同一岩性成分的可溶岩层中,岩溶通道带的岩溶率可达到百分之几十,而附近地区的岩溶率却几乎是零。

将孔隙率、裂隙率与岩溶率作一对比,可以得到以下结论。虽然三者都是说明岩石中空隙所占的比例的,但在实际意义上却颇有区别。松散岩石颗粒变化较小,而且通常是渐次递变的。因此,对某一类岩性所测得的孔隙率具有较好的代表性,可以适用于一个相当大的范围。坚硬岩石中的裂隙,受到岩性及应力的控制,一般发育颇不均匀,某一处测得的裂隙率只能代表一个特定部位的状况,适用范围有限。岩溶发育极不均匀,利用现有的办法,实际上很难测得能够说明某一岩层岩溶发育程度的岩溶率。即使求得了某一岩层的平均岩溶率,也仍然不能真实地反映岩溶发育的情况。因此,岩溶率的测定方法及其意义,都值得进一步探讨。

二、地下水的存在形式

地下水在岩石中以不同的形式存在着。首先可以划分出气态水、液态水和固态水三类,液态水又可以根据水分子是否被岩石固体颗粒吸引住而分为结合水和重力水两类。上述各类型的地下水均系存在于岩石的空隙之中。除此之外,还有存在于矿物内部的水,称为矿物结合水。

(1)气态水:即以水蒸气状态存在于未饱和岩石空隙中的水。它可以是来自地表大气中的水汽,也可以由岩石中其它形式的水蒸发形成。气态水可以随空气的流动而运动,但即使空气不流动,它本身也可以发生迁移。由水汽压力(或绝对湿度)大的地方向水汽压力(或绝对湿度)小的地方迁移。当岩石空隙内水汽增多达到饱和时,或是当周围温度降低达到0℃时,气态水开始凝结而形成液态水。由于气态水在一地蒸发又在另一地点凝结,由此对岩石中地下水的重新分布有一定的影响。

(2)结合水:岩石固体颗粒或颗粒集合体表面带有电荷。水分子是偶极体,一端带正电,另一端带负电。由于静电引力作用,岩石颗粒表面便吸引水分子。根据库伦定律,电场强度与距离平方成反比。距离表面很近的水分子,受到强大的吸力,排列十分紧密,随着距离增大,吸力逐渐减弱,水分子排列较稀疏。受到岩石颗粒表面的吸引力大于其自身重力的那部分水便是结合水。结合水束缚于岩石颗粒表面上,不能在重力影响下运动。

最接近岩石颗粒表面的水称为强结合水。根据不同研究者的说法,其厚度相当于几个、几十个或数百个水分子直径。其所受吸引力约达1013MPa,密度平均为$2 \times 10^3 kg/m^3$左右,力学性质与固体物质相似,具有极大的粘滞性、弹性和抗剪强度,溶解盐类能力弱,温度达-78℃时才可能冻结,不受重力影响,不能流动,只有在吸收了足够的热能(温度达150~300℃)后,才能以气态形式脱离岩石颗粒表面而移动。

结合水的外层,称为弱结合水,厚度相当于几百或上千个水分子直径,岩石颗粒表面对它的吸引力有所减弱。密度为$(1.3-1.774) \times 10^3 kg/m^3$,仍大于普通液态水,具有较高的粘滞性和抗剪强度,溶解盐类的能力较低,冰点低于0℃。弱结合水的抗剪强度及粘滞性是由内层向外逐渐减弱的。在施加的外力超过其抗剪强度时,最外层的水分子即发生流动。施加的外力愈大，发生流动的水层厚度也会随之加大。

应当指出，以往的水文地质文献中广泛采用列别捷夫的观点，认为结合水是不能传递静水压力的，并以包气带中结合水不传递静水压力的试验作证明。近年来，实践证明这种说法并不确切。以前所述，强结合水的力学性质近于固态物体，不能流动；弱结合水则不然，当其处在包气带中，因分布不连续，自然不能传递静水压力，而处在地下水面以下的饱水带时，却是能够传递静水压力的，但要求外力必须大于结合水的抗剪强度。例如，充满粘土空隙中的水基本上都是结合水，由于结合水在其自身重力下不能运动，因此粘土是不透水的，但当粘土层处于承压状态，在一定的水头差的作用下，粘土层也能产生渗透现象变成透水层。这是由于静水压力大于结合水的抗剪强度的原故。

(3) 重力水：岩石颗粒表面上的水分子增厚到一定程度，重力会对它的影响超过颗粒表面对它的吸引力，这部分水分子就受重力影响向下运动，形成重力水。重力水存在于岩石较大的空隙中，具有液态水的一般特性，能传递静水压力，并具有溶解岩石中可溶盐的能力。从井中吸出或从泉中流出的水都是重力水。重力水是水文地质学研究的主要对象。

重力水在表面张力的作用下，在岩石的细小空隙中能上升一定的高度（某一水面以上）的既受重力又受表面张力作用的水，称为毛细水。毛细水常常位于饱和地下水面之上，但也有与地下水面无关的含于非饱和地带的所谓"悬挂"毛细水。毛细水能传递静水压力。

(4) 固态水以固态形式存在于岩石空隙中的水称为固态水。在多年冻结区和季节冻结区可以见到这种水。中国北方、东北和青藏高原即有多年冻结或季节冻结的情况。

(5) 矿物结合水存在于矿物结晶内部或其间的水，称为矿物结合水。以 H+ 和 OH⁻离子的形式存在于矿物结晶格架的某一位置上的，称之为"结构水"，以水分子 H_2O 的形式存在于结晶格架的一定位置上的，称为"结晶水"；以水分子的形式存在于矿物晶包和晶包之间的，称为"沸石水气一定的矿物其所含的结构水或结晶水在数量上是一定的，沸石水则没有固定的数量。如方沸石 ($NaAlSi_2O_6 \cdot H_2O$) 即含有数量不定的沸石水。结构水和结晶水在高温下可从矿物中分离出来，沸石水在常温条件下，也可以逸出，逸出的数量取决于空气的湿度。

第二节 地下水的埋藏条件

为了阐明地下水的埋藏条件，可把地面以下岩层分为包气带与饱水带。地下水面以上称做包气带，以下称做饱水带（见图 2-1）。

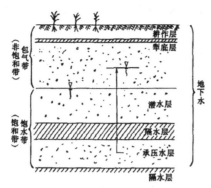

图 2-1 地下水形成的示意图

按埋藏条件，地下水可划分成上层滞水、潜水和承压水三种类型。前者存在于包气带中，后二者则属饱水带水，这三种不同埋藏类型的地下水，既可赋存于松散的孔隙介质中，也可赋存于坚硬基岩的裂隙介质和岩溶介质之中。

一、上层滞水

上层滞水是指赋存于包气带中局部隔水层或弱透水层上面的重力水。它是大气降水和地表水等在下渗过程中局部受阻积聚而成。这种局部隔水层或弱透水层在松散沉积物地区可能由粘土、粉质粘土等的透镜体所构成，在基岩裂隙介质中可能由于局部地段裂隙不发育或裂隙被充填所造成，在岩溶介质中则可能由于差异性溶蚀作用使局部地段岩溶发育较差或存在非可溶岩透镜体的结果。

由于埋藏特点，上层滞水具有以下特征：上层滞水的水面构成其顶界面。该水面仅承受大气压力而不承受静水压力，是一个可以自由涨落自由表面。大气降水是上层滞水的主要补给源，因此其补给区与分布区相一致。在一些情况下，还可能获得附近地表水的入渗补给。上层滞水通过蒸发及透过其下面的弱透水底板缓慢下渗进行垂向排泄，同时在重力作用下，在底板边缘进行侧向的散流排泄。

上层滞水的水量一方面取决于其补给水源，即气象和水文因素，同时还取决于其下伏隔水层的分布范围。通常其分布范围不大，因而不能保持常年有水。但当气候湿润、隔水层分布范围较大、埋藏较深时，也可赋存相当水量，甚至可能终年不干。

上层滞水水面的位置和水量的变化与气候变化息息相关，季节性变化大，极不稳定。因此，由上层滞水所补给的井或泉，尤其当上层滞水分布范围较小时，常呈季节性存在。雨季或雨后，泉水出流，井水面上涨，旱季或雨后一定时间，泉水流量急剧减小甚至消失，井水则水面下降甚至干涸。

由于距地表近，补给水入渗途径短，上层滞水容易受污染。因此，在缺水地区如果利用它作生活用水的水源时（一般只宜作小型供水源），并对水质问题尤应注意。

二、潜水

1. 潜水的埋藏特征

赋存于地表下第一个稳定隔水层之上，其中具有自由表面的含水层中的重力水称为潜水。该含水层称为潜水含水层。潜水的水面称潜水面。其下部隔水层的顶面称隔水底板。潜水面和隔水底板构成了潜水含水层的顶界和底界。潜水面到地面的距离称为潜水的埋藏深度。潜水面到隔水底板的距离称为含水层的厚度；潜水面的高程称为潜水位。

由于埋藏浅，上部无连续的隔水层等埋藏特点，潜水具有以下的特征：潜水面直接与包气带相连构成潜水含水层的顶界面，该面一般不承受静水压力，是一个仅承受大气压力的自由表面。潜水在重力作用下，顺坡降由高处向低处流动。局部地区在潜水位以下存在隔水透镜体时，则潜水的顶界面在该处为上部隔水层的底面而承受静水压力，呈局部承压现象。

潜水通过包气带和大气圈及地表水发生密切联系，在其分布范围内，通过包气带直接接受大气降水、地表水及灌溉渗漏水等的入渗补给，补给区一般和分布区相一致。潜水的水位、埋藏深度、水量和水质等均显著地受气象、水文等因素的控制和影响，随时间而不断地变化，并呈现显著的季节性变化。丰水季节潜水获得充沛的补给，储存量增加，厚度增大，水面上升，埋深变小，水中的含盐量亦由于淡水的加人而被冲淡。枯水季节补给量小，潜水由于不断排泄而消耗储存量，含水层厚度减薄，水面下降，埋深增大，水中含盐量亦增加。

潜水面的形状及其埋深受地形起伏的控制和影响。通常潜水面的起伏与地形起伏基本一致，但较之缓和。在切割强烈的山区潜水面坡度大且埋深也大，潜水面往往深埋于地表下几十米甚至达百米以上。在切割微弱、地形平坦的平原区，潜水面起伏平缓，埋深仅几米，在地形低洼处潜水面接近地表，甚至形成沼泽。

潜水的水质除受含水层的岩性影响外，还显著地受气候、水文和地质等因素影响。在潮湿性气候、切割强烈的山区，潜水径流通畅，循环交替强烈，往往为低矿化度的淡水。在干旱性气候、地形平坦的平原地区，潜水径流缓慢，循环交替微弱，蒸发成了主要排泄方式，潜水则往往为高矿化的咸水。与此同时，潜水因其埋藏浅且与包气带直接相联而容易受污染。

2. 潜水等水位线图

等水位线图即潜水面的等高线图。它是在一定比例尺的平面图上（通常以地形等高线图作底图）按一定的水位间隔将某一时期潜水位相同的各点联成的一系列等水位线所构成的。为了绘制该图，首先需要在研究区内布置一定数量的水文地质点（对地表水也应布置一定数量的测量点），进行水准测量和水位测量，然后按绘制地形等高线的方法绘制等水位线。绘图时应注意等水位线和地表水相交的地段和相交形式。各点的水位资料应在相同时间内测得。等水位线图上应标明水位测量的时间。

等水位线图反映潜水面的形状以及潜水的流动情况。通过该图可以解决以下问题：

（1）确定潜水流动方向：潜水的流向与等水位线相垂直，下图 2-2 中箭头所示的方向即潜水的流向，箭头指向低水位．

（2）确定水力坡度：沿水流方向取一线段，确定其距离和端点的水位差值，该水位差与长度之比值即为该线段的平均水力坡度。如图 2-2 中 A、B 二点的水位差 86-82.4=3.6m，AB 线长 1.1cm，AB 段的距离为 0.011×25000=275m，则 AB 段的平均水力坡度为 3，6/275=0，013。应注意的是 AB 是水流长度的水平投影长度。因地下水的水力坡度通常很小，故可用来代替水流长度。

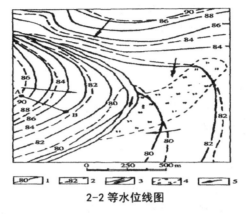

2-2 等水位线图

1—地形等高线；2—等水位线：3—河流；4—沼泽；5—潜水流向

（3）确定潜水和地表水的关系：通过确定地表水附近潜水的流向即可确定其间的补排关系。

（4）确定潜水面的埋藏深度：当等水位线圈上具有地形等高线时，可首先确定计算点的地面高程，再根据等水位线确定其水位值，二者的差值即为该点处潜水面的埋藏深度。

（5）分析推断含水层岩性或厚度的变化：等水位线变密处，即水力坡度增大之处，表征该处含水层厚度变小或渗透性能变差。反之，等水位线变稀的地方则可能是含水层渗透性变好或厚度增大的地方。

此外，等水位线图还可用来作为布置工程设施的依据。例如：取水工程应布置于潜水流汇合的地段，而截水工程的方向则应基本上和等水位线相一致。

受自然和人为因素影响，潜水面的形状和位置因时而异。同一地区不同时间的等水位线图亦不相同。工程中常用的是高水位（丰水季节）及低水位（枯水季节）期的等水位线图。

3. 潜水的补给、排泄和径流

含水层从外界获得水量的过程叫补给，耗失水量的过程叫排泄，地下水由补给区向排泄区流动的过程便是地下水的径流。补给和排泄是含水层与外界进行水量和盐分交换的两个环节，控制和影响着含水层中地下水的水量、水质及其变化，从而也控制了地下水在含水层中的径流情况。径流则是在含水层内部进行水量和盐分的积累和输

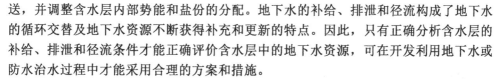

送，并调整含水层内部势能和盐份的分配。地下水的补给、排泄和径流构成了地下水的循环交替及地下水资源不断获得补充和更新的特点。因此，只有正确分析含水层的补给、排泄和径流条件才能正确评价含水层中的地下水资源，可在开发利用地下水或防水治水过程中才能采用合理的方案和措施。

(1) 潜水的补给

大气降水和地表水的入渗是潜水的主要补给源。在特定条件下潜水尚可获得来自承压含水层中的地下水、水汽凝结水、工农业用水的回渗水和人工补给水等的补给。

a. 大气降水对潜水的补给：通常，大气降水是潜水的主要补给源。在潜水含水层的分布面积上几乎均能获得大气降水的入渗补给，因此降水的补给是面的补给。降水量的多少、降水的性质和持续时间、包气带的岩性和厚度、地形以及植被情况等因素，均不同程度地影响着降水对潜水的补给。

短期的小雨小雪在入渗过程中主要润湿浅部的包气带，雨停后又很快耗失于蒸发，对潜水的补给作用甚微。急骤的暴雨则因其水量过于集中，超过了包气带的吸收能力，尤其是在地形坡度大的地方，大部分降水以地表径流的方式流走，补给潜水的水量所占比例甚小。长时间连续的绵绵细雨对潜水的补给最为有利。

植被的覆盖有助于减缓冰雪融化的速度，阻滞降水转化成地表径流很快流失，从而有利于潜水获得补给。地形的陡缓明显地影响着降水对潜水的补给：地形陡峻的山区，降水到达地表后不易蓄积而很快地沿地表流走，因此不利于对潜水的补给；平坦尤其是低洼地形处，则有利潜水接受补给。中国西北的黄土高原，由于地形陡，且缺乏植被覆盖，常常容易造成水土流失，不利于降水对潜水的补给。

包气带是降水入渗补给潜水的通道。包气带岩土的渗透性能越好，其厚度越小则下渗的水流到达潜水面越快，中途水量的损耗越少，即越有利于潜水获得补给。中国广西部分岩溶发育地区，降水的入渗量达80%以上，即绝大部分的降水都补给了地下水。

b. 地表水对潜水的补给：江、河、湖、海及水库等地表水体，当它们与潜水间具有水力联系且其水面高出潜水面时，均可对潜水进行补给。山前冲、洪积扇的顶部地区，一般分布透水性能良好的砂砾石层，潜水埋藏较深，该地区的地表水往往大量渗漏补给潜水，构成潜水的长年补给源。在大河的中上游地区，洪水季节河水往往高于附近的潜水位面构成潜水的补给源。但是这些地段河水与潜水的补排关系受地貌、岩性及水文动态影响而复杂化，必须具体情况具体分析。

c. 承压水对潜水的补给：当潜水含水层与下部的承压含水层之间存在导水通道，同时潜水位又低于下伏承压水的测压水位时，承压水便通过导水通道向上补给潜水。这种导水通道可能是由隔水层中存在的"透水性天窗"或是导水的断层和断层破碎带等所组成。承压水与潜水间的水位差值越大，通道的透水性能越好，截面积越大，通道越短则承压水对潜水的补给量越大。当潜水含水层底板由厚度不大的弱透水层组成时，如果下伏承压水的水位高出潜水位足够高时，在这种水位差的作用下，承压水可透过其顶部的弱透水层补给潜水。通常把这种方式的补给叫做越流补给。

d. 凝结水对潜水的补给：中国西北沙漠地区，日温差极大，晚上因土壤散热，温度急剧下降，其空隙中的相对湿度因之迅速提高，达饱和状态之后其水汽凝结成液态水，水汽压力便降低，与地表大气中的水汽压力形成压差，大气中的水汽便向土壤空隙移动，从而使凝结水源源不断地补给潜水，成为该地区潜水的重要补给源。

此外在农灌区、城市和工矿山，特别是包气带透水性能良好的地区，潜水还可获得农田灌溉水、城市工矿的生活用水和工业废水等的回渗补给。

(2) 潜水的排泄

自然条件下潜水主要有以下几种排泄的方式：以泉的形式出露地表，直接排入地表水，通过蒸发逸入大气。其中前两种方式潜水转化为地表水流，排泄的方向以水平方向为主，统称为径流排泄。蒸发使潜水转化成水汽进入大气，以垂直方向为主，称之为蒸发排泄。此外在一定条件下潜水还可通过透水通道或弱透水层而向邻近的承压含水层排泄。

a. 泉：泉是地下水在地表出露的天然露头。由潜水和上层滞水所补给的泉，叫下降泉。这类泉水在其出口附近地下水往往由上向下运动。由潜水所补给的泉，其流量呈明显的季节性变化，即丰水季节流量显著增大。

b. 潜水向地表水体的排泄：当地表水体与潜水含水层间无阻水屏障，且地表水面低于附近的潜水面时，潜水便向地表水体排泄。潜水向地表水体排泄与潜水接受地表水体的补给，二者情况相似，只是水流方向相反。因而，影响潜水排泄量的因素以及潜水排泄量的计算方法与前面有关地表水对潜水补给部分的讨论相同。潜水排入河中的水量还可采用水文分割法，通过对河水量过程曲线进行分割来确定。其方法可参阅有关文献资料，在此不作详述。

c. 蒸发：潜水的蒸发有通过包气带进行的土面蒸发和通过植物所进行的叶面蒸发（蒸腾）二种形式。前者是潜水在毛细作用下源源不断地补给潜水面以上的毛细水带，以供应该带上部毛细弯液面处的水不断变成气态水逸入大气。后者则为植物根系吸收水分通过叶面蒸发而逸入大气。两种蒸发形式中的排泄方向都是垂直向上，排泄过程中主要是水量的耗失，而水中的盐分仍积聚在地壳中。在干旱地区，特别是地形低平处，潜水流动缓慢，当潜水面埋藏较浅，毛细带上缘接近地表时，蒸发就成为潜水排泄的主要甚至是惟一的方式。

蒸发排泄量的大小主要受气象因素、包气带的岩性及潜水埋藏深度等因素影响。包气带毛细性能越好，空气的气温越高，相对湿度越小，潜水埋藏越浅则蒸发越强烈。此外植物的类型对潜水的蒸发排泄量有一定影响。

当潜水与邻近承压水含水层之间存在导水通道或潜水含水层和下伏承压含水层间的岩层为弱透水层，且潜水的水位高出承压水的水位时，或潜水含水层位于承压水层的补给区时，潜水还可向承压含水层进行排泄。

随着工农业生产日益发展，取水或排水工程日益增加，这些人工排泄的潜水水量在一些地区占相当比例，局部地区人工排泄甚至可以成为当地潜水的主要排泄去向。

不同排泄方式所引起的后果也不相同。水平排泄时排出水量的同时也排出含水层

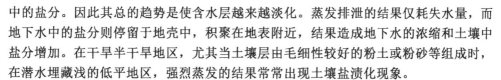

中的盐分。因此其总的趋势是使含水层越来越淡化。蒸发排泄的结果仅耗失水量，而地下水中的盐分则停留于地壳中，积聚在地表附近，结果造成地下水的浓缩和土壤中盐分增加。在干旱半干旱地区，尤其当土壤层由毛细性较好的粉土或粉砂等组成时，在潜水埋藏浅的低平地区，强烈蒸发的结果常常出现土壤盐渍化现象。

（3）潜水的径流

自然界中潜水总是由水位高处向水位低处流动，这种流动过程便是潜水的径流。潜水在径流过程中不断汇聚水量、溶滤介质、积累盐分，并将水量和盐分最终输送到排泄场所排出含水层。地形起伏、水文网的分布和切割情况，含水层的补给和排泄条件（位置、数量和方式）以及含水层的导水性能等因素影响着潜水的径流（径流方向、强度和径流量）。

潜水的径流强度通常用单位时间内通过单位过水断面面积的水量即渗透速度来表征。显然，径流强度的大小与补给量、潜水的水力坡度、含水层的透水性能等因素成正比。径流强烈的地段，从岩石圈进入地下水中的盐分能及时为水流携走，地下水往往为低矿化的淡水。反之，在径流缓慢的地段，地下水的矿化度一般较高。

含水层透水性能的差异可导致径流分配的差异。在水力坡度相同的情况下，透水性越好的地方，径流越通畅，径流强度越大，径流量也相对集中。由此在大河下游堆积平原中，在河流边岸附近及古河床分布地段，常常可以找到水量丰富、水质好的地下水流。

4. 潜水的动态和均衡

（1）潜水的动态

在各种自然和人为因素的影响下，地下水的水位、水量和水质随时间呈有规律的变化，这种变化叫做地下水的动态。地下水的动态反映了含水层的补给和排泄作用的综合结果。例如，当补给量大于排泄量时，含水层中储水量增多，水位上升，流量增大；相反当排泄量大于补给量时，水量便减少，水位下降。研究地下水的动态有助于了解地下水的水量和水质的变化规律，预测它们的发展趋势，以便有效地兴利除弊，同时还有助于进一步查清地下水的形成和循环交替条件。

潜水的水位、水量及水质在自然因素和人为因素的影响下呈昼夜、季节和多年的变化。通常，对潜水动态影响最大的是气象因素。潜水与大气圈联系密切，因此大气降水、蒸发、气温和湿度等均影响潜水的动态。其中降水对潜水起补充水量和冲淡盐分的作用，而蒸发所起的作用则相反。气温和湿度是通过影响降水和蒸发而影响潜水的动态。通常状况下，潜水的低水位期出现于12月到翌年4月份，正好是降水贫乏时期，潜水的高水位与降水的丰水期相吻合（6～9月）。潜水位的升降与降水量的多寡十分一致。图中5月份降水量大于4月份而潜水位仍然下降，显然是由于该月气温升高，蒸发强烈所致；6～9月尽管蒸发亦大，但大量降雨，降水量超过蒸发量而导致潜水位急剧上升出现高水位期。由于气象因素的季节性变化影响，潜水动态也呈现出季节性变化。

气象因素不仅呈季节性变化，还呈多年的周期性变化，故潜水的动态亦呈现多年的周期性变化。例如受周期性为 11 年左右的太阳黑子量变化影响，原苏联卡明草原丰水期和干旱期交替出现，使地下水动态显示出同一周期的变化规律。此外，气压的变化也可使观测井中的水位相应变化。气压降低则井中水面所受的表面压强减小，而附近的潜水面上仍承受包气带中原来的空气压强，形成了压差，周围的潜水便在此压差下向井流动，使井中水位上升。反之，气压升高则可导致井水面下降。这种水位变化是起因于表面压强的变化，而含水层中的水量并未改变，故通常称为伪变化。除气压变化外，气温变化也可能引起井水位出现伪变化。

水文因素对潜水尤其是地表水体附近的潜水动态也有着明显的影响，以河流为例，当河水补给潜水时，潜水位随河水位的涨落而涨落，但因时间略滞后。距河越近，潜水位的变化幅度、涨落时间与河水位的变化情况越接近，随着距河距离的增大，河水位变动的影响逐渐减弱，即水位变化幅度逐渐变小，滞后时间增长，水位变化曲线逐渐平缓。潜水的水质距河越近越接近于河水的水质。当河流排泄地下水时，由于河流的排泄作用使其附近地段地下水位径流畅通，潜水的动态曲线变得平缓，变化幅度变小。距河越远，变化幅度越大。

构造、岩性等地质因素主要是通过影响潜水补给、径流和排泄条件而影响其动态。包气带及含水层的颗粒成分、结构或坚硬基岩的裂隙的发育和连通程度、开启情况均直接影响其透水性能和给水性能。在相同降水强度的情况下，岩土的透水性及给水性越好，潜水位的变化幅度就越小。因此，通常砾石层中的潜水，其水位变化小于砂层或粉土含水层中的变化。在起补给作用的河流附近，包气带和含水层岩土的给水性越好则河水位变化所影响的范围就越小，岩土的透水性能所起的作用也正好相反。

上述地质因素的变化是极缓慢的，它们对于潜水动态的影响也是相对稳定的，主要影响变化的幅度和延续时间的长短而不改变动态的基本形态。但是在新构造活动强烈的地区，地壳活动可使潜水动态呈现某种趋势的延续变化。例如河西走廊的龙王庙、安西白旗堡等村落，受新构造运动影响，水井逐步干枯而迫使居民迁移。地震和滑坡可使潜水在较短时间内发生急剧的变化。尤其是地震的影响，不仅水位，而且水的化学成分也常常产生急剧的变化。因此，在地震区监测地下水动态的异常变化成为预报地震的重要手段之一。

人类生产活动对潜水水质和水量等方面的动态所产生的影响随着生产的发展而日益加剧。开发利用潜水以及排水工程的工作使潜水储存量减少并使水位下降。过量开采（开采量超过补给量）甚至造成区域性的水位下降，人工补给、渠道渗漏及农灌水的回渗则可抬升水位．在一些潜水埋藏浅的灌区如果不合理控制灌水定额，回渗水量过多，可能使水位持续上升，甚至导致土壤沼泽化或盐渍化。生活用水和工业废水的回渗可导致潜水受污染。兴建水库，人工抬高地表水位则可引起近河地段的潜水产生壅水现象。凡此种种人为因素影响结果，使潜水的动态更加复杂。

自然条件下，从多年的角度看，潜水的补给和排泄是保持平衡的。因此，潜水的水位和水量受自然因素影响虽然呈现昼夜变化、季节变化和多年变化的特点，但其变化总是在一定范围内环绕某一平均值而变动，其不会持续地向一个方向变化。

（2）潜水的均衡

潜水的动态是潜水的水量和盐分的收入（补给）和支出（排泄）间数量关系的外部表现。潜水的水量和盐分收支间的数量关系便是潜水的均衡。通常将水量均衡叫水均衡，盐分的均衡叫盐均衡。这里我们着重讨论水均衡的有关问题。当潜水水量的收入大于支出时称正均衡，其结果是潜水的储存量增加、水位上升。反之则称负均衡。进行均衡研究的地区称均衡区，进行均衡计算的时间段称均衡期。

三、承压水

1. 承压水的埋藏特征

充满在两个稳定的不透水层（或弱透水层）之间的含水层中的重力水称为承压水。该含水层称为承压含水层。其上部不透水层的底界面和下部不透水层的顶界面分别称为隔水顶板和隔水底板，构成承压含水层的顶、底界面。含水层顶界面与底界面间的垂直距离便是承压含水层的厚度。钻进时，当钻孔（井）揭穿承压含水层的隔水顶板就见到地下水，此时井（孔）中水面的高程称为初见水位。此后水面不断上升，到一定高度后便稳定下来不再上升，此时该水面的高程称为静止水位，亦即该点处承压含水层的测压水位。承压含水层内各点的测压水位所联成的面即该含水层的测压水位面。某点处由其隔水顶界面到测压水位面间的垂直距离叫作该点处承压水的承压水头。承压水头的大小表征了该点处承压水作用于其隔水顶板上的静水压强的大小。当测压水位面高于地面时承压水的承压水头称为正水头，反之则称负水头。在具有正水头的地区钻进时，当含水层被揭露，水便能喷出地表，通常称之为自流水，揭露自流水的井叫自流井。在具负水头的地区进行钻进，含水层被揭露之后，承压水的静止水位高于含水层的顶界面但低于地面。

由于埋藏条件不同，承压水具有与潜水和上层滞水显著不同的特点。承压含水层的顶面承受静水压力是承压水的一个重要特点。承压水充满于两个不透水层之间，补给区位置较高而使该处的地下水具有较高的势能。静水压力传递的结果，使其他地区的承压含水层顶面不仅承受大气压力和上覆地层的压力，而且还承受静水压力。承压含水层的测压水位面是一个位于其顶界面以上的虚构面。承压水由测压水位高处向测压水位低处流动。当然水层中的水量发生变化时，其测压水位面亦因之而升降，但含水层的顶界面及含水层的厚度则不发生显著变化。

由于上部不透水层的阻隔，承压含水层与大气圈及地表水的联系不如潜水密切。承压水的分布区通常大于其补给区。承压水资源不如潜水资源那样容易得到补充和恢复。但承压含水层一般分布范围较大，往往具有良好的多年调节能力。承压水的水位．水量等的天然动态一般比较稳定。承压水通常不易受污染，但一旦被污染，净化极其困难。因此在利用承压水作供水水源时，针对水质保护问题同样不能掉以轻心。

由于存在隔水顶板，上覆岩层的压力由含水层中的水和骨架共同承担，承压水的静水压力参与平衡上覆岩层压力的作用。因此，当含水层的水位发生变化时，承压含水层便呈现出弹性变化：即当承压水水位上升时，静水压力加大，骨架所受的力便减小，地下水由于压力增大而压缩，骨架则由于减小压力而膨胀，主要表现为空隙空间增加，其结果则使含水层吸收水量而增大储存量；当承压水水位下降时，则起相反的作用，即水的体积增大而含水层的空隙空间减小，含水层中释放出一定数量的地下水，减少含水层中水的储存量。承压含水层的这种弹性变化特点往往是造成在一些大城市集中开采承压水地段地面发生沉降的主要原因。

2. 承压水等水压线图

承压含水层中各点的测压水位所联成的面叫该含水层的测压水位面。如前所述，该面高出含水层的顶界面，是一个虚构的面。该面的起伏及坡度的变化情况反映了承压水的径流情况。通常，承压含水层的厚度变化比

较小，在含水层透水性能变化不大的情况下，承压含水层的测压水位面常接近为倾斜的平面。当含水层的厚度或透水性能有变化时，测压水位面的坡度亦发生变化，透水性越好或含水层厚度越大的地段，测压水位面的坡度越小。

承压含水层测压水面的情况通常是用等水压线图来表示的。等水压线图也就是承压含水层测压水位面的等高线图。绘制承压含水层的等水压线图时应选取对其他含水层进行严格封堵的钻孔（井）中的水位资料，而不能采用混合进水的钻孔（井）中的资料，因为后一类井中的水位是若干含水层的混合水位。

等水压线图同样也有很多实际用途。利用它可以确定承压水的流向、埋藏深度、测压水位及承压水头值的大小。根据图上等水压线分布的疏密情况还可以定性地分析含水层的导水性能（含水层的厚度或其透水性能）的变化情况。

在实践中为了便于应用，常常把承压水等水压线图与地形等高线图、含水层顶板等高线图叠置在一起。对照等水压线和地形等高线就可得知自流区和承压区的分布范围及承压水位的埋深，若再与顶板等高线对照还能知道各地段的压力水头及承压含水层的埋藏深度。如果将承压水等水压线图与上部潜水的等水位线图叠置在一起，还可以分析出承压水与潜水相互补给关系。

3. 承压水的补给、排泄和径流

与潜水情况相似，承压水可能有各种不同的补给源。含水层露头区大气降水的补给往往是承压水的主要补给来源，其补给量的大小取决于露头区的面积、降水量的情况、露头区岩层的透水性能以及露头区的地形条件。如图所示，当露头区位于地形高处时，含水层仅能接受露头区部分降水量的补给，当露头区位于地形低洼处时，该含水层不仅获得露头区降水的入渗补给，而且还能获得该地段的整个汇水范围内降水的入渗补给。当承压含水层的补给区位于河床或地表水体附近，或地表水与承压含水层之间存在导水通道，且含水层的测压水位低于地表水的水位时，承压水便可获得地表水的补给。

同一地区通常存在几个含水层，某一承压含水层与潜水或其他承压含水层之间如果存在导水通道，而且其测压水位面低于其他含水层中地下水的测压水位面时，该含水层就可能获得其他含水层中的地下水的补给。地形与构造组合情况不同，补给层的位置亦不相同。而正地形时补给来自下伏的含水层，负地形时补给层位于上方。

在一些地区为供水或排放工业废水的目的，向承压含水层人工回灌低矿化水或废水，构成了承压水的另一补给来源 —— 人工补给。

承压水常常以泉（或泉群）的形式进行排泄。由承压水补给的泉叫上升泉。这类泉水在出口处由于存在一定的承压水头，地下水由下向上流动，常常出现上涌、冒泡和翻砂等现象。深部地下水所补给的泉水，其常具较高的温度而形成温泉，其矿化度亦较高，并常富集某些元素和其他成分。

第三节　地下水资源赋存特征

地下水系统是生态系统的重要组成部分，也是水循环中不可或缺的一环，其具有分布广泛、水质优良、储量丰富和开采便利等优点，既可以为人类的生产生活用水提供保障，也在保证经济和矿山资源持续发展、最大化到生态平衡的维持中拥有不可替代的作用。中国水资源南北分布不均，而导致有些矿山的水文地质条件较为困难。本文从甘肃地区矿山地下水为切入点，探讨地下水的水化学特征、赋存特征及形成机理，并通过定性和定量分析研究区地下水所经历的主要水文地球化学过程，讨论外部环境对地下水化学的影响，研究径流过程中地下水的演化机理，并探讨矿山含水层的时空演化。研究结果有助于理解和分析各个矿山地下水的化学特征和分布规律，确定地下水水质的形成过程和特征，以及如何保护和处理矿山工业造成的地下水环境污染问题，在当前技术手段允许的条件下让地下水资源开发利用效益最大化。

一、矿山地下水主要赋存特征

甘肃地区矿山主要分布于河西走廊祁连山下离瓜州县比较近，故矿山内的新生代松散层覆盖了矿山表面，一般设置 +20m ～ +50m 为平原的地面标高。季节性河流是矿山内的常见河流，成因是其受到大气降水控制。该区地下水的主要组成部分为二叠系砂岩裂隙、太原组灰岩及底部奥陶系灰岩三个含水层。上部强含水层以砂砾卵石为主，其有着结构松散，不含泥质，分选性差，磨圆度好等特性，粒径 3cm ～ 8cm，最大可达 17cm；中部主隔层厚度一般为 5m ～ 8m，最大 15m，中部主隔层有着比较稳定的层位，主要由淤泥质粉质粘土和淤泥质粉土构成；位于主隔层以下的下部中等含水层由于厚度相差悬殊，透水性不甚相同，其分布较为稳定，有些地段为多个砂层直接迭置，组成较厚的含水段。

1. 地下水分布特点

受大气降水的影响，第一含水层厚度变化在 12m ～ 29m 之内。含水层岩性为粘土质砂、粉砂和细砂，水化学类型为 $HCO_3^- Na \cdot Mg$ 型，富水性中等偏强。第二含水层富水性依然是中等偏强，其由浅黄色粉砂、细砂和粘土质砂组成。第三含水层，厚度在 17.6m ～ 80m 变化之间，富水性中等。第四含水层简称四含（又称底含），矿山内

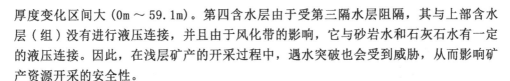

厚度变化区间大（0m～59.1m）。第四含水层由于受第三隔水层阻隔，其与上部含水层（组）没有进行液压连接，并且由于风化带的影响，它与砂岩水和石灰石水有一定的液压连接。因此，在浅层矿产的开采过程中，遇水突破也会受到威胁，从而影响矿产资源开采的安全性。

2. 地下水的埋深

矿山区内地下水的埋深在空间上有着较为明显的变异性特点。研究区的地下水埋藏深度通常在30m以内，某些区域的埋藏深度可能超过30m。但是，在研究区域内，地下水深度相对较大，而在大多数区域，地下水深度通常较浅。研究区域地下水位的上升主要取决于地形。研究区域的中部和北部有两个不同的分水岭，基岩表面的高度较低，形成一个大的管状基岩表面，低地地区向北延伸。矿山内地下水的埋深松散层厚度在39.8m～403.75m之间变化，其变化趋势与基岩面标高基本一致，松散层南厚北薄、东厚西薄。

3. 地下水的化学组成

一般情况下，地下水中所含的主要离子的变化规律，一般为随着总矿化度的变化而变化，低矿化度水中常以 HCO_3^- 及 Ca^{2+}、Mg^{2+} 为主三个含水层的相应水化学参数变化趋势基本相同，寒武系灰岩水中这些离子的含量变化较小，同时也说明寒武系灰岩水的盐化作用相对微弱。高矿化水以 C^{1-} 及 Na^+ 为主；矿化水阴离子常以 SO_4^{2-} 为主，阳离子既可以是 Na^+，也可以是 Ca^{2+}。该矿山地下水中所含阴离子以 HCO_3^- 为主，阳离子主要包含 Ca^{2+}、Mg^{2+}；而矿井水的阴离子主要为 HCO_3^-，阳离子以 K^+、Na^+ 为主，因此矿化度较高。由此可以看出，强酸根略小于弱酸根，此结果可以说明该区域矿山地下水在自然环境影响下会产生一定的浓缩现象。

4. 地下水动态平衡及补、径、排

由于不同含水层岩性不同，其渗透性、含水性差异也很大。其拥有各自的补给、径流、排泄特征也由区域含水层的空间分布、沉积特征等决定。矿山内地表水流域边界与地下水系统边界在地形地貌控制的影响下基本一致，由于地形处于不同的水平，因此在流动过程中，顶线在平坦的边坡出较小、水力梯度较小、流动相对较慢。相比之下，在地形复杂且地形陡峭的河沟壑区，含水层的完整性受到可追溯侵蚀的干扰，这构成了局部最低基线排水水平。因此地下水流相对湍流，受流域水系，地形和水循环条件的影响，从补给区到流域，不同地区浅层地下水的化学性质和类型表现出明显的区域演化特征，反映出从淋溶到过滤的主要的水化学作用。

二、矿山地下水主要形成机理

为探究矿山地下水主要形成机理，从渗流场、地下水流态、边界条件、补给源、空间分布及地貌等条件来分析实测水文地质模型。矿山地下水储存在离层空间中。矿山地质形成离层空间的一个主要因素是煤层上覆基岩中存在一定厚度的隔水岩层，该隔水层起到至关重要的作用。产生离层储水空间最关键的是安定组底部的砂质泥岩，

且该砂质泥岩位于导水裂缝带的顶部。正是由于煤层特殊的顶板覆岩岩性及其组合关系，导致了矿山地下可以形成离层水，且离层水的形成机理和涌水机理基本相同，只是形成位置存在一定的差异。

随着工作面的回采，由于失去了支撑，泥岩的隔水层会因发生变形而弯曲下沉。但因为泥岩抗张强度较大，位于其上的砂岩含水层仅略微下沉，会在砂岩和泥岩间形成一个单独的储水空间，并且屋顶含水层中储存的水会在该空间中渗出并收集。伴随围墙的发育，在采矿作业中，在顶板泥岩的重量，岩石的压力和储层的破裂共同作用下，水屏障将不断变形与沉陷，直到位移达到极限为止。由于结构变化，泥岩将被破坏，然后发生分离。这种现象的事实在于，层状空间中的水体先是立即突出，再减少；并受到分离储水空间中水体的减少，泥岩阻水层的破裂空间随着阻水层的扩展而逐渐减小。随着矿产资源的进一步开采，分离层的位置将向前移动，然后分离层的储层将再次关闭，泥岩破裂位置前移会导致周期性突水，产生的水累积存储在离层空间进而形成地下水。

第三章 矿山水文地质勘探

第一节 矿山水文地质勘探阶段与工作方法

一、矿山水文地质勘探阶段划分及基本要求

矿山水文地质勘探阶段分为普查、详查（初步勘探）与精查（详细勘探）三个阶段。水文地质条件简单的矿山，勘探阶段可简化或合并。

（一）普查阶段

普查阶段的任务是初步了解矿山水文地质条件，根据自然地理、地质及水文地质条件，初步划分水文地质类型，指明供水水源勘探方向，为矿山远景规划提供水文地质依据。

普查阶段要求通过区域水文地质测绘，钻孔简易水文地质观测，泉、井及钻孔的流量、水位、水温的动态观测及老窑和生产矿井水文地质资料的收集，并初步了解工作区的自然地理条件、地貌、第四纪地质及地质构造特征，主要含水层和隔水层岩性、分布、厚度、水位及泉的流量；初步了解对矿层开采可能有重大影响的含水层富水性，地下水的补给、径流、排泄条件；了解生产矿井和老窑的分布、采空情况及水文地质情况，了解供水水文地质条件，指出矿山供水水源勘探方向等。

（二）详查阶段

详查阶段的任务是通过矿山水文地质测绘、水文地质观测及抽水试验等工作，初步查明矿山水文地质条件，生产矿井和老窑采空区分布、积水、涌水量变化情况；分析矿床充水因素，估算矿井涌水量，初步评价供水水源；预测可能引起的环境水文地质和工程地质问题，为矿山的总体规划或总体设计提供可靠的水文地质依据。

（三）精查阶段

精查阶段的任务是通过大比例尺的水文地质测绘、观测、抽水试验等工作，查明矿床直接和间接充水含水层的特征，评价矿井充水因素；预测矿井涌水量，预测和评价矿井开采和排水可能引起的环境水文地质和工程地质问题，指出矿床开采过程中可能发生突水的层位和地段；对井田内可供利用的地下水的水量、水质作出评价；提出矿井防治水方案及矿井水综合利用的建议，为矿井设计提供水文地质依据。

二、矿山水文地质勘探方法和勘探工作程序

矿山水文地质勘探方法一般包括水文地质测绘、水文地质勘探、水文地质试验、水文地质观测（地下水动态观测）和实验室试验、分析、鉴定等。

水文地质勘探，应按一定的工作程序，有计划、有步骤地进行。一般应遵循下述原则：

（1）勘探工作应从普查开始，然后进入详查（初勘）和精查（详勘）。从普查到精查，工作范围由大到小，工作要求由粗到精，对水文地质条件的认识由表及里、由浅入深。各阶段有其侧重的内容和要求，一般应依次进行。

（2）勘探方法的组织应按测绘—勘探—试验—长期观测的顺序安排。前者是后者的基础，后者是前者的深入。

（3）勘探工程量的投入，应根据具体条件由少到多，由点到线、进一步控制到面，以求既在经济技术上合理可行，又保证勘探成果的质量。

（4）每一勘探阶段都应按准备工作、野外施工和室内总结三段时期进行。

准备工作时期应广泛收集资料，明确存在的问题与需要进行的工作，重点是编制勘探工作设计书。设计书内容应包括：勘探区的范围、地质及水文地质概况，研究程度和存在问题，勘探阶段的确定、勘探任务和要求，勘探方法的组织、工程量及布置原则和技术要求，预期成果，时间进度、设备计划、人员组织及经济预算等。设计书须经有关部门批准后方能实施。

野外施工时期是按设计要求进行各项水文地质勘探工作。施工中既要坚持先设计后施工的原则，又要注意各种勘探方法的有机配合，更应保证每项工程的施工质量，加强勘探资料的综合分析，以便及时发现问题采取措施（包括修改设计），保证勘探成果的质量。

室内工作时期是最后完成勘探任务的关键时期，主要任务是编制出符合设计要求的水文地质图件和报告书。

第二节 矿山水文地质测绘

一、水文地质测绘的目的、任务和工作阶段

（一）水文地质测绘的目的和任务

水文地质测绘是水文地质勘探的基础，通过对地下水天然以及人工露头点，以及与地下水有关的自然地理、地质现象的调查观测，并对所得的资料进行分析研究，找出它们的内在联系，用以评价矿山的水文地质条件，为矿山规划或专门性生产建设提供水文地质依据。

水文地质测绘的基本任务是观察地层的空隙及其含水性，确定含水层和隔水层的性质，判断含水层的富水性，观察研究地貌、自然地理、地质构造等对地下水补给、径流、排泄的控制情况及主要含水层间的水力联系，地下水与地表水间的联系；掌握区内现有地下水供水或排水设施的工作情况和开采（排水）前后环境及水文地质条件的变化。

水文地质测绘的比例尺应与勘探阶段的要求相适应。一般普查阶段的比例尺为 1：50000 ～ 1：25000；详查阶段为 1：25000 ～ 1：10000；精查阶段为 1：10000 ～ 1：5000。水文地质测绘通常是在已有相同比例尺地质图的地区进行，在没有地质图的地区，则要求同时进行地质测绘。针对水文地质条件复杂的矿山，水文地质测绘的范围应大于地质测绘的范围，应尽可能包括矿山在内的一个完整水文地质单元。

（二）水文地质测绘的工作阶段

1. 准备工作阶段

测绘工作开展前，应详细收集和研究矿山及邻区的前人资料，并进行现场踏勘，然后根据勘探阶段的任务编制设计书。

1）收集调查区已有资料主要包括自然地理、地貌、地质及水文地质资料，并应充分注意矿山内航、卫片等遥感资料的收集与解释。

2）现场踏勘在野外工作开展前，应进行现场踏勘。踏勘路线的布置，一般选择在地质和水文地质条件较有意义的地段，或地层比较完整、有代表性的剖面上。对收集的和现场踏勘获得的资料要进行分析研究，以便对测区的地质、水文地质情况有一个总的判断。

3）设计书的编制设计书主要包括的内容有：水文地质测绘的目的、任务、工作范围，工作区地质、水文地质条件研究程度及存在的问题，测绘工作方法、工作量、组织编制，主要设备与施工工程的布置；预期成果与完成测绘工作时间及措施等。为

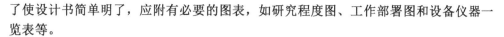

了使设计书简单明了，应附有必要的图表，如研究程度图、工作部署图和设备仪器一览表等。

2. 野外工作阶段

1）实测控制（标准）剖面实测剖面的目的是查明区内各类岩层的层序、岩性、结构、构造及岩相特点，裂隙岩溶发育特征、厚度及接触关系，确定标志层和层组，研究各类岩石的含水性和其他水文地质特征。

剖面应选在有代表性的地段上，沿地层倾向方向布置，也可是原踏勘剖面。要在现场进行草图描绘或摄影照相，以便发现问题及时补测。实测中，应按要求采取地层、构造、化石等标本和水样、岩样等样品，以供分析鉴定之用。在地质、水文地质条件复杂的地区，最好能多测绘 1～2 条剖面，以便于对比。

2）布置观测点及观测线测绘中对地质、水文地质等现象认识、图件的编制及某些规律的获得，都是来源于观测点和观测线的基本资料。对每个观测点要求做到观察仔细、描述认真、测量准确、记录全面、绘图清晰和采样完整。把各观测点之间的现象有机地联系起来，则成为一条观测线；联结几条观测线，就完成了一个地区的测绘。

观测点的布置原则要求既能控制全区又能照顾到重点地段，一般不宜均匀分布。通常，地质点布置在地层界面、断裂带、褶曲变化剧烈部位、裂隙岩溶发育部位及各种接触带上；地貌点布置在地形控制点、地貌成因类型控制点、各种地貌分界线以及物理地质现象发育点上；水文地质点布置在泉、井、钻孔和地表水体处，主要含水层或含水断裂带的露头处，地表水渗漏地段以及能反映地下水存在与活动的各种自然地理的、地质的和物理地质现象等标志处，对已有的取水和排水工程也应布点研究。在矿山水文地质测绘中尤其需重视区内已有开采井巷的水文地质测绘与观测，尽可能详尽地收集有关资料。

观测线的布置原则要求用最短的路线观测到最多的内容。在基岩区进行小比例尺测绘时，主要是沿地质条件变化最大的方向，即垂直于地层（含水层）及断层走向的方向布置观测线。在松散层分布区，则垂直于河流走向及平行地貌变化的最大方向布置观测线。观测线要求穿越分水岭，必要时可沿河谷布线追索，对新构造现象应重点研究。在山前倾斜平原区，则应在沿地表倾斜最大和平行山体两个岩性变化最显著的方向布置观测线。

3）进行必要的轻型勘探和抽水测绘中还要求在现场进行一些轻型勘探和抽水。如为取得含水层的富水性资料，常布置一些民用水井进行简易抽水或渗水试验等。

4）野外时期的室内工作野外测绘时期，每天都应把当日的记录和图件进行认真地检查，并对第二天的工作作出安排。当野外工作进行到一定时段和在收队前，应当按时段进行全面检查，一旦发现不足应立即在现场进行校核和补充，以保证质量。

3. 室内工作阶段

整理、分析所得资料，由感性认识提高到理性认识，编写出高质量测绘报告的阶段。室内工作阶段的具体内容，可参照有关规程（例如《煤田水文地质测绘规程》等）进行。

二、矿山水文地质测绘的基本内容和要求

（一）地质研究

1. 地质构造的调查研究

在水文地质测绘工作中，应重点研究工作区的地质构造，这是因为地质构造对一个地区的地下水的埋藏、形成条件和分布规律起控制作用。如褶曲可以形成自流盆地或自流斜地。在褶曲的不同部位（轴部和两翼）裂隙发育的程度往往不同，因此含水性和富水性也有很大的差别。从水文地质角度研究断裂时，除了要查明断裂的发育方向、规模、性质、充填胶结情况、结构面的力学性质和各个构造形迹之间的成因联系外，还要通过各种方法确定断裂带的导水性、富水性，以及在断裂带上是否有上升泉等。因此，应选择不同条件的典型地段，作系统的裂隙统计工作。

2. 新生界地层的调查研究

对新生界地层要研究岩性、岩相、疏松岩石的特殊夹层、层间接触关系、成因类型和时代划分，并且要与地貌、新构造运动密切结合起来。这是由于不同的地貌单元和发育程度不同的新构造运动，反映了不同的新生界沉积和地下水赋存条件。

3. 地貌的调查研究

对地貌应着重调查研究与地下水富集有关或由地下水活动引起的地貌现象（如河谷、河流阶地、冲沟以及微地貌等）。

4. 物理地质现象的调查研究

对一些与地下水形成有关的物理地质现象，如滑坡、潜蚀、岩溶、地面塌陷、古河床、沼泽化及盐渍化现象等，都应进行观察描述。综合分析研究这些现象，对正确认识区域地下水形成规律，有重要的启发作用。

（二）水点的调查研究

1. 泉的调查研究

泉是地下水的天然露头，是最基本的水文地质点。泉的调查研究内容主要有以下几点：

（1）泉出露的地形特点、地形单元和位置、出露的高程，泉与附近河水面或谷底的相对高度，泉出露口的特点及附近的地质情况。针对有意义的泉水点应摄影或作素描图、剖面图。

（2）测量泉的流量，对泉水取样进行化学分析，研究泉的动态及泉水的温度变化等。根据泉流量的不稳定系数进行分类（表 3-1），并据此判断泉的补给条件。

表 3-1 根据泉流量的不稳定系数划分泉的类型

泉的类型	极稳定的泉	稳定的泉	变化的泉	变化极大的泉	极不稳定的泉
不稳定系数	1	1～0.5	0.5～0.1	0.1～0.03	＜0.03

注：不稳定系数＝年最小流量／年最大流量。

（3）对人工挖泉还应了解其挖掘位置、深度、泉水出露高程和地形条件、水量大小等。

2. 岩溶水点（包括地下河）的调查研究

（1）水点的地面标高及所处地貌单元的位置及特征，水点出露地层层位、岩性、产状，构造与岩溶发育的关系、结构面的产状及其力学性质等。

（2）水点的水位标高和埋深、水的物理性质，取水样并记录气温、水温，观测溶洞内水流的流向和流速、地下湖或地下河的规模等。对有意义水点应实测水文地质剖面图或洞穴水文地质图，并素描或照相。

（3）调查研究岩溶水点与邻近水点及整个地下水系的关系，必要时需进行追索或进行连通试验，查清地下水的补给来源及排泄去向。岩溶水点的动态观测工作应在野外调查过程中及早安排，尽可能获得较长时间和较完整的资料。

3. 水井（钻孔）的调查研究

（1）将调查的水井（钻孔）的位置填绘到地形地质图上并编号，测量水井（钻孔）的高程及其与附近地表水体的相对高程，测量水井（钻孔）的深度及水位埋深。

（2）了解水井（钻孔）的地质剖面，含水层的位置、厚度、水质、水量及地下水动态；了解水井（钻孔）的结构、保护情况、使用年限、污染情况、用途和建井日期等。

（3）观测水井（钻孔）水的物理性质，并选择有代表性的水井（钻孔）取样进行化学成分分析，调查、测量水井（钻孔）涌水量。

4. 地表水体、地表塌陷的调查研究

地表水与地下水之间常存在相互补给和排泄的关系。地表水系的发育程度，常能说明一个地区岩石的含水情况。长期缺乏降水的枯水季节，河流的流量实际上与地下水径流量相等。在无支流的情况下，河流下游流量的增加、浑浊的河水中出现清流、封冻河流出现局部融冻地段等，都说明有地下水补给河流。反之，河流流量突然变小乃至消失，则表明河水补给了地下水。为了查明上述情况，除了收集已有的水文资料之外，还要对区内大的河流、湖泊进行观测，同时要了解河流、湖泊水位、流量及其季节性变化与井水、泉水之间的相互关系。

在矿山生产中，由于采掘活动，往往影响到地表，造成地表塌陷，导致地表水或含水层水流入矿井，使井泉干枯、河水断流，对矿山建设和生产造成危害。因此，在水文地质测绘工作中，应预测塌陷区的位置及范围，并提出预防措施。对已发生塌陷的地表，应进行观测，调查塌陷区的形态、大小、积水情况及其与地下水的联系，以查明塌陷及其积水对矿井充水影响。

5. 老窑及生产矿井的调查

在矿层露头带附近，往往有废弃的老窑存在，且在这些老窑中往往积存有一定数量的水，对矿井采掘有很大威胁。因此，在水文地质调查中，应查清老窑的分布范围和积水情况。地面测绘和调查访问是查清老窑分布和积水情况的基本方法。如果采掘年代已久，或埋藏较深不易查清时，也可采用物探、钻探的方法进行调查。

生产矿井水文地质调查，是水文地质调查中一项十分重要的工作。当测区附近有生产矿井，且地质、水文地质条件与待查井田的地质和水文地质条件相似时，应收集生产矿井的水文及工程地质资料。根据生产矿井的涌水量、断层或巷道突水特点、巷道顶底板稳定程度等资料分析，预计待查井田的水文及工程地质特征。

生产矿井的调查内容，一般应包括以下几方面：

(1) 矿井总涌水量；分水平、分煤层的矿井涌水量；巷道、断层突水点的突水特征。

(2) 回采面积、矿产资源开采量与矿井涌水量的关系；矿井涌水量随季节变化关系。

(3) 巷道顶底板稳定程度；断层的导水情况。

(4) 对于露天矿，还应查明其边坡的稳定程度。

在实际工作中，常常是将上述调查内容制成统一格式的专门表格（卡片），如泉调查记录表、民井调查记录表、地表水调查记录表、岩溶调查记录表、老窑及生产矿井调查记录表等。调查记录表格在野外直接填写，既可以节省野外工作时间，也能促进基础资料的标准化与规范化。

第三节 矿山水文地质钻探

在矿山水文地质勘探中，水文地质钻探是最主要、最可靠的手段。水文地质钻孔除可直接揭露地下水（含水层）准确查明含水层的埋藏条件外，还可兼作取样、试验、开采和防治地下水之用。因此，在各种矿山水文地质勘探中，均应投入相应的水文地质钻探工作。为合理开发利用与防治地下水提供必要的依据。

一、水文地质钻探的任务、特点及水文地质钻孔的基本类型

（一）水文地质钻探的任务

水文地质钻探的任务是确定含（隔）水层的层位、厚度、埋藏深度、岩性、分布状况、空隙性和隔水层的隔水性；测定各含水层的地下水位，各含水层之间及含水层与地表水体之间的水力联系；进行水文地质试验，测定各含水层的水文地质参数，为防治矿井水和开发利用地下水提供依据；进行地下水动态观测，预测动态变化趋势；采集地下水样作水质分析，采集岩样、土样作岩土的水理性质和物理力学性质试验分析。水文地质钻孔在可供利用的情况下，还可以做排水疏干孔、注浆孔、供水开采孔、

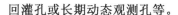

回灌孔或长期动态观测孔等。

（二）水文地质钻探的特点

水文地质钻探的任务重、观测项目多。因水文地质钻探的任务不仅是为了采取岩芯、研究地质剖面，还应取得含水层和地下水特征的基本水文地质资料，满足对地下水动态进行观测和供水、疏干等工程的要求，所以在钻孔结构、钻进方法和施工技术等方面都较地质钻探有不同的特点。例如，为了分层观测地下水稳定水位，除钻进、取芯外还需要变径、止水、安装过滤器和抽水设备、洗孔、抽水等，因而水文地质钻探的特点是工序复杂，施工工期长。

（三）水文地质钻孔的基本类型

根据水文地质钻孔所担负的主要任务的不同，可将其分为以下五类，它们的结构和技术要求均有所不同。

1) 勘探孔主要用于了解矿山地质和水文地质情况，例如地层岩性、构造、含水层数、厚度、埋深和结构等。钻进时需采取岩芯进行观测、描述和进行简易水文地质观测。

2) 试验孔主要用于抽水试验，通常采用较大的孔径。为专门目的布置的水文地质试验孔一般需要作分层观测、分层抽水或多孔、群孔抽水试验。

3) 观测孔主要用于指定层段抽水试验时地下水位的观测和地下水长期动态观测，同时了解水文地质条件或采取水样、岩样。在进行连通试验时用于试剂的投放和检测。

4) 开采孔主要用于地下水开采或矿山地下水水位疏降。钻孔结构应满足一定的水量、水质要求。对于探采结合孔，为满足了解水文地质条件和抽水试验的需要，可采用小口径钻进取芯，然后大口径扩孔成井的施工方法。

5) 探放水孔主要用于探明掘进巷道前方一定距离内的水文地质条件，或用于矿井地下水疏降、井下水文地质试验等。探放水孔多在井下施工，也可由地面施工。

在各种水文地质钻孔中，勘探孔也称一般水文地质孔，而试验孔、观测孔、开采孔和探放水孔则称专门水文地质孔。

二、水文地质钻孔的布置原则

水文地质勘探钻孔的布置，应符合经济与技术要求，即用最少的工程量、最低的成本、最短的时间，获得质量最高、数量最多的水文地质资料。

（一）松散沉积区水文地质勘探钻孔的布置原则

1. 山间盆地

大型山间盆地中含水层的岩性、厚度及其变化规律，均受盆地内第四系成因类型控制。因此，山间盆地内的主要勘探线，应沿山前至盆地中心方向布置；盆地边缘的钻孔，主要是为了控制盆地的边界条件，特别是第四系含水层与岩溶含水层的接触边界，因此应沿边界线布置，以查明山区地下水对盆地第四系含水层的补给条件；盆地

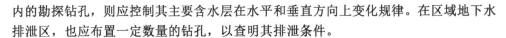

内的勘探钻孔，则应控制其主要含水层在水平和垂直方向上变化规律。在区域地下水排泄区，也应布置一定数量的钻孔，以查明其排泄条件。

2. 山前倾斜平原地区

勘探线应控制山前倾斜平原含水层的分布及其在纵向（从山区到平原）和横向上的变化特点，即主要勘探线应平行冲、洪积扇轴，而辅助勘探线则应垂直冲、洪积扇轴布置。对大型冲、洪积扇，应有两条以上垂直：河流方向的辅助勘探线，以查明地表水与地下水的补排关系。

3. 河流平原地区

勘探线应垂直于主要的现代及古代河道方向布置，以查明古河道的分布规律和主要含水层在水平和垂直方向上的变化。对大型河流形成的中下游平原区，应布置网状勘探线查明含水层的分布规律。

4. 滨海平原地区

在滨海平原地区，勘探线应垂直海岸线布置。并在海滩、砂堤、各级海成阶地上，均应布置勘探孔，以查明含水层的岩性、岩相、富水性等变化规律。在河口三角洲地区，为查明河流冲积含水层分布规律和淡咸水界面位置，应布置成垂直海岸线和垂直河流的勘探网。

（二）基岩区水文地质勘探钻孔的布置要求

1. 裂隙岩层分布地区

此类地区地下水主要赋存于风化和构造裂隙中，形成脉网状水流系统。为查明风化裂隙水埋藏分布规律的勘探线，一般沿河谷至分水岭的方向布置，孔深一般小于100m。为查明层间裂隙含水层及各种富水带的勘探线，则应垂直含水层或含水带走向的方向布置，其孔深取决于层状裂隙水的埋藏深度和构造富水带发育程度，一般为100m～200m。因这类水源地出水量一般不大，为节省钻探投资，供水勘探工作最好结合开采工作进行。

2. 岩溶地区

对于中国北方的岩溶水盆地，主要的勘探线应沿区域岩溶水的补给区到排泄区的方向布置，以查明不同地段的岩溶发育规律。从勘探线上钻孔的分布来讲，近排泄区应加密布孔，或增加与之平行的辅助勘探线，以查明岩溶发育带的范围。在垂直方向上，同一水文地质单元内，钻孔揭露深度一般也应从补给区到排泄区逐渐加大，以揭露深循环系统含水层的富水性和水动力特点。查明岩溶水补给边界及排泄边界，对岩溶区水文地质条件评价十分重要，为此，勘探线应通过边界，并有钻孔加以控制。这类水源地的勘探孔，绝大多数都应布置在最有希望的富水地段上。

以管道流为主的南方岩溶区布置水文地质勘探孔时，除了考虑上述原则外，尚应考虑有利于查明区内主要的地下暗河位置、水量等。

三、水文地质钻探的技术要求

（一）水文地质钻孔的结构设计

水文地质钻孔的孔身结构包括孔深、孔径（开孔与终孔）、井管直径以及其连接方式等。设计钻孔结构时还要考虑钻孔类型、预计出水量、井管与过滤器的类型和材料等。

1. 孔深的确定

钻孔的深度应根据钻孔的目的要求、地质条件、并结合钻探技术条件来确定。

水文地质勘探孔，原则上应揭穿当地的主要含水层，即钻孔的深度取决于含水层底板的深度。对于厚度很大的含水层，揭穿整个含水层较困难，或技术上不必揭穿整个含水层时，应按下述原则确定孔深：对基岩含水层，钻孔应穿透含水层的主要富水段或富水构造带；对岩溶含水层，钻孔应穿透岩溶发育带。钻孔的深度应根据钻探设备所允许的深度范围或目前可能的开采深度确定。对于地下水开采孔或长期疏干降压孔，确定钻孔深度时还应考虑沉淀管的长度，以保证钻孔工作段不被淤塞。沉淀管的长度一般为 3m ～ 5m。

2. 孔径的确定

孔径的大小取决于钻孔的类型、结构、抽水设备及对钻孔出水量大小要求。孔径设计的内容包括开孔直径、终孔直径和变径尺寸。用于探明水文地质条件的勘探孔、抽水试验孔和地下水动态观测孔，一般为小孔径，而且抽水孔和观测孔常需变径止水。用于供水目的的开采孔、探采结合孔或水位疏降孔则要求采用较大的孔径，以满足安装抽水设备和一定的抽水量要求。一般在松散岩层中其孔径多在 400mm 以上，在基岩中孔径一般应大于 200mm。煤矿井下探放水孔常用 42mm、54mm、60mm 的孔径，一般不超过 60mm，以免水流流速过高冲垮煤（岩）柱。

对于结构比较复杂的钻孔，设计孔径时应首先确定终孔直径，再根据变径次数和变径尺寸，由下向上逐步推定钻孔的开孔直径。

1) 终孔直径的确定

终孔直径的大小，主要取决于预计钻孔涌水量、过滤器的尺寸和抽水设备的类型等。有关试验证明，钻孔涌水量随着钻孔直径的增加而增加，但增加到一定数值后，孔径继续增大时，钻孔涌水量增加的数量逐渐减少，甚至不再增加。

在浅部松散沉积层和基岩破碎带，为保证进水，维护孔壁稳定，应在孔内下护壁井管、过滤器，有时还要在井管与井壁之间充填滤料。此时的钻孔孔径除需要满足水量大小的要求外，尚需满足过滤器及滤料的尺寸要求。一般抽水孔孔身直径应比过滤器大 1 ～ 2 级，观测孔应大 1 级。需充填滤料的钻孔孔身直径应比过滤器直径大150mm ～ 200mm。常用井管规格见表 3-2。

表 3-2 常用井管规格表

管径 /mm	73	89	108	127	146	168	219	273	325	377	426
钻头 /mm	75	91	110	130	150	174	225	280	335	385	455

2）确定变径的深度和尺寸

根据已确定的终孔直径，再按预计要求隔离的含水层（段）个数及止水方法、部位和要求，并考虑孔壁的稳定程度等多种因素，确定钻孔变径与否、变径的深度和变径尺寸，以及下套管的深度（应考虑沉淀管的长度）与直径。

一般在下列情况下需要变换孔径进行止水：有多个含水层（段），需要取得分层（段）水文地质参数；需要隔离水质较差的含水层；需要有选择地疏降或开采某一含水层；需要维护干散层和岩层破碎带的孔壁稳定。根据止水要求，钻孔结构一般有三种基本类型，即同径止水、异径止水与异径同径联合止水。

3. 开孔直径的确定

根据已确定的终孔直径、变径次数和尺寸，自下而上逐级推定开孔直径。开孔孔径除满足孔内最大一级过滤管和填料厚度的要求外，还应满足在钻孔中的浅部松散沉积层和基岩破碎带下入护壁管的要求，对供水孔还应考虑所用抽水设备的外部尺寸。因此，一般水文地质钻孔的开孔直径都大于终孔直径。

4. 过滤器的设计

过滤器是指安装在钻孔中含水层（段）的一种带孔的井管。它的作用是保证含水层中的地下水顺利地进入井管中，同时防止井壁坍塌、防止含水层中的细粒物质进入井中造成井孔淤塞。过滤器一般安装在与抽水含水层相对应的位置，其长度一般与含水层（段）的厚度相一致，管径及孔隙率则取决于钻孔涌水量的要求和含水层的性质。

（二）钻孔止水要求

在水文地质钻探工作中，为封闭和隔离目的含水层与其他含水层的水力联系所做的处理工作称为止水。钻孔止水的目的，主要是为了取得分层水位、水量、水温、水质、渗透系数等资料，防止不同含水层互相串通，影响地下水资源的正确评价和合理利用。

止水部位应选择在厚度稳定、隔水性能良好、岩性在水平方向上变化较小和孔壁比较整齐的孔段，以确保止水质量。止水材料品种较多，常用的有黏土、水泥、胶塞等，这些材料一般具有可塑性和膨胀性。止水应选用经济效果好、施工简便的材料。此外，止水材料的选用还应视钻孔的用途确定。如煤田勘探的水文孔和供水水源勘探孔，其止水都是临时性的，因此止水材料要求不高。当改作长期观测孔及供水水源孔时，则应用水泥等耐久性的止水材料止水。

（三）钻探冲洗液

在水文地质钻孔中，为获得可靠的水文地质资料，减少洗孔时间及不破坏含水层

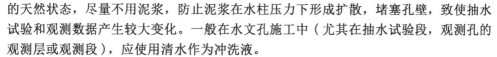

的天然状态，尽量不用泥浆，防止泥浆在水柱压力下形成扩散，堵塞孔壁，致使抽水试验和观测数据产生较大变化。一般在水文孔施工中（尤其在抽水试验段，观测孔的观测层或观测段），应使用清水作为冲洗液。

水文孔施工中，遇到流砂层、断裂带、孔壁严重坍塌、循环液不返水（严重漏水）或强透水层时，用清水钻进有困难，允许使用泥浆循环固井。但在抽水试验前，应采取有效洗井措施，清除井壁泥浆皮及井壁内的堵塞物，直至流出孔口的水返清时为止。

（四）孔斜

为了保证管材和抽水设备顺利下入孔中，应对孔斜有严格的要求。使用空气压缩机抽水时，一般要求孔深在 100m 内孔斜不得大于 1°，孔深在 100m ～ 300m 时孔斜不得大于 3°；使用深井泵抽水时，要求在下深井泵体的孔段孔斜不得大于 2°。

（五）封孔

在矿山施工的各类地质和水文地质孔，除留作长期观测孔或作供水孔外，其余钻孔应按封孔设计要求和钻探规程的规定进行封闭。每个封闭段经取样检查合格，方能在孔口埋标，提交封孔报告。

四、水文地质钻孔钻探工艺

根据水文地质钻探的目的和现有的钻探技术条件，经常采用以下几种施工工艺。

1. 小径取芯钻进

主要是为了提高岩芯采取率，以满足地质勘探的要求，采用孔径一般为 110mm ～ 174mm。其特点是钻进效率高，成本低，在某些情况下也能进行抽水试验。

2. 小径取芯大径扩孔钻进

这种方法是先用小口径钻进取芯，以提高岩芯采取率，获得地质成果。然后再用大口径一次或逐级扩孔，以满足抽水试验或成井要求。扩孔口径可达 250mm ～ 500mm。

3. 大径取芯钻进

在基岩山区，可采用大口径取芯钻进一次成井的方法，使之既满足勘探要求，又可进行水文地质试验。但对松散地层，因大口径取芯困难而不宜采用。

4. 大径全面钻进

在对取芯要求不高，允许通过观察岩粉或孔底取样、并配合物探测井来满足地质要求的地段，常采用大口径全面钻进。它具有效率高、成本低、口径大、一次成井等优点。在水文地质研究程度较高，已基本掌握其变化规律的松散岩层地区，仅仅是为了施工抽水试验孔或勘探开采孔时，多可采用这种方法钻进。

五、水文地质钻探的观测与编录

（一）岩芯的描述和测

在水文地质钻探过程中，应当在每次提钻后立即对岩芯进行编号、仔细观察描述、测量和编录。

1. 岩芯的地质描述

对岩芯的观察和描述，重点是判断岩石的透水性。尤其要注意对在地表见不到的现象进行观察和描述，如未风化地层的孔隙、裂隙、岩溶发育及其充填胶结情况，地层的厚度，地下水的活动痕迹，地表未出露的岩层、构造等。对由于钻进所造成的一些假象也应注意分析和判别，并把它们从自然现象中区别出来。如某些基岩层因钻进而造成的破碎擦痕、地层的扭曲、变薄，缺失和错位、松散层的扰动、结构的破坏等。

2. 测算岩芯采取率

岩芯采取率可用于判断坚硬岩石的破碎程度及岩溶发育程度，进而分析岩石的透水性和确定含水层位。

一般要求在基岩和黏土层中，岩芯采取率不得小于70%，在构造破碎带、风化带、裂隙、岩溶带和非黏性土中，岩芯采取率不得小于50%。

3. 统计裂隙率及岩溶率

基岩裂隙率或可溶岩岩溶率是用来确定岩石裂隙或岩溶发育程度以及确定含水段位置的可靠标志。

4. 进行物探测井及取样分析

在终孔后，一般应在孔内进行综合物探测井，以便准确划分含水层（段），并取得含水层水文地质参数。

5. 取样分析

按设计的层位或深度，从岩芯或钻孔内采取一定规格（体积或重量）或一定方向的岩样或土样，以供观察、鉴定、分析和实验之用。

（二）水文地质观测内容与方法

钻探过程中，水文地质观测的主要内容有：水位、水温、冲洗液消耗量及漏失情况，钻孔遇溶洞、采空区、大裂隙时钻具陷落的情况以及钻孔涌水、涌砂等情况。

1. 水位的观测

地下水位是重点观测项目。不同含水层或含水组的地下水位是不一致的，当钻孔揭露了新的含水层时，孔内的水位会发生变化。因此，在钻探过程中，系统地观测钻孔中地下水位的变化，可以发现新的含水层，确定含水层的埋藏条件，判断各含水层之间以及地下水与地表水之间的水力联系。

水位观测的一般要求是：每次下钻前和提钻后各观测一次。但对采样、处理事故、专门提取岩芯、扫孔或人工补斜时，可不观测回次水位。钻进中遇涌水，提钻后水位涌出孔口，亦可不观测回次水位，但应在下钻前观测一次涌水量。在进尺少、提钻次数频繁时，可隔 2 ～ 3 回次或每班观测一次。

在停钻时间较长时，应每 2h 观测一次水位，待其基本稳定后，可改为每 4h 观测一次，直到重新钻进。在钻进过程中，若如遇严重漏水、涌水的层段，应根据需要进行稳定或近似稳定的水位观测。必要时可将地质孔改为专门水文地质孔，进行抽水、放水试验，并按一定的时间间隔连续观测水位，直到稳定为止。

用冲洗液钻进时，观测孔内水位的突然变化可用来发现和确定含水层。发现含水层后，应停钻测定其初见水位和天然状态下的稳定水位。在观测中连续三次所测得的水位差不大于 2cm，且无系统上升或下降趋势时，即为稳定水位。

在第四系含水层中，测得潜水含水层初见水位后，还应继续揭露 1m ～ 2m 后再测定稳定水位。对承压含水层，也应在揭穿含水层顶板后，再继续揭露含水层 1m ～ 2m 才能测定稳定水位。钻孔揭穿坚硬裂隙或岩溶含水层时，应主要观测风化裂隙水、构造含水带及层状裂隙含水层或岩溶含水层的初见水位与稳定水位。

在使用泥浆钻进时，水位观测比较困难，应与其他观测内容相配合。发现含水层时，应首先认真洗井消除泥浆的影响，然后观测含水层的水位。

2. 水温的观测

一般情况下，钻孔内水温的变化可作为判断新含水层出现的标志。因此，在钻进过程中，如发现水位突变或大量涌水时，要分别测定水温。对巨厚含水层，应分上、中、下三段分别测定水温，并记录孔深及温度计放入深度。对涌水钻孔可在孔口进行测定。测量水温时应同时观测和记录气温。

3. 冲洗液消耗量的观测

冲洗液消耗量的变化最能说明岩层透水性的变化。冲洗液的大量消耗，表明钻孔可能是揭露了透水性良好的透水层、透水通道或含水层。在钻进过程中，如果系统地观测孔内冲洗液消耗量的变化，不仅可以发现新的含水层，而且还能确定含水层的埋藏深度，判断含水层的性质。例如，当钻孔揭露强透水而不含水或含水微弱的岩层时，会出现冲洗液的大量消耗，在停止输水后孔内水位会急剧下降，甚至干枯的现象。当钻孔揭露水头较小的含水层时，也会出现冲洗液大量消耗的情况，但停止输水后，孔内水位虽有所下降，但下降到一定位置就会稳定下来，不会出现干枯的情况。

一般说来，冲洗液漏失都是在含水层中出现的，这是由于含水层的水头压力小于循环液的压力。反之，当含水层的水头压力大于循环液压力时，则会出现钻孔涌水现象。当然，漏水层不一定都是含水层，应结合具体情况进行分析。

冲洗液消耗量的观测方法是：下钻前测一次泥浆槽的水位，提钻后再测一次，再加上本次钻进过程中向泥浆槽内新加入的冲洗液量，即可获得本回次进尺段内的冲洗液消耗量。除下钻、提钻时观测冲洗液外，在钻进中也要随时注意观测，并记录其变化深度和变化量。停钻时则可用孔内液面下降值来计算漏失量。

4. 钻孔涌水现象的观测

钻孔孔口出现涌水现象，表明钻孔揭露承压水头高于地面孔口位置的自流承压含

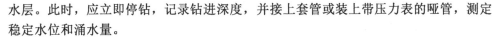

水层。此时，应立即停钻，记录钻进深度，并接上套管或装上带压力表的哑管，测定稳定水位和涌水量。

5. 钻具陷落的观测

在岩溶发育带、构造破碎带或老窑分布地段钻进时，往往容易出现钻具陷落现象（也称掉钻），钻具的陷落表明钻进过程中遇到了溶洞或较大的空洞。观测钻具陷落可以帮助确定含水层的位置和发现新的含水层，对查明溶洞、巨大裂隙或老窑的分布、直径大小，充填程度等也可提供可靠的依据。

观测钻具陷落时应记录掉钻的层位和起止深度，同时也应注意水位及冲洗液消耗量的变化，以帮助判断溶洞或构造破碎带的规模以及含水层透水性。

6. 取水样

评价地下水水质，一般在测定含水层稳定水位后采取水样。而作为发现含水层的手段，则应经常采样，分析其中某种或某几种成分，找出它们突然发生变化的位置，并结合其他条件分析确定含水层。

（三）水文地质钻探的编录工作

钻探的编录，就是将钻探过程中观察描述的现象、测量的数据和取得的实物，准确、完整、如实地进行整理、测量和记录。一个高质量的钻孔，若编录做的不好，其成果也是低质量的，甚至是错误的。

编录工作以钻孔为单位，要求随钻孔钻进陆续地进行，终孔后应随即完成。

1. 整理岩芯

将钻进时采取的岩芯进行认真整理，排放整齐，按顺序标志清楚，并准确地进行测量、描述和记录。勘探结束后，重点钻孔的岩芯要全部长期保留，一般钻孔则按规定保留缩样或标本。

2. 填写资料记录表

将钻探时取得的各种资料，用准确<简洁的文字详细地填写于钻探编录表和各种观测记录表格中。

3. 编绘钻孔综合成果图

将核实后的各种资料，编绘在钻孔综合成果图上。图的内容应包括地层柱状、钻孔结构、地层深度和厚度、岩性描述、含水层与隔水层、岩芯采取率、冲洗液消耗量、地下水水位、测井曲线、孔内现象等。一般情况下，还应包括水文地质试验成果、水质分析成果等。

4. 成果资料的综合分析

随着钻探工作的进行，还应对勘探线上全部的钻孔成果资料进行综合分析与对比研究。结合水文地质测绘及其他勘探成果资料，总结出勘探区内平面及剖面上的水文地质条件变化规律，并作出相应的水文地质平面和剖面图。如在岩溶发育地区，可编绘岩溶发育图、溶洞分布图、岩溶水文地质剖面图、冲洗液消耗量等值线图、冲洗液消耗量与岩芯采取率随深度变化曲线图、冲洗液消耗量对比剖面图等。

上述几种资料整理和分析的方法，可根据具体情况和需要选用。也可根据钻探中获得的其他资料（如水温、水化学成分等）来分析、研究矿山的水文地质条件。仅凭某一种资料或方法，往往不能准确地判断其水文地质规律和特点。因此，应尽可能地对水文地质勘探所取得的各种资料进行全面、综合的分析和研究，以此来提高对矿山水文地质条件认识的可靠性。

第四节　矿山水文地质试验

水文地质试验是对地下水进行定量研究的重要手段。水文地质试验包括野外试验（或称现场试验）和室内试验两类。野外试验主要有抽水试验、放水试验、渗水试验、注水试验、压水试验、连通试验等，其中抽水试验、井下放水试验和连通试验是矿山研究水文地质条件采用的主要试验手段；室内试验也主要包括土的颗粒分析、岩土物理性质和水理性质测定、岩土和水的化学分析等。

一、抽水试验的目的、任务和类型

（一）抽水试验的目的、任务

抽水试验的目的及任务是确定含水层及越流层的水文地质参数；确定抽水井的实际涌水量及其与水位降深之间的关系；研究降落漏斗的形状、大小及扩展过程；研究含水层之间、含水层与地表水体之间、含水层与采空积水之间的水力联系；确定含水层的边界位置及性质（补给边界或隔水边界）；进行含水层疏干或者地下水开采的模拟，以确定井间距、开采降深、合理井径等设计参数。

（二）抽水试验的类型

根据不同勘探阶段对布孔数量、试验要求和资料精度要求的不同，以及地质和水文地质条件的复杂多样性，抽水试验可分为以下类型。

1. 根据抽水试验井孔的数量，划分为单孔、多孔和干扰井群抽水试验

单孔抽水试验只有一个抽水孔，水位观测也在抽水孔中进行，不另外布置专门的观测孔。单孔抽水试验方法简单，成本较低，但不能直接观测降落漏斗的扩展情况，一般只能取得钻孔涌水量及其与水位降深的关系和概略的渗透系数。只用于稳定流抽水，在普查和详查阶段应用较多。

多孔抽水试验是由一个主孔抽水，另外专门布置一定数量的水文观测孔。它能够完成抽水试验的各项任务，可测定不同方向的渗透系数、影响半径、降落漏斗形态及发展情况、含水层之间及其与地表水之间的水力联系等，所取得的成果精度也较高。但需布置专门的观测孔，其成本相对较高，可多用于精查阶段。

51

干扰井群抽水试验是在多个抽水孔中同时抽水，造成降落漏斗相互重迭干扰，另外布置若干观测孔进行水位观测。干扰井群抽水试验的布局受水资源评价方法制约。按规模和任务，可分为一般干扰井群抽水试验和大型群孔抽水试验。

一般干扰井群抽水试验是为了研究相互干扰井涌水量与水位降深的关系；或因为含水层极富水、单个抽水孔形成的水位降深不大、降落漏斗范围太小，则在较近的距离内打几个抽水孔，组成一个孔组同时抽水；或为了模拟开采或疏干，在若干井孔内同时抽水，观测研究整个流场的变化。由于这种试验成本较高，一般只在水文地质条件复杂地区的精查阶段或开采（疏干）阶段使用。

大型群孔抽水试验一般由数个乃至数十个抽水孔组成若干井组，观测孔很多，分布范围大，进行大流量、大降深、长时间的大型抽水，形成一个大的人工流场，以便充分揭露水文地质边界条件和整个流场的非均质状况。这种抽水试验成本较高，采用时应慎重考虑，一般仅用于涌水量很大、边界条件不清、水文地质条件复杂的一些岩溶大水矿山水文地质精查阶段（或专题性勘探）。

2. 按抽水试验所依据的井流理论，可分为稳定流和非稳定流抽水试验

稳定流抽水试验是抽水时流量和水位降深都相对稳定、不随时间改变的试验。用稳定流理论分析含水层水文地质特征、计算水文地质参数，方法也比较简单。由于自然界大多是非稳定流，只在补给水源充沛且相对稳定的地段抽水时，才能形成相对稳定的似稳定流场，故其应用受到一定限制。

非稳定流抽水试验是抽水时水位稳定或流量稳定（一般是流量稳定，降深变化）的试验。用非稳定流理论对含水层特征进行分析计算时，比稳定流理论更接近实际，因而具有更广泛的适用性，能研究的因素（如越流因素、弹性释水因素等）和测定的参数（如渗透系数、导水系数等）也更多。此外，它还能判定简单条件下的边界，并能充分利用整个抽水过程所提供的信息。但其解释计算较复杂，观测技术要求较高。

3. 根据抽水井的类型，可分为完整井和非完整井抽水试验

完整井抽水试验和非完整井抽水试验是指在完整井中和非完整井中进行的抽水试验。由于完整井的井流理论较完善，故一般应尽量用完整井作试验．只有当含水层厚度很大，又是均质层时，为了节省费用，或为了研究过滤器的有效长度时才进行非完整井抽水试验。

4. 根据试验段所包含的含水层情况，可分为分层、分段及混合抽水试验

分层抽水是指每次只抽一个含水层。对不同性质的含水层（如潜水与承压水）应采用分层抽水。对水文地质参数及水质差异较大的同类含水层，应分层抽水，以分别掌握各含水层的水文地质特征。

分段抽水是在透水性各不相同的多层含水层组中，或在不同深度透水性有差异的厚层含水层中，对各层段分别进行抽水试验，以了解各段的透水性。有时也可只对其中的主要含水段进行抽水，如厚层灰岩含水层中的岩溶发育段。这时，段与段之间应止水隔离，止水处应位于弱透水的部位。

混合抽水是在井中将不同含水层合为一个试验段进行抽水，各层之间不加以止

水。它只能反映各层的综合平均状况，一般只在含水层富水性较弱时采用，或当各分层的参数已掌握，只需了解各层的平均参数，或难于分层抽水时才采用混合抽水试验。混合抽水较简单，费用较低。目前已有一些用混合抽水试验资料计算各分层参数的方法，如利用逐层回填多次抽水试验资料，计算各分层渗透系数的近似值。也可利用井中流量计测定混合抽水时各分层的流量，以计算分层参数。混合抽水试验如需布置观测孔时，则应分层设置。

5. 根据抽水顺序可分为正向抽水和反向抽水试验

正向抽水是指抽水时水位降深由小到大，即先进行小降深抽水，后进行大降深抽水。这样有利于抽水井周围天然过滤层的形成，多用于松散含水层之中。反向抽水是指抽水时水位降深由大到小。抽水开始时的大降深有利于对井壁和裂隙的清洗，多用于基岩含水层中。

二、抽水试验的技术要求

（一）抽水试验的场地布置

布置抽水试验场地，主要是主孔与观测孔的布置。根据抽水试验的任务和当地的水文地质条件，首先要选定抽水孔（主孔）的位置，然后进行观测孔布置。

1. 抽水孔的布置

抽水中心的选择直接影响试验工程效果。在群孔和孔组抽水工程设计之中，一般应把抽水孔布置在初采区和富水地段，还要考虑利用抽水孔查明向矿床充水的可能水源和通道，如矿山主要含水层富水性、断裂构造、岩溶发育、地表水体与地下水体的水力联系等。

2. 观测孔的布置

1) 第四系地层发育地区观测孔的布置一般情况下，可在抽水孔旁布置一个观测孔。如为准确求参数，应根据含水层边界条件、均质程度、地下水的类型、流向及水力坡度等，将观测孔布置成 1～4 条观测线。

当地下水水力坡度小并为均质各向同性含水层时，可在垂直地下水流向的方向上布置一排观测孔；若受场地条件限制难于布孔时，也可与流向成 45° 角的方向布置一排观测孔。当含水层为均质各向同性，但水力坡度较大时，可垂直和平行地下水流向分别布置一排观测孔；对非均质含水层，水力坡度不大时，应布置 3 排观测孔，其中 2 排垂直流向、一排平行流向；对非均质各向异性含水层，在水力坡度较大时可布置 4 排观测孔，其中垂直和平行流向各 2 排。

此外，对群孔抽水试验，其观测孔布置应能控制整个流场，直到边界。非均质的各个块段也应有观测孔。对某些专门目的的抽水试验，观测孔的布置则可不拘形式，以解决问题为原则。如研究断层的导水性时，可将观测孔布置在断层的两盘；为判别含水层之间的水力联系时，可分别在各个含水层中布置钻孔；研究河水与地下水的水力联系时，观测孔应布置在岸边。

2) 基岩地区观测孔的布置由于基岩地区观测孔孔深一般都较大，其施工周期长，因此布置时须慎重。基岩地区观测孔的布置一般遵循以下原则：

(1) 在地下水主要补给方向上布置观测孔，可清楚地反映出降落漏斗形状和扩展方向。

(2) 在与矿床充水有关的供水、隔水边界（断层、弱透水层、地表水体等边界）内外布置观测孔，以查明边界的透水和阻水能力。

(3) 为查明矿山内主要含水层的非均质性，可考虑在不同的透水部位分别布置观测孔，以获得各向异性的数值。

(4) 在隐伏岩溶矿山的"天窗"地段布置观测孔，了解其渗透补给量和预计塌陷地点。

(5) 在地下水天然露头点附近布置观测孔，用以观测由于人为因素而引起地下水倒流的可能性和补给半径扩展情况。

观测孔的数量取决于矿井规模、抽水试验目的和水文地质条件复杂程度及勘探阶段。一般来说，碎屑岩地区孔距可小些；岩溶发育地区孔间距可适当大些。

（二）稳定流抽水试验的技术要求

稳定流抽水试验，在技术上对水位降深、水位稳定延续时间和水位流量观测等方面有一定的要求，以保证抽水试验的质量。

1. 水位降深的要求

抽水试验前测定的静止水位与抽水时稳定动水位之间的差值，称为水位降深。为了保证抽水试验的质量和计算要求，水位降深次数一般不少于三次，且应均匀分布，每次水位降深间距不应小于 3m。若由于条件限制而达不到上述要求时，最小降深不得小于 1m，三次水位降深的间距不小于 1m。

2. 水位、流量稳定时间的要求

稳定流抽水试验，抽出的水量与地下水对钻孔的补给量达到平衡时，动水位即开始稳定，其稳定延长的时间，称稳定延续时间。矿山水文地质勘探时，单孔稳定流抽水，每次水位、流量稳定时间不少于 8h；当有观测孔时，除抽水孔的水位、流量稳定外，最远观测孔水位要求稳定 2h。供水水源孔的抽水要求比勘探水文孔高，动水位和流量的稳定延续时间要求比较长。为了解含水层之间或地下水与地表水之间的水力联系以及进行干扰孔抽水时，稳定时间也应适当延长。如果含水层补给条件良好，水量充沛及水位降深比较小时，稳定时间可适当缩短。若含水层补给来源有限，且储存量不多，抽水时水位降深一直无法稳定，呈缓慢下降，则要求一次抽水延续时间适当延长。在岩溶地区抽水时，由于岩溶通道、地面坍塌等变化，使水流受到影响，涌水量可能时大时小，不易稳定，稳定时间也应适当延长。

3. 水位、流量的稳定标准

水位稳定的标准是：当水位降深超过 5m 时，抽水孔水位变化幅度不应大于 1%；当水位降深不超过 5m 时，要求抽水孔水位变化不超过 5cm，观测孔水位变化要求小

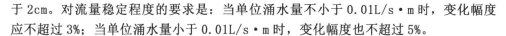

于 2cm。对流量稳定程度的要求是：当单位涌水量不小于 0.01L/s·m 时，变化幅度应不超过 3%；当单位涌水量小于 0.01L/s·m 时，变化幅度也不超过 5%。

4. 静止水位、恢复水位及水温的观测

抽水试验前，应测定抽水层段的静止水位，用以说明含水层在自然条件下的水位及其运动状况。抽水试验结束后，要求观测恢复水位，用以说明抽水后含水层中水位恢复的速度和恢复程度。通常要求达到连续 3h 水位不变；或水位呈单向变化，连续4h 内每小时升降不超过 1cm；或水位呈锯齿状变化，连续 4h 内升降最大差值不超过5cm 时，方可停止观测。若达不到上述要求，但总观测时间已超过 72h，亦可停止观测。

观测恢复水位，是校核抽水数据和计算水文地质参数的重要资料。若恢复水位上升很快，且迅速接近静止水位时，说明含水层透水性好，富水性强，具有一定的补给来源；反之，恢复水位上升速度很慢，经过较长时间仍不能恢复到静止水位时，说明含水层补给来源有限，裂隙连通性不好，透水性差，富水性弱。

抽水期间要按规定观测水温，一般可每 2h 应观测一次。

（三）非稳定流抽水试验的技术要求

1. 定流量和定降深抽水要求

非稳定流抽水试验分为定流量与定降深抽水。定流量抽水时，要求流量变化幅度一般不大于 3%0 定降深抽水时，水位变化幅度一般不超过 1%。

2. 水位、流量的观测要求

水位、流量观测，一般应按 1min、1.5min、2min、2.5min、3min、3.5min、4min、4.5min、5min、6min、⋯、10min、20min、⋯、100min、120min、130min、140min、⋯、300min 的时间顺序进行，以后每隔 30min 观测一次，直至结束。观测孔与抽水孔的流量与水位应同时观测。因故中断抽水时，待水位达到稳定后再重新抽水。

3. 抽水试验延续时间的要求

抽水试验的延续时间可根据含水层的导水性、储水能力、观测孔的多少及距抽水孔的距离、选用的计算方法等因素来确定。就计算参数而言，通常不超过 48h。可按 s-lgt 曲线计算参数的需求来定。在曲线趋近稳定水平状态时，试验结束。当s-lgt 曲线呈直线延伸时，抽水时间应满足 s-lgt 曲线呈现平行 s-lgt 轴的数值不少于两个以分钟（min）为单位的对数周期，则总的延续时间约为 3 个对数周期，即1000min，约 17h。

三、抽水试验设备

抽水试验设备包括抽水设备、过滤器、测量水位和流量的器具等。

（一）抽水设备

抽水设备主要有离心泵、深井泵、空气压缩机和射流泵等，其使用条件和性能不同。抽水设备应综合考虑吸程、扬程、出水量、搬迁的难易、费用多少等因素进行合

理选择。

（二）过滤器

过滤器是抽水井中起过滤和支撑作用的管状物。过滤器在松散层中或基岩含水层破碎带的水井中起支撑井壁、防止井附近地面下沉或塌陷的作用。另外，过滤器阻止含水层的砂粒进入井内，保证所抽出的地下水含砂量不超过规定标准，防止井淤。

（三）测水用具

测水用具包括水位计和流量计。水位计用于观测抽水孔和观测孔的地下水位，常用仪表式水位计、自记水位计等。流量计用于测定抽水钻孔的涌水量，常用量水箱、孔板流量计等。

四、抽水试验的现场工作

抽水试验现场工作，包括抽水前的准备工作和试验过程中的观测、记录等。

（一）准备工作

为了保证抽水试验顺利进行和观测资料的准确性，应认真做好试验前各项准备工作。抽水前应认真检查抽水设备、排水系统、流量观测器具、水位测量器具及各种记录表格的准备情况等。特别要进行洗孔，洗孔时间一般不受限制，要求将井壁及井底岩粉或井壁泥浆冲洗干净，以返出孔口的水清净为止。洗孔后，按要求观测静止水位。受潮汐影响的地区，观测时间不少于25h。应作一次最大的水位降深的试验抽水，以初步了解水位降深值与涌水量的关系。试抽过程的全部资料，也有正式记录。

（二）现场试验观测和记录

抽水试验开始后，应同时观测抽水孔的动水位和流量。观测孔水位应与抽水孔水位同时观测。采用稳定流抽水试验，开始时应每隔5min～10min观测一次，连续1h后可每隔30min观测一次，直至抽水结束。非稳定流抽水试验，开始时应加密观测，时间间隔短，观测次数多（具体见前述非稳定流抽水试验的技术要求进行）；300min后，每隔30min观测一次，直至结束。一般采用定流量抽水，用定流量箱控制效果较好。

抽水试验结束后，抽水孔和观测孔应同时观测恢复水位，观测时间开始时一般按1min、2min、2min、3min、3min、4min、5min、7min、8min、10min、15min的间隔观测，以后每隔30min观测一次，直至水位恢复自然。在抽水过程中，水温、气温应每隔2h观测一次，其精度要求为0.5℃。在观测水温时，温度计应在水中停留5min。水样应在最后一个降深结束前按要求采取。

五、其他水文地质试验方法

（一）放水试验

放水试验的原理、目的、任务、技术要求和资料整理方法均与抽水试验相同，不同之处在于放水孔布置在井下巷道之内，利用孔口标高低于含水层水位标高的特点，使承压水沿钻孔自流涌入矿井，从而在含水层中形成一定规模的降落漏斗。通过放水量与水压变化（水位降深）的时间关系，来确定含水层和越流层的水文地质参数；研究降落漏斗的形态、大小及扩展过程，分析含水层及其与地表水之间的水力联系，确定含水层的边界位置及性质，模拟矿床疏干，为矿井防治水工程的设计和布置提供可靠的水文地质依据。同抽水试验一样，放水试验既可以进行单孔放水，也可以进行多孔放水。

（二）注水试验

当地下水埋藏很深不便进行抽水试验，或矿井防渗漏需要研究岩石渗透性时，可采用注水试验近似测定出岩层的渗透系数。注水试验一般采用稳定注水方法，其原理和方法与抽水试验相似，试验的观测记录、资料整理等各项工作要求也应基本一致。

（三）连通试验

为了查明岩溶通道中的地下水运动规律，通常采用方法简便、效果又好的连通试验。连通试验方法很多，概括起来有指示剂法、水位传递法、施放烟气法等。

1. 指示剂法

指示剂法是在地下水通道的上游投放各种指示剂，在下游观测取样。投放的指示剂应选用在地下水流动中容易辨别、不被周围介质吸附、不产生沉淀、不污染水质、分析化验及检出比较容易的物质或材料。指示剂可选用木屑、编码纸片、浮标、谷糠等。

试验地段和观测点的选择，应根据岩溶地下水露头、地表岩溶形态、地下暗河和岩溶通道的大致发育方向、长度、水力坡度、水量、流速、径流特点、干流及支流分布等，将观测点布置在地下水流出口处，以及指示剂可能通过和有代表性的地段上。

试验方法是在预计的地下暗河或岩溶通道的上游投放指示剂，记录起始时间，然后各观测点按时取样化验或检验。根据指示剂含量的变化可查明地下暗河或通道的主要发育方向及连通程度。如煤矿井下突水后，为了及时查清突水水源，可采用连通试验。首先在地面布置钻孔，揭露各个含水层，然后分别用指示剂进行试验。通过检测，查明各含水层与突水点之间是否有水力联系。

2. 水位传递法

在地表岩溶发育地段，常分布有竖井、溶洞及地下暗河明流地段。则可以选择在这些地段的有利位置进行抽、注水试验，测量各观测点的水位及其变化幅度，分析岩溶发育方向及连通程度。

在地下暗河发育地区，地表常分布着成线状排列或分散的岩溶水点，以及明流、暗流交替出现地段。可在明流或线状排列的岩溶水点等有利地段，修筑临时堵水堤坝。在水流来水方向上的观测点水位将持续上升，去水方向上的观测点水位将连续下降。经过一段时间，将堤坝扒开，来水方向水位急降，去水方向水位猛升。根据观测点水位消涨情况，分析地下暗河发育方向以及连通程度。

3. 施放烟气法

在无水或半充水的岩溶通道或溶洞中，为查明岩溶的发育方向，可在通道进风口处燃烧干柴等能产生大量烟气的物质，观察烟气的去向。施放烟气法在通道长度不大，分支不多，横断面较小，气流畅通的通道中效果较好。

第五节　地下水动态观测

根据地下水总是运动变化、人类改造自然节奏加快、地下水动态观测能较早地捕获地下水水质、水量由量变到质变的信息，应加强地下水动态观测工作。要用计算机建立数据资料库，要做到观测点位网络化、观测工作日常化、测量标准规范化、整理分析制度化，以便能以较少的工程量获得横向分析、历史对比的重要资料。

一、地下水动态长期观测工作的组织及资料整理

（一）地下水动态长期观测工作的组织

正确地组织地下水动态长期观测是研究地下水动态与均衡的根本手段。区域性的水文地质观测站，其任务在于积累地下水动态的多年观测资料，以便确定区域性地下水动态规律；专门性的水文地质观测站，其任务主要是服从于各种实际工作的需要，以便在人类活动条件下研究地下水动态。不论哪种性质的水文地质观测站，均应充分地利用一般性水文地质勘探成果，进行观测站网设计编制。

1. 地下水动态长期观测点的布置

地下水动态长期观测点（井、孔、泉）的布置，大致与水文地质勘探孔布置原则相似，其中不仅需要布置控制地下水动态一般变化规律的观测孔，还要布置控制地下水动态特殊变化的观测孔。前者应当按水文地质变化的最大方向布置观测线。假如这种变化方向不显著，也可以采用方格状观测网的形式。特别是水文地质条件复杂和极复杂矿井，应建立地下水

动态观测网。观测点应布置在下列地段：对矿井生产建设有影响的主要含水层；影响矿井充水的地下水集中径流带（构造破碎带）；可能与地表水有水力联系的含水层；矿井先期开采的地段；在开采过程中水文地质条件可能发生变化地段；人为因素可能对矿井充水有影响的地段；井下主要突水点附近，或具有突水威胁的地段；疏干边界或隔水边界处。

2. 地下水动态长期观测的内容及要求

地下水动态长期观测的内容，包括水位、水温、泉流量以及水的化学成分，必要时还需观测地表水及气象要素等。

在观测点中测量地下水水位、水温及泉流量的时间间隔，决定于调查的任务、地

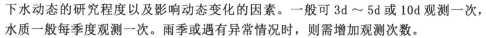

下水动态的研究程度以及影响动态变化的因素。一般可 3d ～ 5d 或 10d 观测一次，水质一般每季度观测一次。雨季或遇有异常情况时，则需增加观测次数。

同一水文地质单元内的地下水点的观测，应力求同时进行，否则应在季节代表性日期内统一观测。如区域过大，观测频度高，也可免于统一观测。

（二）地下水动态长期观测资料的整理

1. 地下水动态资料的整理

地下水动态资料整理的内容有：编制各观测点地下水动态曲线图及反映地区动态特点的水文地质剖面图与平面图。

2. 地下水均衡试验及资料整理

地下水均衡试验是指在均衡区内选定一些均衡场，进行各均衡项目的测定，其资料整理与动态资料整理类似，主要有两方面：一是气象、水文因素及各均衡项目的各时段、各均衡期、年、多年的报表；二是均衡要素与各影响因素的关系曲线，如渗入量、降水量和降水强度，潜水蒸发与埋深等关系曲线图等。

二、 地下水动态预测方法

地下水动态预测对解决各种水文地质问题很有必要。预测的可靠性主要取决于对动态的掌握程度、有关参数的精度和预测方法选择正确与否。

（一）简易预测法

1. 水文地质类比法

用已知区的动态预测结果，作为条件相似的未知区的动态预测。相似，主要是指影响地下水动态的因素应相似。因素有差异时可作适当校正，预测的效果主要取决于条件的相似程度和已知区的预测精度。

2. 简易类推法

如有多年地下水动态及主要影响因素的观测资料，可以根据主要因素相似则地下水动态相似的原理，将预测年的影响因素动态与已观测各年的影响因素动态作直观对比，找出相似年，则这个相似年的地下水动态就可作为所预测的动态。此法可用于尚未开展动态观测的地区。这种预测是分要素进行的，如相似年间影响因素差异明显，也可对影响因素的差异进行校正。预测的精度取决于观测系列长短、影响因素动态的预测精度，以及预测者的直观判断能力。

（二）相关分析法

这种方法以实际观测数据为依据。地下水的动态取决于许多因素，它们都可视为随机变量。因此，可用回归分析确定预测要素与其他变量的相关关系，内插外推地进行预测。一般来说，观测系列越长，相关关系越可靠，预测精度就越高。实际工作中多采用以下几种相关形式。

1. 要素相关

分析地下水动态，用逐步回归选择一个或是几个主要因素作为自变量进行相关预测。如选择降水量、蒸发量、河水位为自变量，确定它们与潜水位、径流量、矿化度的相关关系。其效果有赖于影响因素的预测精度。

2. 前后相关

在某些情况下，一定动态要素的前期值与后期值存在着相关关系。如水位上升或下降时间内，当月与次月，当年 9 月（最高）与次年 5 月（最低）水位或流量之间存在相关关系。利用这种相关关系，可逐月、逐年进行预测。

3. 上下游相关

在同一水文地质单元内，上游水位、水质在一定程度上决定着下游的水位、水质，两者往往有较密切而又简单的相关关系。

第六节　矿山水文地质勘探成果

矿山水文地质勘探工作结束后，须对勘探中获得的水文地质资料进行整理、分析和总结，提交勘探成果。只有在勘探成果经主管部门审批后，该阶段的勘探工作方可正式结束。勘探成果的形式有两类，即水文地质图件和相应的文字说明，二者统称为水文地质报告。

通常，矿山水文地质报告是作为地质报告的一个重要组成部分，不单独编写。只有在矿山水文地质条件复杂，且又投入了较多的专门水文地质工作量或为了某个专门目的单独进行水文地质勘探时，才单独编制矿山水文地质报告。编制水文地质报告时，一般是先检查整理原始资料，再在综合分析原始资料的基础上编制各种图件、表格，最后编写文字说明书。

一、矿山水文地质图件

水文地质图件反映的内容和表现形式，主要取决于编图的目的、矿床（井）水文地质类型、矿山水文地质复杂程度以及水文地质资料的积累程度，并与水文地质勘探阶段相适应。普查阶段，一般以编制综合性的或者概括性的水文地质图件为主；详查、精查阶段，水文地质资料（特别是定量资料）积累的较多，矿山水文地质条件研究程度较高，除综合性图件外，还要结合实际情况和需要，编制一系列的专门性图件。

在矿山水文地质勘探中，一般应编制三类图件，即综合性图件（如综合水文地质图、综合水文地质柱状图、水文地质剖面图、矿井充水性图等），专门性图件（如主要含水层富水性图、地下水等水位（压）线图、含（隔）水层等厚线图、岩溶发育程度图、地下水化学类型图等）和各种关系曲线图，及报告插图。在任何情况下，专门性图件都不能代替综合性图件，而只能起辅助作用。

下面以煤矿山为例，介绍矿山主要水文地质图件及其内容与要求。

（一）综合水文地质图

综合水文地质图是全面反映煤矿山基本水文地质特征的图件，一般是在地质图的基础上编制而成。这种图件可分为区域、矿山和井田（矿井）三种基本类型。图件比例尺按不同工作阶段的要求而定。普查阶段通常采用1：50000～1：25000或1：10000；详查阶段采用1：25000～1：10000或1：5000；精查阶段采用1：10000～1：5000；矿井生产阶段采用1：10000～1：2000。

除地层、岩性构造等基本地质内容外，综合水文地质图主要反映的水文地质内容还有以下几方面：

（1）含水层（组）和隔水层（组）的层位、分布、厚度、水位特征、富水性及富水部位、地下水类型等。

（2）断裂构造特征。如断层的性质、充填胶结情况及断层的导水性等。其中断层的导水性可分为导水的、弱导水的和不导水的三种类型。在可能的情况下，应在图上加以区别。

（3）地表水体（如湖泊、河流、沼泽、水库等）及水文观测站。

（4）控制性水点。如专门水文地质孔及其抽水试验成果，全部或部分有代表性的地质钻孔、井、泉等。

（5）已开采井田、井下主干巷道、回采范围、井下突水点资料及老窑、小煤矿位置、开采范围和涌水情况。

（6）溶洞、暗河、滑坡、塌陷以及积水情况等。

（7）地下水水质类型及主要水化学成分、矿化度等。

（8）有条件时，划分水文地质单元，进行水文地质分区。

（9）勘探线位置、剖面线位置、图例及其他有关内容。

综合水文地质图可表示的内容很多，编图时应视图件比例尺和要求取舍，原则上既要求反映尽可能多的内容，又不可使图面负担过重。

（二）综合水文地质柱状图

综合水文地质柱状图是反映含水层、隔水层及煤层之间的组合关系，以及含水层层数、厚度和富水性等内容的图件。一般采用相应的比例尺随同综合水文地质图一起编制。主要应反映的内容有：含水层时代、名称、厚度、岩性、岩溶裂隙发育情况，各含水层的水文地质参数；各含水层的水质类型等。

（三）水文地质剖面图

水文地质剖面图是反映含水层、隔水层、褶曲、断裂构造和煤层之间的空间关系的图件。其主要内容有：含水层岩性、厚度、埋深、岩溶裂隙发育深度及其走向和倾向上的变化；水文地质孔、观测孔的位置及其试验参数和观测资料；地表水体及水位；主要井巷位置等。

（四）矿井充水性图

矿井充水性图是记录井下水文地质观测资料的综合图件。有些矿山称之为实际材料图。它是生产矿井必备的图件之一，是分析矿井充水规律、进行水害预测、制订防治水措施的主要依据之一。充水性图一般多以采掘工程平面图为底图进行编制，比例尺为1：2000～1：5000，反映的主要内容有：

(1) 井下各种类型的涌（突）水点，涌（突）水点应统一编号并注明出水日期、涌水量、水位（水压）、水温、水质和出水特征。

(2) 老空、废弃井巷等的积水范围和积水量。

(3) 井下水闸门、水闸墙、放水孔、防水煤柱、水泵房、水仓、排水泵等防排水设施的位置、数量及能力。

(4) 矿井涌水的流动路线及涌水量观测站的位置等。

（五）矿井涌水量与各种相关因素历时曲线图

矿井涌水量与各种相关因素历时曲线图主要反映矿井充水变化规律，预测矿井涌水趋势。根据矿山的具体情况，一般要绘制以下几种曲线：

(1) 矿井涌水量、降雨量、地下水位历时曲线图。

(2) 矿井涌水量与地表水位或流量关系曲线图。

(3) 矿井涌水量与开采深度关系曲线图。

(4) 矿井涌水量与单位走向开拓长度、单位采空面积关系曲线图等。

此外，在水文地质条件复杂的矿山，通常还要编制各种等值线图、水化学图、岩溶水文地质图等专门性水文地质图件。

在上述图件中，综合水文地质图、综合水文地质柱状、水文地质剖面图是矿山水文地质工作成果中的基本图件。在矿山水文地质工作的各个阶段都需要编制，其比例尺随工作阶段的进展而增大，内容亦随之不断地作相应补充和丰富。在矿井生产阶段，还要求编制矿井充水性图和各种相关因素历时曲线图。

水文地质现象是随时间和空间的延续而不断变化的，因此，相应的图件也应该随工作阶段中采掘工程的进展而不断地补充、修改和更新，即便是在生产阶段也不例外。

二、矿山水文地质报告

文字说明是水文地质工作成果的重要组成部分，主要用以说明和补充水文地质图件，阐述矿山地质、水文地质条件及其对矿井充水的影响。同时应对矿山有关的防治水工作、地下水资源开发与利用及环境水文地质问题等作出结论，并应指出存在的问题、提出下一阶段的工作建议。

矿山水文地质报告文字说明的内容和要求在不同勘探阶段有所不同，主要包括以下几部分内容。

（一）序言

主要介绍矿山的位置、交通、地形、气候条件、地表水系及流域划分、地质及水

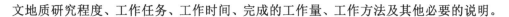

文地质研究程度、工作任务、工作时间、完成的工作量、工作方法及其他必要的说明。

（二）区域地质条件

主要叙述矿山地层、构造、岩浆侵入体、岩溶陷落柱发育等内容。地层应按由老到新的顺序，介绍各个时代地层的岩性、分布、产状和结构特征，还应介绍第四纪地质的特点。在介绍地层时，应注意从研究含水介质的空间特征出发，阐述不同岩层的成分（包括矿物成分和化学成分）、结构、成因类型、胶结物成分和胶结类型、风化程度、空隙的发育情况等，从而为划分含水层和隔水层提供地质依据。此外，对煤层也应加以重点论述。

构造主要应介绍褶曲、断裂和裂隙的特征。褶曲构造是一个地区的主导构造，它不仅决定了含水层存在的空间位置，还控制了地下水的形成、运动、富集和水质、水量的变化规律。报告中应介绍褶曲的类型、形态、分布、组成地层、形成时间等；断裂构造是控制矿山地下水及矿井充水的重要因素。可对大型断裂构造，应介绍其分布、产状、两盘地层、类型、断距、充填胶结情况、伴生裂隙等内容。对中小型断裂，由于其在矿井充水中有重要意义，故应重点介绍。对由构造运动形成的各种构造节理，由于它对某些含水层（段）的形成有特殊意义，也应

予以介绍。还应注意对矿山构造应力场演化史的分析，通过构造的展布规律及不同构造之间的成因联系，阐述构造的控水意义和导水规律。另外，新构造运动对控水有特殊的意义，也应加以分析和论述。

（三）区域水文地质条件

区域水文地质特征是分析矿井充水条件及确定水文地质条件复杂程度的基础，应从地下水的形成、赋存、运移、水质、水量等各个方面全面论述其区域性特征。主要包括以下几个方面：

（1）区内含水层（组）和隔水层（组）的划分、分布、厚度、富水性及富水部位、水位及地下水类型等。

（2）不同类型褶曲带中地下水的赋存状态、径流条件和富水部位，主要含水层中地下水的补给、径流和排泄区的分布特征，主要断裂带的导（隔）水性能和富水部位及其与地表水及各个含水层之间的水力联系，断层带以及其两侧的水位变化等。

（3）区域及主要含水层地下水的补给源、补给方式和补给量，地下水主径流带，地下水的排泄方式、地点、排泄量及其变化规律。

（4）对各主要含水层的地下水作定量评价。普查阶段着重评价区域地下水的补给量；详查及精查阶段着重评价水源地的开采量（供水）及矿井涌水量（矿山）。

（5）主要含水层的水温、物理性质和化学成分，并根据勘探阶段不同，作出相应的水质评价。

（6）进行水文地质分区，并说明分区原则及各分区的水文地质特征。

（四）矿山水文地质条件

矿山水文地质条件应重点分析矿井充水条件及其特征，以便为制订矿井防治水措

施提供依据。主要包括以下几个方面：

（1）矿井的直接充水含水层和间接充水含水层，以及其岩性、厚度、埋藏条件、富水性、水位或水压、水质，各含水层之间及其与地表水体之间是否存在水力联系。

（2）构造破碎带和构造裂隙带的导水性，岩溶陷落柱的分布、规模及导水性，封闭不良钻孔的位置及贯穿层位，已开采地区的冒落裂隙带及其高度、采动矿压对煤层底板及其对矿井充水的影响等。

（3）与矿井充水有关的主要隔水层的岩性、厚度、组合关系、分布特征及其隔水性能。

（4）预计矿井涌水量时采用的边界条件、计算方法、数学模型和计算参数、预计结果及其评价。

（5）矿井水及主要充水含水层地下水的动态变化规律及其对矿井充水的影响。

（6）划分矿井水文地质类型，说明其划分依据。

必要时，还应对矿山可供开发利用的地下水资源量作出初步评价，指出解决矿山供水水源的方向和途径，简要论述矿山工程地质条件，对环境水文地质问题作出评价。

（五）专题部分

如果是针对某一方面进行矿山专门性水文地质勘探，如矿井供水水文地质勘探、以矿井防治水为目的的疏干、注浆工程的水文地质勘探、环境水文地质勘探等，则应根据有关规程、规范的要求，对上述内容加以取舍或增补，对有关问题进行专门论述。

（六）结论

对矿山主要水文地质条件、矿井充水条件作出简要结论，提出对矿井防治水和地下水资源开发利用的建议，指出尚存在的水文地质问题，并对今后的工作提出具体建议。

需要指出的是："文字说明"是在对矿山水文地质工作中积累的全部资料进行深入细致地分析研究的基础上编制的。报告编写时要求内容齐全、重点突出、数据可靠、依据充分、结论明确，同时力求文字通顺、用词准确。报告中还应附必要的插图，并保持图文一致。

还应指出，上述内容是从单独提交矿山水文地质勘探成果出发加以叙述的。如果水文地质工作成果只是作为矿山地质勘探成果的一部分，则序言及区域地质部分应按地质勘探报告的要求编写，不再另行介绍。另外，由于地质勘探的阶段性特点，不同工作阶段对成果的要求是和投入的工作量及研究程度相适应的，既不可能超前，更不应该滞后，对不同阶段工作成果的要求均应以有关的规程、规范为主要依据。

第四章 矿井水文地质工作

第一节 矿井水文地质类型的划分

按水文地质条件划分的矿井类型，称矿井水文地质类型。矿井水文地质类型的划分是在系统整理、综合分析矿山水文地质勘探成果和矿井建设、生产各阶段所获得的水文地质资料和经验教训的基础上，对矿井充水条件的高度概括与归纳。目的在于指导矿井水文地质勘探、矿井防治水和矿山地下水的开发利用工作。

矿井水文地质类型的划分除应突出矿井的水文地质特征和影响开采的主要水文地质因素外，还应力求界限清楚、形式简单、便于应用。

中国对矿井水文地质类型的划分工作始于 1955 年，历经多次修订发展，在 1991 年国家技术统计局批准发布的《矿山水文地质工程地质勘探规范》（GB12719-91）中，第一次明确了矿井水文地质勘探类型的国家标准。为了指导煤矿防治水工作，原煤炭工业部于 1984 年颁发的《矿井水文地质规程》（试行）中，首次提出了矿井水文地质类型的划分方案。

一、矿井水文地质勘探类型的划分

（一）矿井水文地质勘探类型的划分方案

根据矿井主要充水含水层的含水空间特征，将充水矿井分以下三类：

第一类以孔隙含水层充水为主的矿井，简称孔隙充水矿井。

第二类以裂隙含水层充水为主的矿井，简称为裂隙充水矿井。

第三类以岩溶含水层充水为主的矿井，简称岩溶充水矿井。本类又可按岩溶形态划分为以下三个亚类：

第一亚类以溶蚀裂隙为主的岩溶充水矿井。

第二亚类以溶洞为主的岩溶充水矿井。

第三亚类以暗河为主的岩溶充水矿井。

根据主要煤层与当地侵蚀基准面的关系、地下水补给条件、地表水与主要充水含水层水力联系密切程度、主要充水含水层和构造破碎带的富水性、导水性、第四系覆盖情况以及水文地质边界的复杂程度，按充水矿床勘探的复杂程度将矿井划分为以下三型：

1）第一型 —— 水文地质条件简单的矿井主要煤层位于当地侵蚀基准面以上，地形有利于自然排水，矿井主要充水含水层和构造破碎带富水性弱至中等；或主要煤层位于当地侵蚀基准面以下，但附近无地表水体，矿井主要充水含水层和构造破碎带富水性弱，地下水补给条件差，很少或无第四系覆盖，水文地质边界条件简单。

第二型 —— 水文地质条件中等的矿井主要煤层位于当地侵蚀基准面以上，地形有利于自然排水，主要充水含水层和构造破碎带富水性中等至强，地下水补给条件好，或主要煤层位于当地侵蚀基准面以下，但附近地表水不构成矿井主要充水因素，主要充水含水层和构造破碎带富水性中等，地下水补给条件差，第四系覆盖面积小且薄，疏干排水可能产生少量塌陷，水文地质边界较复杂。

3）第三型 —— 水文地质条件复杂的矿井主要煤层位于当地侵蚀基准面以下，主要充水含水层富水性强，补给条件好，并具较高水压，构造破碎带发育，导水性强且沟通区域强含水层或地表水体；第四系厚度大，分布广，疏干排水有产生大面积塌陷、沉降的可能，水文地质边界复杂。

各类充水矿井按煤层与主要充水含水层的空间关系及充水方式，分为以下三种：

1）直接充水的矿井主要充水含水层（含冒落带和底板破坏厚度）与煤层直接接触，地下水直接进入矿井。

2）顶板间接充水的矿井主要充水含水层位于煤层冒落带之上，煤层与主要充水含水层之间有隔水层。一般指钻孔单位涌水量小于 $0.001L/s \cdot m$ 岩层]或弱透水层，地下水通过构造破碎带、导水裂隙带或弱透水层进入矿井。

3）底板间接充水的矿井主要充水含水层位于煤层之下，煤层与主要充水含水层之间有隔水层或弱透水层。承压水通过底板薄弱地段、构造破碎带、弱透水层或导水的岩溶陷落柱进入矿井。

（二）各类矿井水文地质特征及应查明的水文地质问题

1. 孔隙充水矿井

孔隙充水矿井主要分布于山间盆地、山前平原和河流冲积平原区。如内蒙的扎赉诺尔煤矿、吉林舒兰煤矿等。这些煤矿的主要充水岩层埋藏浅，其主要充水水源为大气降水，部分受地表水补给，矿井涌水量季节性变化较大。矿井充水程度取决于松散岩层的厚度和岩性结构特征、地表水体的规模、与含水层的联系程度以及开采方法。

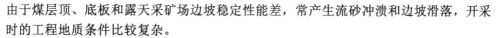

由于煤层顶、底板和露天采矿场边坡稳定性能差，常产生流砂冲溃和边坡滑落，开采时的工程地质条件比较复杂。

矿井水文地质勘探时应着重查明含水层的成因类型、分布、结构、粒度、磨圆度、分选性、胶结程度、富水性、渗透性及其变化；查明流砂层的空间分布和特征，含（隔）水层的组合关系，各含水层之间、含水层与弱透水层以及与地表水之间的水力联系，评价流砂层的疏干条件及降水和地表水对矿井开采的影响。

2. 裂源充水矿井

裂隙充水矿井大多分布于山区和丘陵区。如华北煤田开采的二叠系山西组和石盒子组煤层的一些矿山。矿井充水以裂隙水为主，充水岩层的富水性受裂隙发育程度控制。当煤层位于当地侵蚀基准面以下、附近有地表水体，并有较大的构造破碎带或采空塌陷裂隙与水体沟通时，水文地质条件较为复杂。

矿井水文地质勘探时应着重查明裂隙含水层的性质、规模、裂隙发育程度、分布规律、充填情况及其富水性，岩石风化带的深度和风化程度，构造破碎的性质、形态、规模，以及构造破碎带与各含水层和地表水的水力联系，裂隙含水层与其相对隔水层的组合关系。

3. 岩溶充水矿井

岩溶充水矿井分布于可溶岩发育地区。岩溶充水矿井水文地质条件比较复杂，矿井涌水量大，开采这类矿井时常发生突水事故，且地表水与地下水关系密切，水流通道较畅，排水影响范围大。但其富水不均一，各向异性明显，常以集中突水为主要充水方式，有时还伴有井下突泥、突砂、地表岩溶塌陷的现象发生。这类矿井在中国分布较广，如开采华北上石炭统太原组煤层和开采华南上二叠统煤层的矿井。

矿井水文地质勘探时应着重查明岩溶发育与岩性、构造等因素的关系，岩溶在空间的分布规律、充填深度和程度、富水性及其变化，地下水主要径流带的分布。

以溶隙、溶洞为主的岩溶充水矿井，应查明上覆松散层的岩性、结构、厚度，上覆岩石风化层的厚度、风化程度及其物理力学性质，分析在疏干排水条件下产生突水、突泥、地面塌陷的可能性，以及塌陷的程度和分布范围对矿井充水的影响。对层状发育的岩溶充水矿井，还应查明相对隔水层和弱含水层的分布；以暗河为主的岩溶充水矿井，应着重查明岩溶洼地、漏斗、落水洞的位置及其与暗河间的联系，暗河发育与岩性、构造等因素的关系，暗河的补给来源、补给范围、补给量、补给方式及其与地表水的转化关系，暗河入口处的高程、流量及其变化，暗河水系与矿井之间的相互关系及其对矿井开采的影响。

各类充水矿井，当其充水方式为直接充水时，应着重查明直接充水含水层的富水性、渗透性，地下水的补给来源、补给边界、补给途径和地段，直接充水含水层与其他含水层、地表水、导水断裂的关系。当直接充水含水层裸露时，还应查明地表汇水面积及大气降水的入渗补给强度。当其充水方式为顶板间接充水时，应着重查明直接顶板隔水层或弱透水层的分布、岩性、厚度及其稳定性、岩石的物理力学性质和水理性质、裂隙发育情况、受断裂构造破坏程度，研究和估算导水裂隙带高度，可分析主要充水含水层水进入矿井的地段。当其充水方式为底板间接充水时，应着重查明承压含水层的承压水位、水头及径流特征，直接底板的岩性、厚度及其变化，岩石的物理力学性质和水理性质，以及断裂构造对底板完整性的破坏程度，分析、预测则可能产生底鼓、突水的地段。

二、矿井水文地质类型的划分

（一）矿井水文地质分类方案

在1984年煤炭工业部颁发的《矿井水文地质规程》（试行）中，为了有针对性做好矿井水文地质工作，从矿山水文地质条件、井巷充水及其相互关系出发，根据受采掘破坏或影响的含水层性质、富水性以及补给条件、单井年平均涌水量和最大涌水量、开采受水害影响程度和防治水工作难易程度等，按水文地质条件复杂程度将矿井划分为简单、中等、复杂、极复杂四个类型（表4-1）。

（二）不同类型矿井对水文地质工作的要求

《矿井水文地质规程》（试行）中对不同类型矿井的水文地质工作的要求如下：

1. 极复杂类型矿井

极复杂型矿井除必须按照水文地质特点和开采需要进行补充调查、勘探和专门水文地质试验，建立井上、下水动态观测网，坚持长期观测，以及健全观测资料台账和历时曲线等外，还应做以下工作：

(1) 高原山地向斜正地形岩溶矿山，要注重岩溶调查、暗河探测和封闭汇水洼地的水均衡工作，研究分析探放、堵截暗河水的方案与措施。

(2) 石灰岩露头分布范围广、河溪发育、山塘水库多的矿山，要注重地表水体、岩溶泉与井下出水点关系的调查分析，做好探放溶洞泥砂水工作，防止大突水的威胁。

(3) 直接或间接受煤层顶、底部石灰岩溶洞、溶隙高压富含水层突水威胁的矿山（井），要开展区域水文地质综合调查，研究岩溶发育规律，并进行大口径抽水试验、井下大型放水试验及连通试验等，查明岩溶水集中的强径流带或岩溶管道的分布。矿井开采要研究制订具有针对性的截（堵截水源）排（疏降）措施方案。要注重突水与隔水层岩性、厚度、水压、构造及采矿等关系的探查，可分析研究突水规律。

表 4-1 矿井水文地质类型划分表

分类		水文地质简单	水文地质中等	水文地质复杂	水文地质极复杂
受采掘破坏影响的含水层	含水层性质及补给条件	受采掘破坏或影响的孔隙、裂隙、溶隙含水层；补给条件差，补给水源少或极少。1. 露头区被黏土类土层覆盖；2. 被断层切割封闭；3. 地表泄水条件良好；4. 属于深部井田；5. 在当地侵蚀基准面以上开采；6. 属高原山地背斜正地形，煤层底部灰岩无出露；7. 煤层距顶底板上下富含水层距离很大	受采掘破坏或影响的孔隙、裂隙、溶隙含水层；补给条件一般，有一定的补给水源	受采掘破坏或影响的主要是灰岩溶隙—溶洞含水层、厚层砂砾石含水层（煤层直接顶、底板为含水砂层）；补给条件好，补给水源充沛	受采掘破坏或影响的岩溶含水层；其补给条件好，补给水源极充沛。1. 矿井经常直接或间接受煤层顶、底部灰岩溶洞—溶隙高压富含水层突水的威胁；2. 灰岩露头分布范围广，河溪发育，山塘水库多；3. 在高原山地向斜正地形矿山灰岩岩溶非常发育，常形成暗河系统或汇水封闭洼地
	单位（L/S·m）	< 0.1	0.1 ～< 2	2 ～< 10	> 10
矿井（m3/h）	年平均	< 180（西北地区 0 ～ 100）	180 ～< 600（西北地区 100 ～ 150）	600 ～ 2100（西北地区 50 ～ 1200）	1200 ～ 3000
	最大	< 300	< 1200（西北地区 120 ～ 300）	1200 ～ 3000（西北地区 300 ～ 3000）	> 3000
开采受水害的影响程度		采掘工程一般不受水害影响	采掘工程受水害影响，但不威胁矿井安全	采掘工程、矿井安全受水害威胁	矿井突水频繁，来势凶猛，含泥砂量大、采掘工程、矿井安全受水害严重威胁
防治水工作的难易程度		防治水工作简单	防治水工作简单或易于进行	防治水工程量较大，难度较高，防治水的经济技术效果较差	防治水工程量大、难度高，往往难以治本或防治水的经济技术效果极差

注：单位涌水量以井田主要含水层中有代表性的为准。

（4）岩溶矿山要注重地面岩溶塌陷规律的调查，分析研究防治途径。

2. 复杂类型矿井

复杂型矿井应根据各矿的特点和开采需要，参照极复杂型矿井的要求进行工作。其中：

(1) 开采含水（流）砂层、厚砾石层及地表河湖等水体下煤层的矿山（井），要分析研究煤（岩）层的隔水性能，注重观测导水裂隙带高度，并研究其规律。

(2) 开采煤层顶板直接为含水（流）砂层的矿井，在进行开采时应加强砂层水疏干和水砂分离方法的研究。

(3) 山区地表渗漏水较严重的矿井，要注重渗漏调查，实测并研究制订防渗措施方案。

3. 中等型矿井

中等型矿井应根据开采需要，进行一些单项的水文地质补充调查、勘探、试验、动态观测和正常井下水文地质工作。

4. 简单型矿井

简单型矿井应根据矿井的具体情况进行正常的水文地质工作。

第二节 矿井水文地质补充调查、勘探

一、矿井水文地质补充调查与观测

（一）矿井地面水文地质补充调查

当矿山（井）现有水文地质资料不能满足生产建设的需要时，应针对存在的问题进行单项、多项或全面的水文地质补充调查工作。

1) 气象调查着重调查收集降水量、蒸发量、气温、气压、相对湿度、风向、风速及其历年月平均值和两极值等资料。

2) 地貌调查着重调查由开采与地下水活动而引起的滑坡、塌陷、人工湖等地貌变化，岩溶发育矿山的各种岩溶地貌形态。

3) 地质调查着重调查第四系松散覆盖层、基岩露头，应基本查明其时代、岩性、厚度、富水性及地下水的出露等，并划分出含水层或相对隔水层。地质构造应基本查明其形态、产状、性质、规模、破碎带（范围、充填物、胶结程度、导水性）及有无泉水出露等。

4) 地表水体调查着重调查与搜集矿山河流、渠道、湖泊、积水区、山塘、水库的历年水位、流量、积水量、最大洪水淹没范围、含泥砂量、水质和地表水体与下伏含水层的关系等。

5) 井泉调查应着重调查井泉的位置、标高、深度、出水层位、涌水量、水位、水质、

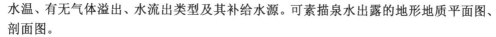

水温、有无气体溢出、水流出类型及其补给水源。可素描泉水出露的地形地质平面图、剖面图。

6）古井老窑的调查着重调查古井老窑的位置及开采、充水、排水、停采原因等情况，查看地面塌陷地形，圈出采空区，并估算积水量。

7）小煤矿调查着重调查小煤矿的位置、范围、开采煤层、地质构造、采煤方法、采出煤量、隔离煤柱、与大矿的空间关系，并搜集系统完整的采掘工程平面图及有关资料。对已报废小矿井的图纸资料，必须存档备查。

对于生产小煤矿，还应着重调查其生产安排、排水能力、井巷出水层位、水质、涌水量、充水因素、与大矿之间的水害关系。

8）地面岩溶调查着重调查岩溶发育的形态、分布范围，对地下水运动有明显影响的进水口、出水口和通道应进行详细调查，必要时可进行连通试验和暗河测绘工作。要分析岩溶发育规律、地下水径流方向，圈定补给区，测定补给区内的渗漏情况，估算地下水径流量。有岩溶塌陷的区域，还可进行岩溶塌陷范围及深度的测绘工作。

（二）矿井地面水文地质观测

1）气象观测 凡距离气象台（站）较远030km)的矿山（井），应设立气象观测站。站址的选择应符合气象台（站）的要求。距气象台（站）较近（<30km）的矿山（井），可只建立雨量观测站。矿山气象观测项目，与气象调查内容相同。

2）地表水观测 观测项目与地表水调查内容相同。观测时间一般为每月一次，雨季或暴雨后根据需要增加观测次数。

3）地下水动态观测 对于复杂型和极复杂型矿山（井），应建立地下水动态观测网。观测网布孔设点前，必须有专门设计。观测点应布置在下列地段：对矿井生产建设有影响的主要含水层；影响矿井充水的地下水集中迳流带（构造破碎带）；可能与地表水有水力联系的含水层；矿井先期开采的地段；在开采过程中水文地质条件可能发生变化的地段；人为因素可能对矿井充水有影响的地段；井下主要突水点附近，或具有突水威胁的地段；疏干边界或隔水边界处。

观测点的布置，应尽量利用已有钻孔、井、泉等。观测内容主要是水位、水温和水质，对泉水还应观测流量。观测点应统一编号，设置固定观测标志，测定坐标和标高。观测点标高每年复测一次，如有变动，应随时补测。

上述观测工作，在矿床开采前一个水文年即应进行，在采掘过程中也必须坚持观测。在未掌握地下水的动态规律以前，每5d～7d观测一次，且随后每月观测1～3次，雨季或遇有异常时，需增加观测次数。

观测工作一般要求同步进行，每次必须按固定的时间和顺序在最短时间内测完。否则，应全部重新观测。要注意观测的连续性和精度。钻孔水位观测每回应有两次读数，其差值不得大于2cm，取值可用平均数。水位、水量测量器具应定期校验。

（三）井下水文地质观测

1. 井筒、石门及开拓巷道的水文地质观测、编录

凡新开凿的井筒、主要穿层石门及开拓巷道，都要及时进行水文地质观测与编录，并绘制井筒、石门、巷道的实测水文地质剖面图或展开图。

（1）当井巷穿过含水层时，应详细描述其产状、厚度、岩性、构造、裂隙或岩溶的发育与充填情况、揭露点的位置及标高、出水形式、涌水量、水温等，并采取水样进行水质分析。

（2）对含水层裂隙，应测定其产状、长度、宽度、数量、形状、尖灭情况、充填程度及充填物，观察地下水活动的痕迹，绘制裂隙玫瑰图，并选择有代表性的地段测定岩石的裂隙率。

（3）对岩溶，应观察其形态、发育程度、分布状况、有无充填物及充填物成分、充水状况等，并绘制岩溶素描图。

（4）对断裂构造，应测定其断距、产状、断层带宽度，观测断裂带充填物成分、胶结程度及出水情况。

（5）对褶曲，应观测其形态、产状及裂隙发育情况。

（6）对突水点，应详细观测记录突水的时间、地点、确切位置、出水层位、岩性、厚度、出水形式、围岩破坏情况等，并测定涌水量、水温、水质、含砂量等。同时，应观测附近的出水点和观测孔涌水量、水位的变化，并分析突水原因。主要突水点可作为动态观测点，并编制记录卡片、附平面图和素描图。

2. 矿井涌水量观测

（1）一般应分矿井、分水平设站进行观测。应每月观测 1～3 次。复杂型和极复杂型矿井应分煤层（或煤系）、分区段、分主要出水点设站进行观测，每月观测不少于 3 次。受降水影响的矿井，雨季观测次数应适当增加。

（2）对井下新揭露的出水点，在涌水量尚未稳定和尚未掌握其变化规律前，一般应每天观测一次。对溃入性涌水，在未查明突水原因前，应每隔 1h～2h 观测一次，以后可适当延长观测间隔时间。涌水量稳定后，可按井下正常观测时间观测。

（3）当采掘工作面上方影响范围内有地表水体、富含水层、穿过与富含水层相连通的构造断裂带或接近采空积水区时，应每天观测充水情况，掌握水量变化。

（4）新凿立、斜井，垂深每延深 10m，观测一次涌水量。掘凿至新的含水层时，虽不到规定的距离，也应在含水层的顶底板各测一次涌水量。

矿井涌水量的观测，应注重观测的连续性和精度，要求采用容积法、堰测法、流速仪法或其他先进的测流量方法。测量器具仪表要定期校验，以减少人为误差。

3. 井下疏水降压钻孔涌水量、水压观测

在涌水量、水压稳定前，应每小时观测 1～2 次；在涌水量、水压基本稳定后，按正常观测要求进行。

二、矿井水文地质补充勘探

（一）矿井水文地质补充勘探的范围和要求

1. 矿井水文地质补充勘探的范围

凡属下列情况之一者，必须进行矿井水文地质补充勘探工作：原勘探工程量中的不足，水文地质条件尚未查清；经采掘揭露，水文地质条件比原勘探报告复杂，矿井开拓延深、开采新煤系（组），或扩大井田范围设计需要；专门防治水工程提出特殊要求；补充供水需寻找新水源。

2. 矿井水文地质补充勘探的基本要求

必须编制补充勘探设计，并按规定报批；设计要依据充分、目的明确、工程布置针对性强，要充分利用矿井有利条件，作到井上、下结合。水文地质补充勘探完成后，必须及时提交成果报告或资料。水文地质钻孔和各种试验的施工技术要求，应参照矿井水文地质及煤炭资源地质勘探的有关规程、规范的规定执行。

（二）矿井地面水文地质补充勘探

1. 水文地质勘探钻孔的设计和施工的主要技术要求

1) 钻孔设计 每个钻孔都要按照勘探设计要求进行单孔设计，主要包括钻孔结构、止水要求、简易水文观测及地球物理测井等。

2) 钻孔施工主要技术要求 必须采用清水钻进，遇特殊情况需改用泥浆时，必须取得地质部门的同意，但事后要采取补救措施；抽水试验钻孔的终孔直径2108nun；深度＞500m的钻孔，终孔直径按设计要求确定；需安装深井泵的大口径钻孔，深井泵下放深度以上孔段的孔斜，不得超过2°（或按设计要求掌握）；主要含水层、试验层段及松散层勘探孔的岩芯采取率，应不低于75%；破碎带的岩芯采取率，一般不低于50%；钻孔分层（段）隔离止水时，必须通过提水、注水和水文测井等不同方法，检查止水效果，并作正式记录。不合格时，必须重新止水；穿过可采煤层的钻孔，如煤层顶板或底板有富含水层时，对顶板导水裂隙带及其以上5m～10m孔段，底板以下整个孔深，以及有可能污染水源的整个钻孔，都必须使用高标号水泥浆封孔，并取样检查封孔质量是否合格。其他孔段可按有关规程规定进行封孔；观测孔竣工之后，要严格抽水洗孔，以确保观测层（段）不被淤塞。

水文地质钻孔必须做好简易水文地质观测工作。对没有简易水文地质观测资料的钻孔，应降低其质量等级或不予验收（有条件时，应作水文测井）。水文地质观测孔，必须安装孔口盖，并应做到坚固耐用、观测方便，遇有损坏或堵塞，要及时进行处理。

2. 抽水试验

生产矿井水文地质补充勘探的抽水试验工作，应执行《煤炭资源地质勘探抽水试验规程》。此外，另补充规定如下：

（1）在资源勘探阶段无抽水资料，含水层的富水性、影响范围、边界条件不清以及在复杂型和极复杂型矿井进行大口径（地面直通式）抽（放）水试验前选择孔位之时，可采用单孔或小口径孔群抽水试验。

（2）复杂型和极复杂型矿井，当用小口径抽水不能查明水文地质、工程地质（地面岩溶塌陷）条件时，应进行井下放水试验。井下条件不具备时，则应进行大口径、大流量孔群抽水试验。试验方法一般应按非稳定流要求进行。

（3）为查明受采掘破坏影响的含水层同其他含水层或地表水体间有无水力联系，应结合抽（放）水进行连通试验。

（4）凡受开采影响钻孔水位较深时，可只作一次最大降深抽水试验，但降深过程的观测，应考虑非稳定流计算的要求，同时应适当加长延续时间。

（5）孔群和大口径孔组抽水试验的延续时间，应根据水位、涌水量过程曲线稳定趋势而定，但一般不应少于 10d。当受开采疏水干扰，水位无法稳定时，应根据具体情况确定。

（6）抽水前应对试验孔、观测孔及井上下有关的水文地质点进行水位（压）、流量观测，必要时可另打专门钻孔测定孔群和大口径孔组的中心水位。

3. 注水试验

为研究岩石渗透性对矿井渗漏的影响，或因含水层水位很深无法进行抽水试验时，应进行注水试验。其要求如下：

(1) 要根据透水岩层的岩性和空隙发育深度，确定试验孔段，并严格做好止水工作。

(2) 试验前，必须彻底洗孔，并应在注水前测定钻孔水温和注入水的温度。

(3) 要连续注入稳定水量，形成稳定的水位。

（三）井下水文地质勘探

1. 井下水文地质勘探

遇有下列情况之一者，应在井下进行水文地质勘探：

(1) 复杂型或极复杂型矿井，采用地面水文地质勘探难以查清问题时，需在井下进行放水试验或连通试验。

(2) 煤层顶、底板有含水（流）砂层或岩溶含水层时，需进行疏水开采试验。

(3) 受地表水体和地形限制或受开采塌陷影响，地面无施工条件。

(4) 孔深过大或地下水位过深，地面无法进行水文地质试验。

(5) 需要在井下寻找供水水源。

2. 井下水文地质勘探的主要技术要求

(1) 必须有矿（队）总工程师批准的钻孔施工设计，内容包括对钻孔的各项技术要求和安全措施。

(2) 掘凿并加固钻窝，保证正常的工作条件。

(3) 钻机必须安装牢固；钻孔必须首先下好孔口管，并做耐压试验；在正式施工前，必须安装孔口闸阀，以保护控制放水；在揭露含水层之前，必须安装好孔口防喷装置。

(4) 必须按设计施工，并严格执行施工安全措施。

(5) 连通试验不得选用污染水源示踪剂。

（6）停用或报废的钻孔，要及时封堵，并提出封孔报告。

3. 井下放水试验原则

（1）在试放水的基础上，编制放水试验设计，规定试验方法、各次降深值与放水量。

（2）做好放水试验前的准备工作。要组织人员、检验校正观测仪器和工具、检查排水设备能力和放水路线等。

（3）放水前，必须在同一时间对井上、下观测孔和出水点进行一次水位、水压、涌水量、水温、水质的观测（测定）。

（4）放水试验延续时间，可根据具体情况确定。当涌水量、水位难以稳定时，试验延续时间一般不少于10d～15d。选取观测时间间隔应考虑到非稳定流计算的需要。中心水位或水压必须与涌水量同步观测。

（5）观测数据应及时登入台账，并绘制Q-S历时曲线。

（6）放水试验结束后，必须及时进行资料整理。

4. 井下疏干开采试验

受大水威胁的矿井，用通常的水文地质勘探方法难以进行开采评价时，可根据条件采用穿层石门或专门凿井进行疏干开采试验。其主要要求是：

（1）必须有专门的施工设计。

（2）要预计最大涌水量。

（3）必须建立能保证排出最大涌水量的排水系统。

（4）应选择适当位置构筑防水闸门。

（5）要做好钻孔超前探水和防水降压工作以及井上下水位、水压、涌水量的观测工作。

第三节　矿井水文地质工作方法

一、矿井水害产生的主要原因及水害防治工作的主要任务

矿产资源开采多为地下作业，在井巷开拓和矿层的回采过程中，不可避免地要接近、揭露或波及破坏某些含水层（体）。只要采掘作业场所处于含水层（体）的水位以下，水体就会因失去原有的平衡，在重力作用下以各种形式向井巷或采场涌出。涌水形式既可以是一般性的滴、淋水，也可以是突破性的大量涌水，形成水害。涌水形式主要取决于作业场所所处的地质构造部位、含水层的富水性、可能的补给水量和水压，以及采矿工程对各含水层的揭露、贯穿或破坏程度。

水害是矿井生产的五大自然灾害之一。水害的严重程度，受多方面因素影响，如矿井水文地质条件、矿井开拓、开采对地下水源平衡条件的破坏等。这些因素，一般都是可以认识和预见的。矿井水害防治工作的基本任务是：

（1）研究制定合理的开拓、开采方案，最大限度限制或减少采掘对含水层原有平衡条件的破坏。

（2）采取针对性的技术措施，改造、限制主要水患因素。

（3）建立合理的矿井综合防水系统，提高矿井抗灾变的能力。

二、矿井生产中主要充水水源及水害

矿井生产中主要充水水源有地表水（河流、湖泊、洼地积水等）、松散孔隙水、顶底板灰岩岩溶水（含岩溶陷落柱水）、煤系顶板砂岩裂隙水、采空积水、旧钻孔积水等。

对矿井安全生产构成严重威胁，并可以发生淹采区、水平至全矿井的水源，主要是地表水、松散孔隙水、顶底灰岩岩溶水、断层水及岩溶陷落柱水。而岩溶陷落柱突水，是矿井各类水害中影响最大、治理恢复难度最大的水害。其主要原因是因陷落柱根部发育于巨厚奥陶系灰岩地层中。奥灰岩溶含水层富水性强，可通过岩溶裂隙、地质构造等得到砂岩裂隙水和松散孔隙水的补给；而导水陷落柱作为奥陶系灰岩含水层的一个通道和突水口，又比单位时间内断层的导水量大得多。因此，陷落柱出水，往往水量大，来势猛，能造成淹井事故，甚至殃及相邻矿井。如 1984 年 6 月 2 日开滦范各庄矿 21711 作面发生的陷落柱突水，高峰期 11h 平均涌水量为 123180m3/h，21h 全矿被淹，并株连邻矿。这是中国迄今为止发生的最大的一次陷落柱突水，在世界采矿史上也名列第一；又如 2004 年河北邢台东庞矿 2903 工作面突水，最大水量 74000m3/h，造成淹井；1996 年皖北任楼煤矿 7222 工作面突水，最大水量 11854m3/h，造成初期投产矿井被淹。

其他水源虽对矿井生产可能产生影响，然 一般不会造成重要灾害。采空、老巷积水及旧钻孔积（导）水，虽然水量不是很大，不致造成淹井的危害，但水量集中，来势迅猛，一旦误揭就会以"有压管道流"的形式突然溃出，具有很大的冲击力和破坏力，对人身安全的危害极大。因此，对此类水害的防范，也是矿井生产中的一项重要而经常性任务。

三、矿井水文地质工作的阶段划分及主要任务

1. 矿井水文地质工作的阶段划分

矿井水文地质工作可分为三个阶段：勘探阶段、矿井建设阶段、矿井生产阶段。其中，勘探阶段的水文地质工作一般与煤矿资源勘探地质工作同时进行。

2. 矿井建设阶段水文地质工作的主要任务

基本掌握矿井水文地质条件，研究和解决矿井建设中的水文地质问题，防治水害以保证矿井正常建设的需要。建设阶段水文地质工作主要任务如下：

（1）补勘查明井筒、井巷等穿越和揭露的各含水层的赋存特征、厚度、富水性及补、径、排条件，制定过各含水层时防治水害的技术方案。

（2）开展矿井建设阶段水文地质调查和水文地质观测工作。

（3）开展井筒、井巷等穿越和揭露含水层的水情水害分析、预测，制定过含水层时防治水害的技术措施。

（4）为矿山（井）生产、生活供水进行补充调查、勘探，提供专门供水勘查资料或报告。

（5）根据需要进行矿山（井）环境水文地质调查和研究，提供专门资料等。

3. 矿井生产阶段水文地质工作的主要任务

全面调查、勘探查明矿山（井田）开采水文地质条件，精确分析掌握各矿层、采掘工作面开采受水害威胁的情况，制定水害防治技术方法和措施，以保障矿井正常生产安全的需要。生产阶段水文地质工作的主要任务如下：

（1）根据需要，补勘查明各矿层开采时的直接充水和间接充水含水层的赋存特征、厚度、富水性及补、径、排条件，评价各含水层对矿井开采的安全影响情况。

（2）受强含水层（体）威胁的矿层或块段、工作面，在勘探查明开采水文地质条件的前提下，研究确定水害防治技术方法，开展开采水害的防治，制定水害防治安全技术措施。

（3）在采掘过程中开展水害的分析、预测预报和探放水工作。

（4）开展矿井生产阶段的水文地质调查和水文地质观测工作。

四、矿井水文地质工作的主要图件

为保证矿井安全生产，严防各类水害事故对生产的影响，做好矿井水文地质日常工作。在矿井建设和生产中，需要编制以下矿井水文地质必备图件：

（1）综合水文地质柱状图；综合水文地质图；矿井水文地质剖面图。

（2）矿井充水性图；矿井排水系统图；矿井地面排涝系统图。

（3）矿井涌水量与各种相关因素（如主要含水层水位、大气降水、开采面积等）历时曲线图。

水体下开采矿井还需编制基岩面等高线图、煤系上覆新生界松散含水层（组）和隔水层等厚线图等。

五、矿井水文地质工作的主要台账（表格）

矿井日常生产中，需要建立以下水文地质台账（表格）：

（1）矿井涌水量观测台账；矿井突（出）水点台账；

（2）钻孔水位观测台账；井下钻孔水压、水量观测台账；

（3）井下水文地质钻孔台账；地面水文地质钻孔台账；井上、下封闭不良钻孔台账。

（4）抽（放）水试验成果台账；水质分析成果台账。

（5）井上、下排水设备、设施参数台账。

水体下开采矿井还应建立新生界含（隔）水层（组）对比划分成果台账、覆岩破坏情况台账等。

六、井下涌（突）水点调查

井下一旦发生涌水或突水后，要及时到现场开展调查，分析确定涌（突）水水源、通道，预测对生产影响程度，制定和落实涌（突）水水害影响防治措施等。具体方法和调查内容有：

(1) 调查初始出水时间、水量，观测水量随时间变化规律。

(2) 采集水样分析水质，结合有关图纸、台账资料，分析判定涌水水源；综合有关地质、水文地质资料，调查、分析判定涌水通道。

(3) 预测涌（突）水水量变化趋势，分析判断对矿井安全生产的影响及危害程度，制定涌水区（点）水害治理技术方案和措施。

(4) 当涌水量较大，涌水水源为强含水层或较强含水层时，应同时加密监测直接充水含水层水位、水压、总涌水量变化情况，监测间接充水含水层的水位变化。

应将调查资料及时填绘、填写至相应图纸、台账内。

七、地下水动态观测方法和注意事项

地下水的动态观测是矿井水文地质工作的重要环节，也是掌握地下水的基本规律的途径，对矿井水的治理和矿井水灾防治可提供重要依据。

（一）地下水水位观测

常用的观测器具、仪器有响钟、音响式水位计、仪表式水位计、灯显式水位计，此外还有自记水位计、半自动测井仪和遥测水位计等。

响钟由带有标尺的测绳和测钟构成，是矿山目前普遍采用的方法。该方法适用于地下水位埋藏较浅情况下的观测，当水位埋藏太深时，因听不清响声会影响观测。

音响式水位计、仪表式水位计、灯显式水位计，其原理相似，主要是用导线将电池与万能表（或微安表、灯泡、响铃）相接，当导线与水面接触时构成回路，从而使仪表指针摆动，（或灯发出亮光，或发出"嗡嗡"声）。注意当孔壁存在漏水时，会因导线接触管壁而提早发出信号，产生误差。

自记水位记、半自动测井仪、遥测水位计，会因仪器造价高，使用要求高，目前难以普遍应用，只在特殊工作需要时使用。

（二）地下水水压观测

主要观测方法有水头测量法、压力表法、压力计法和压力传感器法等。

水头测量法是在出水口加接套管或胶管，套管应超出静水压力水位高度。用观测水位方法观测水位高度。该方法适于在压力水头不高时使用，一般不宜在井下采用。

压力表法是矿山常用方法，但精度不高，受压力表刻度读数精度影响较大；压力计法的原理和装置与压力表法相似，用压力计测定压力，再换算水头高，精度较差。

压力传感器法是利用传感器进行水压观测，观测精度高，但由于造价高、使用保

管复杂，推广使用受限制。

（三）地下水温度观测

可采用温度表（酒精温度表、普通水银温度表、最高水银温度表）、热敏电阻测温仪、SW 型水温、水位仪，DWS 三用电导仪等仪表进行观测。在其中酒精温度表、普通水银温度表法是一般常用方法，但此两种方法观测精度均不高，读数易受气温影响，适用于水温低于气温的情况。观测时需将温度计放入水中一定深度，待时间不少于 3min ～ 5min 后，眼睛平视温度计读观测数据，同时温度表不得取出水面。

八、水样采集方法和注意事项

（一）水样及采样容器的选择与使用

1. 水样及采样容器的选择

在进行水质分析时，需采集水样送水质分析室。盛装水样的容器材料对水样品组分的稳定性有较大的影响。选用何种容器，要根据待测组分的性质而定。

1）原样指水样采取后，不加任何保护剂，原样保存于容器中的样品。这种样品是供测定水中 K^+、Na^+、Mg^{2+}、CO_3^{2+}、HCO_3^-、SO_4^{2-}、OH^-、Cl^-、NO_3^-、NO_2^-、NH_4^+ 游离 CO_2、pH 值、总硬度、固形物、COD（耗氧量）以及 F、Br、I、Mo、Se、As、Cr（六价）等项目的水样，要求用硬质玻璃或无色聚乙烯塑料瓶取样。测定硼的水样，必须用聚乙稀塑料瓶取样。

2）碱化水样指 pH ＞ 11 的加碱碱化的水样，用此测定水中酚、氰、硫化物等项目，采样容器用硬质玻璃瓶。

3）酸化水样指水样采取后，要加入酸进行酸化的水样，用以测定水中 Cu、Pb、Zn、Cd、Mn、Fe、Mo、Co、Cr、V、W、Hg、Sr、Ba、Ra、可溶性 SiO_2 及 PO_4^- 等项目，要求用无色聚乙烯塑料瓶或硬质玻璃瓶取样。

2. 采样容器的使用

（1）新启用的硬质玻璃瓶和聚乙烯塑料瓶，必须先用 1+1 硝酸溶液浸泡一昼夜后，再分别选用不同的洗涤方法进行清洗。

硬质玻璃瓶的洗涤：采样前先用 1+1 盐酸溶液洗涤，然后再用自来水冲洗。

聚乙烯塑料瓶的洗涤：采样前先用 1+1 盐酸或硝酸溶液洗涤，也可用 10% 的 NaOH 或 Na2CO3 溶液洗涤，然后再用自来水冲洗，最后用少量蒸馏水冲洗。

（2）用洗净的取样容器在现场取样时，可要先用待取水样的水再洗涤 2 ～ 3 次。

（3）采样容器必须专用，严禁它用。

（二）各类水源采样方法和要求

1. 地表水

采取泉水、河流、湖泊、水库等水样时，可．直接把水样瓶沉入水下 10cm ～ 15cm 深处汲取，并防止将岩石颗粒、植物等带入瓶内。采取流动的泉水水样时，应在岩层有水流出的地方或水流最汇集的地方取样。例如取样前清理泉眼，则必须等待水已澄清、流量稳定后，方能取样。如在水流很急的地方取样，可以用漏斗接上橡皮管，使水流经过漏斗和橡皮管引入瓶内，瓶口应露出水面。

2. 地下水

对于自喷的泉水，可在涌水处直接采样。从抽水井中取样时，先开动水泵将停滞在抽水管内的水抽出，并用新鲜水更换 $2\sim3$ 次之后再取样。为取样专门开凿钻井时，应尽量不要用水冲洗钻孔，并待停钻且井内水位稳定后再进行取样。如果钻孔用水冲洗过，必须先抽水，然后再取样。深井、定深和分层取样，应采用专门器具。

取平行水样时，必须在相同条件下同时采集，容器材料也应相同。

采集的每个样品，均应在现场立即用石蜡封好瓶口，并贴上标签。标签上应注明样品编号、采样日期、水源种类、岩性、浊度、水温、气温及加入的保护剂量和测定要求等。

（三）水样的采集及送检

由于水中化学组分稳定性的差异，必须根据欲测组分的性质，选择适宜的保存样品方法。应当指出，这些保存水样的方法只能延缓样品的物理、化学以及生物作用，而不能控制其完全不发生变化。

1. 原水样

有些待测组分，不需或不能采用向样品中加入化学试剂的方法来保存。在不具备冷冻或深冻保存的条件下，只能控制从采样到测定的时间间隔。

（1）测定 NO_2^-、游离 CO_2、pH 值等项目的样品，要求采集后立即送实验室。实验室在收到水样的当天，开瓶立即测定，并在 1d 内全部测定完毕。

（2）测定 NH_4、COD 的样品，采好后应尽快送实验室（最多不超过 3d）；实验室收样后，必须在 3d 内测定完毕。

（3）测定 K^+、Na^+、$Mg2+$、CO_3^{2+}、HCO_3^-、SO_4^{2-}、OH^-、Cl^-、NO_3^-、NO_2^-、NH_4^+F、Br、I、Mo、Se、As、Cr（六价）及可溶性 SiO_2（$<100mg/L$）等项目的样品，采好样后应在 10d 内送到实验室；实验室必须在 15d 内分析完毕。

2. 酸化水样

供测定金属元素及可溶性 SiO_2 等项目。取容积为 1L 的洁净硬质玻璃瓶，先用欲取水样洗涤 $2\sim3$ 次，然后加入 1+1 硝酸溶液 5mL，再取满水样（如水样浑浊，应先在现场过滤）。摇匀使水样 $pH<2$。用石蜡封好瓶口，在 15d 内送实验室。实验室收样后，必须在 15d 内分析完毕。

若同时要求测定 U、Ra、Th 时，应改用 2L 的容器，加入 10mL 的 1+1 硝酸溶液，取满水样。瓶盖不能用橡皮塞代替，密封时也不能用橡皮膏缠封，以防污染。

3. 碱化水样

供测定挥发性酚类和割化物用。用 1L 硬质玻璃瓶取满水样，立即加入 5mL、20%的 NaOH 溶液（或 1g 固体 NaOH），摇匀使水样 $pH>12$。可用石蜡密封，在阴凉处保存，

在 24h 内送到实验室，并在 48h 内分析完毕。

4. 测定铁和亚铁的水样

指定要求测定 Fe^{3+} 和 Fe^{2+} 时，须用聚乙烯塑料瓶或硬质玻璃瓶取水样 250mL，加 1+1 的 H2SO4 溶液 2.5mL，$0.5g \sim 1.0g$ 的 $(NH4)2SO_4$，用石蜡密封瓶口，送实验室检测，允许存放时间最多不可以超过 30d。

5. 测定侵蚀性 CO_2 的水样

测定水中侵蚀性 CO_2 的取样，应在采取简分析或全分析样品的同时，另取一瓶 250mL 的水样，加入 2g 经过纯制的 $CaCO_3$ 粉末（或大理石粉末）。瓶内应留有 $10mL \sim 20mL$ 容积的空间，密封送检。

6. 测定硫化物的水样

在 500mL 的玻璃瓶中，先加入 10mL、20% 的 $Zn(CH_3COO)_2 \cdot 2H_2O$（醋酸锌）溶液和 1mL、1mol/L 的 NaOH 溶液，然后将瓶装满水样，盖好瓶盖反复振摇数次，再以石蜡密封瓶口，贴好标签，注明加入醋酸锌溶液的体积后送检。

7. 测定溶解氧的水样

溶解氧的测定，最好是利用测氧仪在现场进行。若无此条件时，在取样前先准备一个容积为 $200mL \sim 300mL$ 的磨口玻璃瓶，先用欲取水样洗涤 $2 \sim 3$ 次，然后将虹吸管直接通入瓶底取样。待水样从瓶口溢出片刻，再慢慢将虹吸管从瓶中抽出，用移液管加入 1mL 碱性 KI 溶液（如水的硬度大于 7 毫克当量 /L 时，再多加 2mL），然后加入 $3mL MnCl_2 \cdot 4H_2O$ 溶液。应注意的是，加碱性 KI 和 $MnCl_2 \cdot 4H_2O$ 溶液时，应将移液管插入瓶底后再放出溶液，然后迅速塞好瓶塞（不留空间）。记下加入试剂的总体积及水温，摇匀后密封送检。

8. 测定有机农药残留量的水样

取水样 $3L \sim 5L$ 于硬质玻璃瓶中，加酸酸化，摇匀使水样 pH ＜ 2，密封低温保存，送检。

9. 测定气体的水样

1）测定逸出气体的水样水中逸出气体样品的采集，一般用排水集气原理采集（图 2-3）。

将连在集气管 2 上的玻璃漏斗 1 沉入水中，待水面升到弹簧夹 5 以上时关闭弹簧夹 5；再将注满水的下口瓶 3 提升，使水注入集气管 2 中。待集气管 2 充满水后（不得留有气泡），关闭弹簧夹 4 和 6；再将下口瓶 3 注满水，并置于低于集气管 2 的位置。将漏斗 1 移至水底气体逸出处，打开弹簧夹 4 和 5，气体即沿漏斗 1 进入集气管 2 内；待集气管 2 中的水被排尽后，关闭弹簧夹 4 和 5。这样，集气管中便收集好待测气体。并密封送检。

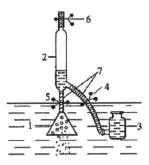

图 2-3 排水集气法

1—玻璃漏斗；2—集气管；3—下口瓶；4.5.6—弹簧夹；7—橡皮管

2) 测定溶解气体的水样溶解气体水样，一般在现场采用真空法分离采集（图2-4)。

取样分离装置如图2-4(a)所示。取一个5L的大玻璃瓶2，配一两孔橡皮塞3，其中插有两根紫铜管8、9；一根紫铜管下端接有橡皮球胆10在玻璃瓶2的3000U1L处作一标记。在取样和分离溶解气体前，应检查玻璃瓶是否密封。其方法是：向瓶中注入40mL水样，塞紧瓶塞3，夹紧弹簧夹5，打开弹簧夹6，用真空泵抽尽球胆中的空气；再关闭弹簧夹6，打开弹簧夹5，将玻璃瓶内抽成真空（抽到瓶中水沸腾冒泡，直至不再冒泡为止）；关闭弹簧夹5，将瓶倒置；如瓶子完全密闭，则无气泡逸出水面；反之则表明漏气，须查明原因，重新抽成真空。密闭性检查后，即可展开溶解气体的分离。将橡皮管10（管中应预先充满待取水样，以防空气进入空瓶中）插入待取水源中，打开弹簧夹5将水样引入真空瓶2中；当水样体积达3000mL标记处时，关闭弹簧夹5，拔掉橡皮管10，同时接上事先已充满水样的集气管11等排水集气装置〔图2-4(b)〕；打开弹簧夹6，使大气进入球胆，此时，溶解气体集中于瓶颈处。打开弹簧夹5和集气管11的上、下旋塞15.16（旋塞上应涂以高真空油脂），借助降低下口瓶12的位置，将瓶颈处的溶解气体引入集气管11中（集气管的体积应与水样中溶解气体的多少相匹配）；待溶解气体完全抽出后，关闭弹簧夹5及集气管上的旋塞15、16。进行上述一次操作，水中溶解气体尚不能完全分离。因此，须用真空泵再次将球胆抽成真空。此时，瓶中水样又恢复到3000mL标记处，瓶中再次形成低压；将球胆重新充入空气，仍用排水集气法将分离出的溶解气体收集在集气管中。如此反复分离3～5次，则可基本上分离完全。然后将集气管用石蜡密封，贴上标签，注明水温、大气温度、取样时气压、溶解气体体积及取样毫升数，速送检。

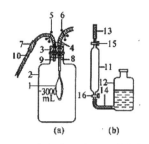

图 2-4 真空法分离采集溶解气体

1—橡皮球胆；2—玻璃瓶；3—橡皮塞；4，10、13，14—橡皮管；5，6—弹簧夹；7—橡皮管按头；
8.9—紫铜管；11—集气管；12—下口瓶；15、16—集气管旋塞

10. 测定氡的水样

在条件允许的情况下，应尽可能利用预先抽成真空的玻璃扩散器（图 2-5）4 接从水源处取样。取样时，将真空扩散器的水平进水口沉入水中，然后打开弹簧夹 3，水即被吸入扩散器中，吸到 100mL 刻度时关闭弹簧夹 3，并记录取样时间（年、月、日、时、分）。取样时勿使扩散器的进水口露出水面，避免吸入空气。取好的样品，应尽量避免震动。由于氡的半衰期比较短，为保证分析的准确性，最好在取样后 24h 内进行测定，如条件不允许时，最多也不得超过 3d。如没有扩散器，亦可用 500mL 玻璃瓶，取满水样（不留空隙），密封，记录取样时间，尽快送检。

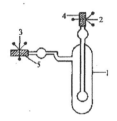

图 2-5 氡样采集器

1—玻璃扩散器；23—弹簧夹；4，5—橡皮管

11. 测定细菌的水样

一般细菌分析的水样，所需体积为 100mL ～ 200mL。取样前，对玻璃容器要做严格的灭菌处理。采样时，要直接取有代表性的样品；不需用水样洗瓶，严防污染。采样后，瓶内应留有一定空间并密封，置 0℃～ 10℃ 的暗处保存，或将样品放在有冰块的容器中运送。在有冷藏的条件下，最多不得超过 24h 送检。若无冷藏条件，则应在 6h ～ 9h 内送检。

12. 测定氢氧同位素的水样

取水样 100mL 于硬质玻璃瓶中（尽量注满，不留空隙），密封，送实验室供测定

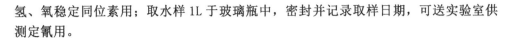

氢、氧稳定同位素用；取水样1L于玻璃瓶中，密封并记录取样日期，可送实验室供测定氚用。

（四）送样要求

（1）水样一经采集后，应存放在阴凉处，并及时送检。虽然对有些组分采取了保护措施，但只能延缓水质变化，并不能终止其变化。在运送过程中，应注意防震、防冻、防晒。

（2）采集需要加入保护剂的样品时，必须严守规定，主要包括加入试剂的剂量、浓度、纯度、加入的顺序和方法等。

（3）送样时，应详细填写水分析送样单。送样单内容包括水样编号、取样地点、水样体积（L）、水源种类、水样物理性质、分析项目等。

第五章 矿井充水条件

在矿井采掘生产的过程中涌入矿井采掘空间的水称之为矿井水。矿井充水的水源和通道是矿井水形成的必备条件，其他因素则影响矿井涌水量的大小及其动态变化。因此，人们习惯于将矿井充水水源、充水通道和影响矿井充水程度等三类因素的综合作用结果称为矿井的充水条件。由于不同矿床的充水水源不同、充水通道不一和充水程度的差异，决定了矿井水的涌入特征、水量大小和动态变化的不同。矿井充水决定于矿床水文地质条件的复杂程度。正确认识矿床水文地质特征，评价矿井充水条件，对于指导矿山水文地质勘查、预计矿井涌水量、预测矿井突水、制定矿井防治水规划及进行矿井防治水工程设计乃至矿山水资源的合理开发与矿井水的综合利用等，都具有十分重要的意义。

在矿井建设生产的过程中，影响矿井充水的因素很多，控制矿井充水的条件也很复杂。矿井充水条件既决定于矿井所处的自然地理、地质和水文地质条件，也决定于矿井建设和生产过程中采矿活动对天然水文地质条件的改变。因此在正确分析和评价矿井充水条件之前，应首先了解各种自然因素和人为因素对矿井充水影响。

第一节 影响矿井充水的自然因素

影响矿井充水的因素很多，可分为自然因素和人为因素两大类。影响矿井充水自然因素主要有：大气降水、地形、地表水、井巷围岩的性质、地质构造、岩溶陷落柱等。

一、大气降水对矿井充水的影响

大气降水是地下水的主要补给来源，因此所有矿井的充水都不同程度受到降水的影响。降水对矿井充水的影响，既与降水的特点有关，也与降水的入渗条件有关。由于大气降水的多样性和自然地理条件的复杂性，使降水的入渗过程错综复杂，对矿井充水的影响千差万别。

对于露天矿：降水直接降落在矿坑内，形成降雨径流，其水量大小决定于降雨量、露天矿坑范围及其汇水条件。矿坑充水与降水关系极为密切，雨后矿坑内水量会立即增大。

对于有集中入渗通道的矿井：降水沿集中入渗通道灌入矿井造成涌水，其水量大小既取决于降水量大小和集中通道连通地表部分的汇水条件，也取决于集中通道的过水断面和长度。矿井充水与降水关系密切，矿井充水滞后于降水的时间，一般为数小时至数日，有时易构成水害。

当降水通过岩层的孔隙、裂隙渗入矿井时，入渗机制比较复杂，矿井充水既决定于降水量大小、降水强度和降水历时，也决定于入渗条件。在降水特点相同的情况下主要取决于入渗条件。一般受降水影响的矿井，其涌水量变化有以下两个明显的特点。

（一）周期性变化

1. 季节性（年周期性）变化

矿井涌水量变化与降水量变化相一致。如山东淄博洪山矿涌水量变化规律是随降水量增加而随之增大，涌水量峰值滞后于降水量峰值，表现出明显的年周期性变化的特征。

在实际工作中，一般按矿井涌水量峰值滞后于降水量峰值的时间长短来反映降水对矿井充水的影响快慢，用涌水量季节变化系数来衡量降水对矿井充水的影响程度。年降水量的变化是一种随机性变化，它既有周期性变化特点，但又非完全重复。同样，受年降水量影响的矿井涌水量也反映了这种变化特征（表5-1）。

表5-1 某矿山长沟峪煤矿1974～1980年矿井涌水量变化

年份	1974	1975	1976	1977	1978	1979	1980
降雨年类型	丰水年	枯水年	平水年	丰水年	平水年	丰水年	枯水年
矿井正常涌水量/(m³/min)	1.78	1.77	1.83	1.68	2.92	2.15	2.05
矿井最大涌水量/(m³/min)	79.44	3.55	49.78	84.72	21.33	103.94	3.89
矿井涌水量季节变化系数	44.62	2.01	26.48	50.43	7.38	48.34	1.90

注：丰水年、平水年和枯水年分别指年降水量大于、等于和小于多年平均降水量的年份。

表8-1表明，对于受降水影响大的矿井，特别是露天矿和有集中入渗通道的矿井，不仅要考虑降水的季节性变化对矿井充水的影响，也应注意降水量的多年周期性变化影响。

（二）降水的影响随深度减弱

大气降水对矿井充水的影响随深度的不同表现出一定的规律。且同一矿井，降水对矿井充水的影响有随深度减弱的趋势，表现为深水平矿井涌水量比浅水平小，涌水量峰值滞后于降水量峰值的时间延长，其减小的幅度和滞后的时间长短取决于入渗条件的变化。

二、地形对矿井充水的影响

地形对矿井的充水有比较直接的影响。地形直接影响矿井水的汇集和排泄，它是控制矿井涌水量大小和防治水工作难易程度的主要因素之一。地形对矿井充水的影响取决于矿井相对于当地侵蚀基准面的位置。

（一）位于当地侵蚀基准面以上的矿井

这类矿井一般位于山区分水岭或斜坡地带，开采当地侵蚀基准面以上的矿层。地形通常不利于充水水源的汇集而有利于排泄，矿井甚至可利用平硐排水。这类矿井一般以大气降水为主要充水水源，矿井正常涌水量较小，在雨季会短期增大，水文地质条件比较简单。但应注意，当井巷上方存在封闭汇水洼地，且有集中入渗通道与矿井相通时，也会造成很大的涌水，甚至发生灾害事故。

（二）位于当地侵蚀基准面以下的矿井

这类矿井一般位于山前平原地带或山间盆地内，开采当地侵蚀基准面以下的矿层。地形有利于各类充水水源向矿井汇集而不利于排泄，在岩性和构造适宜的条件下，地表水和地下水使矿井大量充水，矿井涌水量大而稳定，水文地质条件一般都较复杂。这类矿井又分为两种情况，即近地表水体的和远离地表水体的，前者的充水条件比后者更为复杂。

三、地表水对矿井充水的影响

流经矿山或邻近矿山的地表水体，能否成为矿井充水水源，取决于地表水体与井巷之间有无直接或间接联系的通道。当地表水与井巷或充水岩层有水力联系时，就成为矿井充水水源，有时甚至会导致淹井。

（一）地表水涌入或灌入矿井的途径

（1）通过第四系松散砂砾层或基岩露头向矿井充水。例如山东新汶西港矿大汶河水通过松散砂砾层补给四灰含水层而导致矿井涌水。

（2）通过小窑采空区向矿井充水。如山东淄博洪山矿由于雨季东大沟洪水位上升，淹没沟两岸的两对小窑，地表水沿小窑采空区泄入洪山矿三井，最大涌水量达614m3/h；又如山西西山矿山 1996 年 "8·4" 特大洪灾，由于周边小煤矿私挖滥采，小煤矿巷道与国有大矿官地矿和杜儿坪矿井下巷道打通，致使地面洪水由小煤矿冲进官地矿和杜儿坪矿矿井，杜儿坪矿水、电、通讯全部中断，官地矿全部被淹，造成了严重的损失。

（3）通过地表岩溶塌陷向矿井充水。如湖南涟邵恩口二井，因洪水冲垮木杉河河堤，洪水灌入塌陷区，溃入矿井，最大涌水量达 3500m3/h。

（4）地表水体下采煤，冒落裂隙带与地表水体沟通，通过冒裂带向矿井充水。如吉林辽源梅河一井，由于采空区上部冒落裂隙带沟通地表水库，库水溃入矿井造成淹井。

（二）地表水对矿井充水的影响

1. 井巷与地表水体间的岩石渗透性

当有地表水体存在时，井巷与地表水体间的岩石渗透性是决定地表水能否成为矿井充水水源和充水强弱的关键。若地表水体与井巷之间有相对隔水层存在，即使井巷在地表水体之下，只要开采冒落裂隙带不波及地表水体，地表水对矿井充水影响不大，甚至可实现水体下安全采煤；若地表水体与井巷之间为强透水岩层，即使相距甚远，地表水也可能导致淹井。前者如安徽闸河煤田，煤系上部普遍覆盖有 10m ～ 15m 的黏土隔水层，矿井上部虽有岱河、龙河通过，但对矿井充水几乎没有影响；后者如河北临城煤田，泜河远在矿山西部，河水通过河床底部冲积层渗入地下，补给奥灰水，成为临城北井、临城南井和岗头一井奥灰突水的补给水源。

根据井巷与地表水体间岩石的渗透性不同，可将地表水体附近的矿井分为：井巷与地表水体间无水力联系，不受地表水影响；井巷与地表水体间有微弱水力联系，矿井受地表水影响不大，矿井排水疏干漏斗可越过地表水体；井巷和地表水体间有水力联系，地表水体为定水头补给边界，补给量较为稳定，矿井涌水量主要取决于其间透水岩层的透水性、过水断面和水头大小。当充水通道为砂砾石孔隙或岩溶管道时，矿井涌水量可能很大，甚至造成灾害性影响。

2. 地表水体与井巷的相对位置

地表水体与井巷所处的相对位置不同，地表水对矿井的充水影响也不同，只有当井巷高程低于地表水体时，地表水才能成为矿井充水水源。当井巷高程低于地表水体，在其他条件相同时，距离越小，影响越大；反之则影响减小。如湖南某矿，距河下 50m 深的巷道涌水量为 $132m^3/h$ ～ $360m^3/h$，其中 76% ～ 81% 为河水补给；距河下 125m ～ 250m 深的井巷，涌水量减为 $11m^3/h$ ～ $17m^3/h$，河水几乎没有影响。位于同一水平的巷道，随着巷道与地表水体距离的缩短，巷道涌水量也相应增加。

3. 地表水体的性质和规模

当地表水是矿井充水水源时，若为常年性水体，则水体为定水头补给边界，矿井涌水量通常大而稳定，淹井后不易恢复；若为季节性水体，只能定期间断补给，矿井涌水量随季节变化。因此当矿山存在地表水体时，首先应查明水体与井巷的相对位置及水体与井巷之间的岩层透水性，判断地表水有无渗入矿井的通道及性质。在判明地表水体确系矿井充水水源时，再根据地表水体的性质和规模大小、动态特征，结合通道的性质确定地表水体对矿井充水的影响程度。

四、井巷围岩的性质对矿井充水的影响

当井巷围岩为含水层时，储存于其中的地下水就会成为矿井充水水源。当井巷围岩为隔水层时，如果厚度大而稳定，且具有足够的强度，则可起阻止周围的水向矿井充水的作用；反之，隔水层厚度小或不稳定，且强度较低，或存在各种天然或人为通道时，即使含水层距井巷较远，仍会对矿井充水。由此可见，井巷围岩的性质对矿井充水起重要作用。

（一）充水岩层对矿井充水的影响

对矿井充水起作用的含水层称为充水岩层。根据充水岩层对矿井充水所起的作用，可将其分为直接充水含水层和间接充水含水层。前者系指露天矿坑或矿井巷道直接揭露的含水层，或通过矿层回采后的冒落裂隙带、回采工作面及巷道底板破坏带等直接向矿井充水的含水层；后者系指与直接充水含水层有水力联系，并通过直接充水含水层向矿井充水的含水层。直接充水含水层的富水性强弱决定矿井涌水量的大小，间接充水含水层是直接充水含水层的补给水源，对矿井充水的影响程度除决定于间接充水含水层的富水性外，主要取决于水力联系通道的性质和直接充水含水层的导水性。充水岩层对矿井充水的影响主要取决于以下因素。

1. 充水岩层的含水空间特&

根据充水岩层的含水空间特征，可将其分为孔隙充水岩层、裂隙充水岩层和岩溶充水岩层。

1）孔隙充水岩层含水空间发育比较均一，其富水性取决于颗粒大小、胶结程度、分布规模、埋藏及补给条件。孔隙充水岩层对矿井充水的影响有以下表现：

（1）当井筒穿过松散孔隙含水层时，常发生涌水和流砂溃入事故。

（2）井下开采第三系煤层时，煤层顶、底板含水砂层中的水及流砂会溃入矿井。如吉林舒兰矿，1960～1970年共发生突水突砂事故18次，造成停产、巷道报废或淹井事故，最大的一次持续达十年零七个月之久。

（3）隐伏矿床露天开采时，覆盖层中的孔隙水是露天矿坑的主要充水水源，必须在剥离前进行预先疏干。如内蒙元宝山露天矿，第四系松散卵砾层覆盖于煤系之上，且与地表水有水力联系，预计露天坑开挖时最大疏干水量超过100万 m^3/d。

（4）露天剥离岩层中孔隙水的存在还会改变岩层的物理力学性质，导致黏土膨胀、流砂冲溃、边坡滑动等工程地质问题。

（5）在松散孔隙含水层下采矿时，随着顶板岩层的冒落，其也会产生溃水、溃砂和溃泥的事故。如河北开滦吕家坨矿3771工作面，沿断层向上抽冒，发生溃水溃砂，在地面形成直径14m、深4.2m的塌陷坑。

2）裂隙充水岩层含水空间发育不均一，且具有一定的方向性，其富水性受裂隙发育程度、分布规律和补给条件的控制，一般富水性不强。

裂隙充水岩层常构成矿层的顶、底板，是矿井采掘工作经常揭露的含水层。一般其富水性较弱，通常表现为淋水、滴水或渗水，水量不大，分布不均一。当无其他水源补给时，单个出水点的水量常随时间的增加而减少，矿井涌水量初期随巷道掘进长度和回采面积的增大而增大，逐渐趋于稳定；后期巷道掘进长度和回采面积进一步增加，矿井涌水量无明显增大，甚至略有减少。裂隙充水岩层在矿井生产中则很少构成水害威胁，但在建井过程中因受排水能力的限制有时会造成淹井。当有其他水源补给时，矿井涌水量可能较大，甚至构成水害。如河北开滦范各庄矿12煤层底板砂岩因受第四系冲积层水补给，曾在 $-490\mathrm{m}$ 水平204工作面开拓时发生突水，水量达 $3582\mathrm{m}^3/\mathrm{h}$，淹没了 $-310\mathrm{m}$ 水平以下约 $70188\mathrm{m}^3$ 的巷道空间。

3) 岩溶充水岩层由于其含水空间分布极不均一，致使岩溶水具有宏观上的统一水力联系而局部水力联系差，且水量分布极不均一的特点。因此，岩溶充水岩层对矿井充水影响有两个特点：一是位于岩溶发育强径流带上的矿井易发生突水且突水频率高，矿井涌水量大。如焦作韩王矿及演马庄矿，由于其位于九里山断层强径流带上，成为该矿山突水最频繁、水量最大的矿井；二是矿井充水以突水为主，个别突水点的水量常远远超过矿井正常涌水量，极易发生淹井事故。如开滦范各庄矿2171工作面，奥灰水通过岩溶陷落柱突水，最大水量达 $2053\mathrm{m}^3/\mathrm{min}$。

岩溶充水岩层导致矿井涌水，除水量大、来势猛外，在一些岩溶充水岩层裸露或半裸露、溶洞被大量黏土充填且开采水平距地面较近的矿山（特别在华南的一些矿山），突水的同时常常伴随突泥事故。如湖南涟邵芦茅江矿三号井 $+125\mathrm{m}$ 水平总回风巷，一次下石炭统石灯子组灰岩溶洞突泥事故，且突泥量达 $2500\mathrm{m}^3$，淤塞巷道 $955\mathrm{m}$，造成重大经济损失。

2. 充水岩层的厚度和分布面积

充水岩层的厚度和分布范围越大，地下水储存量越丰富，对矿井充水影响越大；反之，则小。如峰峰矿山，野青灰岩厚约2m，井巷揭露时涌水量约 $3\mathrm{m}^3/\mathrm{min}\sim 5\mathrm{m}^3/\mathrm{min}$；大青灰岩厚约6m，井巷揭露时达 $13\mathrm{m}^3/\mathrm{min}\sim 24\mathrm{m}^3/\mathrm{min}$。若分布范围很大的巨厚奥灰含水层参与充水，矿井涌水量会更大。

3. 充水岩层的出露和补给条件

充水岩层的出露和补给条件可根据其边界特征确定。充水岩层的边界可分为平面边界（周边界）和剖面边界（上、下边界）。前者指充水岩层与区域地下水的联系，反映其接受侧向补给的能力；后者指充水岩层和上、下含水层的水力联系，反映其接受垂向补给的能力。按边界透水与否，可分为隔水边界和透水边界。透水边界根据透水性质可分为补给边界和排泄边界，而补给边界又分为定水头边界和定流量边界。透水边界还可按透水性强弱，分为强透水边界和弱透水边界。

充水岩层的边界应从地下水系统的观点加以确定，它和矿井的井田边界不完全一致。研究充水岩层的边界形态和性质，对于确定该充水岩层的分布范围、补给条件和补给量，评价其对矿井充水的影响程度及拟定矿井涌水量计算的水文地质模型和数学模型都具有十分重要的意义。如峰峰矿山13对矿井中，二矿、五矿、牛儿庄矿、通二矿的主要充水岩层 —— 大青灰岩含水层属开放型水文地质系统，可以通过补给边界接受区域奥灰水的侧向补给，水量大，充水条件复杂；黄砂矿、九龙口矿、小屯矿和万年矿属封闭型水文地质单元，大青灰岩含水层边界基本为隔水岩层或隔水断层所限定，水量相对较小，充水条件相对简单；三矿、四矿的大青灰岩含水层虽在平面上基本为隔水边界所限定，但其在剖面上接受底部奥灰水的垂向补给，属垂向连通型水文地质系统，其水量及矿井充水复杂程度界于"封闭型"和"开放型"间。

同属出露地表的充水岩层，其出露面积的大小对矿井充水也有明显的影响，出露面积越大，接受降水补给的条件越好，对矿井充水的影响越大。如中国太行山东麓和南麓的邢台、邯郸、峰峰、鹤壁、安阳、焦作等矿山多属大水矿山、奥灰突水频繁，这是与太行山区奥灰大范围出露及接受丰富的降水补给有关。相同的充水岩层，在地形平缓且厚度大、倾角小，较地形陡峻且厚度小、倾角大的更易于接受降水补给，对矿井充水影响大。

通常，煤层被认为是隔水的，但变质程度很低的褐煤因其孔隙率大、含水量高，又被认为是充水岩层，特别是在寒冷地区进行露天开采时，常影响钻眼爆破、电铲作业和运输，需进行预先疏干。

（二）隔水岩层对矿井充水的影响

当井巷围岩是隔水岩层时，可以阻止周围的含水层或者其他水源向矿井充水。隔水岩层阻止矿井充水的作用主要取决于以下三个因素。

1. 隔水岩层的阻水能力

一般认为，松散层中的黏土、坚硬岩石中含泥质高的柔性岩石和胶结很好且裂隙、岩溶不发育的岩层，以及经过后期胶结的断层破碎带都可以起到良好的阻水作用。如水体与导水裂隙带之间只要有一定厚度的黏土层或泥质岩层，即可实现安全采矿；当巷道围岩是隔水层时，可阻止含水层或其他水体中的水向矿井渗透；隔水断层和岩浆侵入体可阻止地下水的侧向补给。

需要指出的是，隔水岩层的隔水性质不是不变的，在长期水压及矿压的综合作用下，隔水岩层可由阻水变为导水，从而造成矿井滞后突水。

隔水岩层在水压与矿压共同作用下可发生变形，以致最终在局部发生失稳破坏而产生集中突水通道。隔水岩层实质上是具有微裂隙孔隙甚至孔洞的结构体。在没有采掘扰动时，地下水基本稳定地赋存在工作面下部或前方的承压含水层中。当采掘扰动后，岩层的应力状态发生变化，隔水岩体开始变形。岩体变形破坏的过程实质是其中裂隙发生、发展的过程，在隔水层上部和下部都将产生新裂隙。

以煤层底板隔水层的隔水能力被破坏而发生突水为例。当煤层采出形成采掘空间后，隔水层发生变形破坏，其上部形成"底板采动破坏带"；隔水层下部岩体由于与承压含水层相连，产生新裂隙后，压力水随即渗入，不但对岩层进行软化，而且水压力使裂隙变形受有效应力支配，更加剧了裂隙的发生、发展。岩体变形反过来又影响其中水渗流状态，压力水又继续影响岩体变形，如此相互作用、相互影响，直到形成某种平衡状态。而采动产生的周期变化应力不断打破这种平衡，使其向新的状态发展，结果造成隔水岩体下部的裂隙不断向上延伸、扩展，承压水渗流场也随之逐渐上移。由于采掘过程中隔水岩体经受重复的加载—卸载应力变化，再加上放炮、顶板断裂等有害震动，上述过程不断发展。对于开拓已久的巷道、开好切眼待采的采面和废弃的采空，由于流变作用和水与岩体的相互作用，隔水岩体内的上述过程也在不断进行。隔水岩体上部和下部的变形在最薄弱区域加速发展，裂隙密集，受力达到或超过峰值强度（以产生扩容变形导致底鼓、鼓帮为标志）。当岩体变形进入峰后阶段，这时如果移架放顶、放炮或顶板断裂，都会使岩体受力进一步加强，应变软化效应使局部薄弱区范围扩大，发生矿压显现，最终在隔水岩体内形成上下连通的宏观贯通裂隙带，承压水不断渗透软化并凭借势能由此逐渐渗出，岩体继续变形产生更多的贯通裂缝。扩容和渗水膨胀，导致进一步底鼓，产生多处底鼓及鼓帮，渗水由一处增至多处，渗水量也逐渐增大。初期贯通裂缝小，渗水通道曲折，所以涌水量小，表现为底板发潮、"冒汗"、渗水等特征。随着隔水岩体变形继续发展，压力水进一步冲刷和渗透软化，贯通裂隙不断扩大，结果形成破裂带（或称软化区）和周围均质岩体两种不同特性介质的变形系统。这个变形系统发展到一定阶段，就处于临界平衡状态，在微扰动下（如放炮、顶板断裂等）继续偏离平衡状态，最终隔水岩体发生突然的失稳破坏，软化区内许多小而曲折的贯通裂隙迅速崩解，在压力水冲刷下形成宽大的突水通道，原来的渗水迅速变成突水，涌水量猛增几十倍。如峰峰矿山某矿隔水底板的一次突水，则显示了上述各阶段的过程特征。

2. 隔水岩层的厚度和稳定性，

隔水岩层的厚度越大，越能在各种情况下有效地阻止水进入矿井。厚度不大经受不住水压的作用、或在开采活动等人工作用下遭受破坏使阻富水能力降低的隔水层，可能会完全失去阻水能力而导致矿井充水。此外，由于地质作用的复杂多变性，隔水层既可能因变薄、尖灭而形成"天窗"，也可能因断层、陷落柱破坏了其完整性而形成导水通道，使矿井充水。

3. 隔水岩层的岩性组合关系

隔水岩层常常是由不同岩性岩层组成的岩组，如焦作矿山二叠系大煤与太原组八灰之间的隔水层，是由砂岩、薄层灰岩、泥岩、砂质泥岩及页岩组成的互层。研究表明，刚性较强的岩层，如灰岩、砂岩等具有较高的强度，对抵抗矿压的破坏起较大作用；柔性岩石，如泥岩、页岩等，其强度较低，抵抗矿压破坏的能力差，但其阻水能力较强。由刚、柔相间的岩层组成的隔水岩层有利于抵抗矿压与水压综合作用，在厚度相同的情况下更有利于抑制底板突水。

第二节　影响矿井充水的人为因素

矿井充水除了受到自然因素的影响外，还受到人为因素的影响。人为因素对矿井充水的影响，既包括产生新的充水水源和通道，也包括改变水文地质条件及影响矿井充水程度等。人为因素对矿井充水的影响不容忽视，有时会比自然因素的影响更重要。

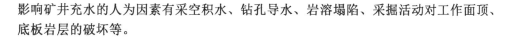

影响矿井充水的人为因素有采空积水、钻孔导水、岩溶塌陷、采掘活动对工作面顶、底板岩层的破坏等。

一、采空积水对矿井充水的影响

矿井采掘范围内不明的古井、小窑以及近代矿井采空区和废巷的老塘积水，统称为采空积水（或老空积水）。矿井采掘工程一旦揭露或接近这些采空积水区，采空积水便成为矿井新的充水水源，轻则增大矿井涌水量，增加矿井排水负担，重则淹没巷道、工作面或采区，甚至冲毁巷道，造成人员伤亡。采空积水对矿井充水的影响有以下表现：

（1）位置不清，水体几何形状极不规则，空间分布极不规律。因对积水区位置难以分析判断和准确掌握，矿井充水常带有突发性。

（2）采空积水区大都分布于矿井浅部，位置居高临下，且采空积水突出（涌出）不同于地下水渗流，不受含水介质制约。不论积水量大小，突水量都很集中（瞬时水量大，持续时间短），流速快，来势凶猛，即使水量不大也能造成人员伤亡，水量大则造成淹井，危害更大。

（3）水中含 SO_4^{2-} 高，pH 值低，具有腐蚀性；有时还随水喷出有害气体造成人员中毒窒息。采空积水造成的淹井事故虽不多，但却是煤矿中一种常见性、多发性水害，约占煤矿水害事故的 30%。解放初期的老空积水危害主要是古井、小窑积水。如淄博矿山经调查登记的古井就有 3166 个，星罗棋布地分布于各矿井浅部，对矿井生产构成严重威胁。随着矿井向深部发展，古井积水的危害逐渐减少，但是近年矿井开采形成的采空区积水，如不认真分析，及时采取探放水措施或采取的安全措施不当，也易造成水害。同时，大矿附近的个体小矿井乱采乱掘，或私自越界开采，或破坏大矿煤柱，在大矿井田范围内留下情况不明的采空区，当采空区内集有一定水量时，一旦透水可能迅速波及大矿。如 1987 年 3 月 2 日安徽淮南新庄孜矿井田内个体小煤窑发生透水后，13.7 万 m3 积水溃入下方新庄孜矿 13 煤层采区，使新庄孜矿被迫全部停产，谢一、谢三矿部分停产，损失近亿元，同时还吞没了与其相连通的 9 个小煤窑；又如 2006 年 5 月 18 日，山西左云矿山某煤矿在 4 号煤层掘进时，打通了附近废弃矿井采空区积水，约 20 万 m3 积水溃入井下，造成了重大损失。

二、导水钻孔对矿井充水的影响

钻探是目前矿产资源勘探和矿井生产勘探中最基本的勘探手段，除一些有特殊用途的孔（如水文观测孔等）外，其他所有钻孔终或后都应按封孔设计要求和钻探规程的规定进行封孔。未进行封孔或虽封孔、但质量不合乎要求的钻孔便成为沟通矿层上部或下部含水层的导水钻孔。当采掘工程揭露或接近时，往往会酿成突水事故。如山东新汶良庄矿 1962 年 7 月 14 日在 0 水平 11 煤层下山掘进中，遇封孔不合格的 35 号钻孔突水，使上部流砂层水、一灰水和下部四灰水导入矿井，最大涌水量 288m3/h，造成矿井局部停产。

三、采掘破坏对矿井充水的影响

矿层在天然状态下与周围岩层相接触，并保持其应力平衡状态。当矿层采出后，使采空区周围的岩层失去支承而向采空区内逐渐弯曲、移动和破坏，原始应力状态亦随之发生变化。随着采矿工作面的不断推进，围岩的变形、移动和破坏不断由采场向外、向上和向下扩展，导致矿层顶板、底板和巷壁的破坏，在采场周围形成破坏带或人工充水通道。当其波及充水水源时，就会发生顶板突水、底板突水或断层突水。破坏带的形成和规模大小及其对矿井充水的影响，其中既取决于采场及周围的地质、水文地质因素，也取决于矿层赋存和开采因素。

四、矿井长期排水引起充水条件的变化

矿井长期排水会使矿井水文地质条件发生很大的变化。长期排水既可以引起某些导致矿井充水的含水层疏干，使矿井涌水量减少，也可以引起地下水分水岭位置和补排关系的变化，使矿井涌水量增加，在隐伏岩溶矿山还可能产生岩溶塌陷，形成新的人工充水通道，使矿井充水条件变得更加复杂。

（一）疏降漏斗扩大导致充水岩层地下水补排关系的变化

由于矿井排水形成充水岩层的人工排泄点，当排水标高低于充水岩层天然排泄标高时，随着疏降漏斗的不断扩大，引起地下水分水岭位置的改变，甚至造成水源袭夺。矿井排水前，地下分水岭与地表分水岭一致，地下水主要向泉水排泄；矿井排水后，排水巷道成为新的人工排泄点，分水岭不断向右移动。随排水降落漏斗的扩大，矿井涌水量不断增加，使原来的排泄通道成为补给通道。如果原先地下水是向河流排泄，矿井排水后可能会袭夺河水，会使河水成为新的矿井水源。

（二）岩溶塌陷形成新的充水通道

岩溶塌陷是岩溶充水矿山，特别是中国南方岩溶充水矿山突出的环境问题和地质灾害。它常常导致河断、泉干、破坏地表水源、破坏农田、房屋、桥梁、道路等地面设施，改变地表环境和生态环境。对于矿井充水来说，岩溶塌陷裂隙往往是新的人工充水通道，大气降水和地表水常沿塌陷裂隙大量灌入井下，增大矿井涌水量，甚至造成矿井排水的往复循环，并常常伴以涌泥、涌砂等现象发生。如湖南涟邵矿山恩口煤矿从建井至 1994 年雨季前，共形成大小塌陷坑 1 万余个，未治理前河水通过塌陷坑下灌，旱季下灌量约 3000m³，占矿井总涌水量的 1/2，强暴雨后下灌量更大，可见岩溶塌陷已成为矿井充水的主要通道。

第三节　矿井充水条件分析

影响矿井的充水因素很多，不同的矿井受到的影响因素也不一定相同，具体到某

个矿井的实际情况，就要进行充水条件的具体分析。矿井充水条件分析就是在矿山已知的自然地理、地质、水文地质和采矿资料的基础上，根据前述各种因素对矿井充水影响的一般规律，分析、排查每一个因素对矿井充水的影响，以确定矿井（采区或工作面）的充水水源及不同水源进入矿井（采区或工作面）的通道，并结合水源和通道的特征对矿井充水的充水方式加以分析判断，为正确地预计矿井涌水量和合理地制定防治水措施提供依据。

影响矿井充水的因素有的是天然存在的（由自然条件决定），有的是人为造成的（随人类活动的影响而发生和发展）。它们对矿井充水所起的作用主要表现在以下几方面：

（1）起充水水源作用。如大气降水、地表水、储存于井巷围岩中地下水与采空积水等。

（2）起充水通道作用。如导水断层、岩溶陷落柱、导水钻孔、采动破坏形成的导水裂隙和岩溶塌陷等。

起影响充水程度的作用，即影响矿井涌水量大小和防治水难易程度的作用。如井巷相对于当地侵蚀基准面的位置、井巷距水体的远近、各种水源本身的特征及其补给条件等。矿井能否充水及其充水程度的强弱，正是上述因素相互配合、相互制约的结果。

水文地质条件具有时空变化的特点，矿井充水条件也有着特定的空间和时间涵义。就同一矿井而言，不同开采矿层、不同开采水平、不同采区乃至不同工作面，其充水条件都存在一定的差异；对于同一矿井的同一开采矿层、采区或者工作面的充水条件，在不同时期也不相同。有的雨季和旱季不一样，有的采前和采后不一样。因此分析研究矿井的充水条件，必须坚持具体问题具体分析，并充分考虑其时空变化，既要评价其一般性特点，更要充分认识不同时间、不同空间的特殊性。

由于地质工作是分阶段进行的，所以矿井水文地质工作也相应于采矿阶段而不断发展和深入。随着采矿阶段的发展，对地质、水文地质工作的要求越来越高，水文地质工作投入的工作量也越来越多，相应地积累的资料也越来越丰富，从而对矿井水文地质条件的研究越来越深入。在整个采矿过程中，人们对矿井充水条件的认识是一个由表及里、由浅入深的过程。从某种意义上来说，充水条件的分析既贯穿矿井水文地质工作的始终，又是各阶段水文地质工作的先导。如在矿床勘探的各个阶段，需要分析矿床充水条件，指导水文地质勘探方案的设计、勘探手段的选择、勘探工程量的确定和勘探工程的布置，预测和评价矿床开采时水文地质条件的复杂程度，为矿山规划、总体设计或矿井设计提供依据；在矿井生产过程中，需要分析矿井充水条件、确定是否需要进行矿井补充水文地质勘探和如何进行勘探、查明矿井水的充水水源及充水通道，为矿井安全生产和制定防治水规划、指导防治水工程的设计、施工提供水文地质依据。由此可见，矿井充水条件分析是矿山水文地质工作的基础工作，应高度重视。

第六章 矿井水的防治

矿井水的防治工作是在矿井充水条件分析和矿井涌水量预计的基础上，根据充水水源、充水通道和涌水量大小的不同，分别采取不同的措施进行矿井水的预防和治理。矿井水的防治工作应坚持以防为主，防、排、疏、堵相结合，坚持先易后难、先近后远、先地面后井下、先重点后一般、地面与井下相结合、重点与一般相结合的工作原则。矿井防治水工作应在防治水害同时，注意矿井水的综合利用，除弊兴利，实现排供结合，保护矿山地下水资源和环境。

本章介绍煤矿矿井水防治方法的地面防水、井下防水、疏干降压、矿井排水和注浆堵水等。

第一节　矿山地面防水

地面防水是指在地表修筑防排水工程或采取其他措施，限制大气降水和地表水补给直接充水含水层或直接渗入井下，从而减少矿井涌水量、防止矿井水害事故的发生。地面防排水工程是保证矿井安全生产的第一道防线，对露天矿和主要充水水源为大气降水和地表水的矿岩煤矿，就是通过排水平硐对丛林河进行改道的。

一、地面防水工程的类型

1. 整铺河床
当河流（或渠道、冲沟）通过矿山，并沿河床或沟底的裂隙渗入矿井时，也可在

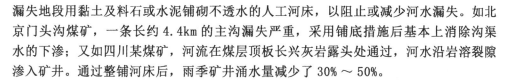

漏失地段用黏土及料石或水泥铺砌不透水的人工河床，以阻止或减少河水漏失。如北京门头沟煤矿，一条长约 4.4km 的主沟漏失严重，采用铺底措施后基本上消除沟渠水的下渗；又如四川某煤矿，河流在煤层顶板长兴灰岩露头处通过，河水沿岩溶裂隙渗入矿井。通过整铺河床后，雨季矿井涌水量减少了 30% ～ 50%。

2. 堵塞通道

采矿活动引起的塌陷坑和裂隙，基岩露头区的裂隙、溶洞及岩溶塌陷坑，废弃钻孔及老空等，经查明与井下构成水力联系时，可用黏土、块石、水泥、钢筋混凝土等将其填堵。大的塌陷坑和裂隙，可下部充以砾石、上部覆以黏土，分层夯实，并使其略高于地表。

填堵岩溶塌陷时，混凝土盖板应浇注在塌陷洞口附近的基岩面上，并安装排气孔（管），以防潜蚀或真空负压作用引起复塌。

地面防水，应根据矿山的自然地理和水文地质条件，采取综合措施，方能取得实效。如徐州贾汪矿山，在充分调查和研究矿山自然条件的基础上，结合矿井生产和发展情况，总结出"井下着眼，井上着手，远近结合，以防为主，防、排、治相结合"的防治水方针，按近山矿山和平原矿山的不同特点，制定了不同的综合防治水措施。即山区以蓄为主，蓄防结合。具体做法是修水库、挖鱼鳞坑、建山前顺水沟，以减少矿山雨季洪峰流量；矿山外围以防为主，防排结合。便在可向井下漏水的煤系地层和太原组灰岩露头周围修筑排洪道，引洪水注入屯头河，并在排洪道的出口处建闸设泵，以便河水倒灌时落闸向外排水；矿山内部以导为主，导排结合。即在低平矿山内挖中央排洪道，向矿山外围导流排水，并在塌陷区设泵排除积水。

上述工程的修建，使该矿山在雨季各矿井涌水量都减少 20% ～ 40%，1963 年战胜了 50 年一遇的特大洪水，保证了矿井安全生产。

二、地面防水工程设计与计算

矿山地面水流多为面积不大的坡面径流、季节性冲沟或小溪。在进行地面防水工程设计时，一般均需收集暴雨资料，按防水工程设计标准推算洪水量（若缺少洪水观测资料，可根据洪水痕迹调查洪水量或用雨量资料推算洪水量），从而根据暴雨径流量来设计截水沟或改道河流的纵横断面，防洪堤的堤高，水库的库容、库坝高及坝的断面尺寸等。具体设计和计算可参考有关规程、规范与手册。

第二节　疏干降压

疏干降压与矿井排水有着本质的差别。前者是借助于专门的工程及相应的排水设备，积极地、有计划有步骤地使影响采掘安全的含水层降低水位（水压），或造成不同规模的降落漏斗，使之局部或全部疏干；后者也只是消极被动地通过排水设备，将矿井水直接排至地表。疏干降压在调节水量及水压、改善井下作业条件，以此来保证采掘安全乃至降低排水费用等方面优于矿井排水。因此，疏干降压是矿井水防治的积极措施。

一般认为，在下述条件下可进行疏干降压：矿层及其顶、底板含水层的涌水，对矿井生产有着严重影响，不进行疏干降压无法保证采掘工作安全和正常进行；矿床赋存于隔水或弱含水层中，但矿层顶、底板岩层中存在含水丰富或水头很高的含水层，或虽含水不丰富但属流砂层，采掘过程中有突然涌水、涌砂的危险；露天开采时，由于地下水的作用，降低了土石的物理力学强度，导致边坡滑落。

按疏干降压进行的阶段，可分为预先疏降和平行疏降。前者是在井巷掘进开始前进行，待地下水位（水压）全部或部分降低后再开始采掘工作；后者与掘进工作同时进行，直至全部采完为止。按疏干降压的方式，又可分为地表疏降、地下疏降和联合疏降。

疏干降压方案的选择，主要取决于矿山水文地质和工程地质条件、矿床开采方法以及采掘工程对疏降的要求等。一般来说，采用的疏降方法需与矿山水文地质条件相适应，并能保证有效地降低水位（水压），形成稳定的降落漏斗，疏降后形成的降落曲线应低于相应的采掘工作面标高或安全水头；疏降工程施工进度时间，应满足矿井开拓、开采计划的要求。

一、地表疏降

地表疏降主要是在需要疏降的地段，在地表钻孔中用深井泵或深井潜水泵进行抽水，预先降低地下水位或水压一种疏降方法。

1. 地表疏降钻孔

1）使用条件和优缺点

地表疏降钻孔适用于疏降渗透性良好、含水丰富的含水层，一般认为对于渗透系数 $K=5m/d \sim 150m/d$ 的含水层最为有效。如过滤器安装合适，可疏干 $K=3m/d$ 的潜水含水层和 $K=0.5m/d \sim 1m/d$ 的承压含水层。疏降深度取决于水泵的扬程，常用于矿层赋存浅的露天矿。随着大流量高扬程潜水泵的出现，深矿井亦可采用。但在矿山地面由于深井抽水而发生塌陷或强烈沉降而又不易处理时，不宜采用。

与地下疏降相比，地表疏降的优点是施工简单，施工期较短；地表施工劳动和安全条件好；疏降工程的布置可根据水位降低的要求，分期施工或灵活地移动疏降设施。缺点是因受疏降深度和含水层渗透性等条件的限制，使用上有较大的局限性。深井泵运转的可靠性比其他矿用水泵差，一般效率不高，且管理与维修比较复杂。

2）地表疏降钻孔的布置方式主要取决于矿山地质、水文地质条件，疏降地段的轮廓等因素。常用的地表疏降钻孔布置方式有以下三种：

（1）线形孔排。适合于地下水为一侧补给的矿山，疏降孔排垂直地下水流向布置于进水一侧。

（2）环形孔排。适合于地下水从各个方向补给的矿山。

（3）任意孔排。当疏降地段的平面几何形状比较复杂时，常采用任意排列的孔群。

根据需要，线形和环行孔排可布置成单线或多线、单环或多环。疏降孔距离与孔排间距由疏干水文地质计算要求确定。如广东茂名露天油页岩矿，在疏降矿层顶板含水层时，在矿体露头内侧700m处布置一排孔距为200m呈弧形排列的钻孔，采用深井泵抽水，以拦截由矿层顶板含水层流向采矿场的地下水；又如江苏大屯矿山的一个井筒在通过流砂层前，在井筒周围距井筒中心13.5m～17.1m处布置了26个疏降钻孔，呈多环形排列，钻孔直径0.45m，孔深不超过200m，采用深井泵及潜水泵排水。以上疏降排水均取得较好的效果。

地表疏降的发展方向是采用各种新型钻机施工大口径深钻孔和带有分支钻孔的多孔底钻，以及采用高扬程、大流量的潜水泵排水，以扩大疏降效果。

3）疏降钻孔的基本结构根据含水层的性质，疏降钻孔可以不下过滤器，或下入骨架过滤器或其他带过滤层的过滤器，钻孔底部应设置一定长度的沉砂管。

2. 吸水钻孔

吸水钻孔是一种将矿层上部含水层中的水放（漏）入矿层下部吸（含）水层的钻孔，也称漏水孔。这种钻孔可用在下部吸水层不含水或吸水层虽含水，但其静水位低于疏降水平，且上部含水层的疏放水量小于下部含水层的吸水能力时，疏降矿层上部含水层水。

这种方法经济、简便。一些位于当地侵蚀基准面以上的矿井，由于所处地势较高，下伏厚层奥陶系灰岩层中的地下水位低于上部各含水层的水位，灰岩裂隙及古岩溶有着巨大的蓄水能力，为上部含水层水的泄放创造了条件。如山西潞安矿山先后施工吸水钻孔20个，对疏干采区和工作面顶板水、节省排水费用起了积极的作用。

必须注意的是，当下部含水层为当地的饮用水源层，而上部待疏降的含水层水质又不符合饮用水标准时，不可采用吸水钻孔疏降矿层上部含水层水，否则会造成饮用水源层的严重污染。如山西灵石矿山某矿为节省排水费用，曾采用吸水钻孔将煤系含水层水（水质不宜饮用）疏降到奥灰含水层（当地饮用水水源层）中，结果造成奥灰含水层的污染。奥灰水水质一旦被污染，其恢复将是长期、缓慢。

3. 水平疏干钻孔

水平疏干钻孔主要用于疏干露天矿边坡地下水。钻孔一般以接近水平的方向打穿边坡，钻孔深度应穿透不稳定边坡的潜在滑动面，使地下水靠重力自流排出。疏干基岩中地下水的钻孔以垂直构造面布置效果为好。分析资料表明，当疏干孔间距等于钻孔长度时，截水系数超过90%；孔间距等于钻孔长度一半时，截水系数可达100%。

4. 明沟疏干

明沟疏干主要用于疏干埋藏不深、厚度不大、透水性较强、底板有稳定隔水层的松散含水层。这种方法多用于露天矿山，有时与地面截水沟联合使用，起拦截流向矿山的浅层地下水的作用。

二、地下疏降

地下疏降主要用于平行疏降阶段，又称巷道疏降。其是直接利用巷道或在巷道中通过各种类型的疏水钻孔，来降低地下水位或水压的一种巷道疏降方法。

1. 疏干巷道

1）疏干巷道类型疏干巷道按其在含水层中的相对位置有以下三种类型：

（1）巷道布置在含水层中，起宜接疏降作用。这种形式一般在基岩含水层中采用。如湖南煤炭坝煤矿，煤层底板茅口灰岩含水层水量大、水压高，煤层与含水层之间仅夹有 0.2m 厚的黏土层。自从将运输大巷直接布置到茅口灰岩中，不仅大幅度降低了水位，局部疏干了茅口灰岩含水层，而且使煤巷避免了遭水压破坏。

（2）巷道嵌入含水层与隔水层之间。含水层与隔水层分界线在疏干巷道腰线通过，巷道砌道，并在巷道的腰部和顶部留有滤水窗或泄水孔起疏水作用。这种形式一般用在底板隔水层缓倾斜的松散含水层中。在地下开采的矿井中，当煤层直接顶板为含水层时，可预先布置采准巷道疏干顶板弱含水层，然后再进行回采工作。其中，采准巷道提前掘进的时间应根据疏放水量和疏放时间来确定。

（3）巷道布置在隔水层或煤层中，施工专门的放水硐室，通过放水钻孔、直接式过滤器等疏降含水层水，疏放出的水汇集于巷道内，流入水仓，之后再排出地表。

2）疏干巷道的布置疏干巷道一般垂直于地下水流向布置。巷道布置应与采矿工程密切配合，并尽可能延长其服务年限。开采当地侵蚀基准面以上的矿层时，应使疏放的水全部或部分自流排出地表。

地下疏降与地表疏降比较，优点是地下疏降的使用范围较广，一般不受含水层的性质和埋藏深度等条件的限制，其疏放强度大、效果好；排水设备检修和管理方便，效率较高；由于有水仓的缓冲作用，因此短时间停电对疏降影响不大。缺点是疏降工程在井下施工时劳动和安全条件差，巷道在含水层中掘进时施工更为困难；施工的准备工作复杂，工期长、投资大。

2. 放水钻孔

放水钻孔的作用是使顶底板含水层中的水以自流方式进入巷道。

1）顶板放水钻孔

用于疏放矿层或巷道上方的含水层水。其方法是在巷道内向顶板含水层打仰孔、直孔或水平孔进行放水。中国的许多煤矿，煤层顶板多赋存有砂岩裂隙含水层，且以储存量为主，突水开始时水量较大，随之很快减少，以致消失。如徐州矿山某工作面，回采后顶板来压，破坏了顶板隔水层造成突水，水量达 600m3/h，被迫停产。但 40h 后，水量减至 50m3/h 以下，在此情况下，为了避免产生垮面停产事故，在工作面回采前打放水孔进行疏放，保证了回采安全。

顶板放水孔应布置在裂隙发育、位置较低处，间距一般可为 30m ～ 50m，孔深取决于矿层开采裂高，一般为 40m ～ 50m。钻孔方向最好垂直顶板含水层，施工时间应与回采工作面工作相衔接，一般超前于回采 1 ～ 2 个月。

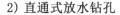

2）直通式放水钻孔

当矿层顶板以上有较平缓并距地表较近的多个含水层，且巷道顶板隔水层相对稳定时，可从地表穿过含水层向巷道打钻孔，.使含水层水通过钻孔流入巷道，达到疏放多个含水层的目的。当钻孔穿过松散含水层时，需要安装过滤器。

3）底板放水钻孔

它的作用在于降低底板下承压含水层的水压，以降低突水系数或增加底板的相对抗水压能力，防止底板突水。底板放水钻孔施工比较困难，需要采取必要的安全措施。底板放水钻孔是从巷道内向下施工，它既可比地面施工节省进尺，又可利用承压水的自流特征直接由钻孔流出，不需要安装专门的抽水设备，同时可借助孔口装置控制水量、测量水压。如淄博夏庄一井，主要开采石炭二叠系 7，940 号煤层。在 10 号煤层底板下约 25m，有一层厚约 5m 的本溪组徐家庄灰岩，该岩层以下 25m 为奥陶系灰岩。矿井下 -6m 水平 10 号煤西二回采面曾发生徐灰突水事故。为预防开采 10 号煤层时再次发生突水事故，围绕开采地段采用垂直钻孔放水降压。放水钻孔布置在 9 号煤层 -80m 大巷，沿地层走向 1800m 布置放水钻孔（呈单列直线排列，孔间距 100m）。经过历时 200d 放水，将作用于 10 号煤层底板的水压降到安全水头以下，达到了设计要求，消除了突水隐患。

为了改善井下施工底板放水孔的劳动条件，提高钻进效率，徐州矿业集团创造了一种地面施工的井下疏水降压钻孔，称为地面穿透式放水孔。为安装好孔口的安全装置，需要在下套管前将 1m ~ 1.5m 长的活节短管准确地下到设计位置，为此严格要求打直孔。当钻孔达到设计深度后，从井下放水石门开短巷找出活节短管，然后加强巷道支护，卸下活节短管，换上三通管和孔口安全装置后进行放水。

三、联合疏降

在一些水文地质条件复杂的矿山，采用单一的疏降方法或单一矿井的疏降不能满足要求或不经济，需要采用井上下相结合或多井联合疏降方式。如湖南煤炭坝矿山，原采用单井或两个井共同疏干仍经常淹井，后采用 4 个矿井同时疏干（井下疏干巷道），使总排水量达到 8000m3/h，至此该矿山没有再发生淹井事故。

四、疏降设计及疏降水文地质计算

大型疏降工程需要进行专门的疏降设计。疏降设计的主要内容有：疏降工程的布置、数量、规格、深度及间距等；疏降工程的涌水量，疏降时间，过滤器的类型，水泵的选择，疏降所需的动力设备及电源等。为此，需要借助于水文地质计算确定疏降水量.及疏降时间，以保证在规定时间内用最少的疏降工程达到最好的疏降效果。疏降水文地质计算可根据裘布依公式及泰斯公式开展。

第三节　矿井排水

一、矿井排水

矿井排水是矿山生产的基本环节之一。一些开采当地侵蚀基准面以上矿层的矿井，可借助平硐内的排水沟或专门开掘的泄水平嘛自流排水；开采当地侵蚀基准面以下矿层的矿井，是将井下涌水或通过井下疏降设备疏放出的水，可经过排水沟或管道系统汇集于井下水仓，然后用井下主水泵排至地表。

1. 排水方式

矿井排水方式有直接、分段和混合排水三种。排水方式的选择，应视矿井涌水量大小、井型、开采水平的数量和深度、排水设备的能力、矿井水腐蚀性等具体条件确定。

1）直接排水

由各水平水仓直接将水排至地表。

2）分段排水

由下部水平依次排至上一水平，最后由最上部水平集中排至地表。如果上部水平的涌水量很小或上部水平的排水能力负荷不足，也可将上水平水排至下水平，再集中排至地表。

3）混合排水

当某一水平具腐蚀性的酸性水时，可将该水平的水直接排至地表，以避免腐蚀其他水平的排水设备和排水管路，而其他水平的水仍可按分段接力方式排至地表。

2. 排水系统

不论何种排水方式，排水系统都是由排水沟、水仓、泵房与排水管路构成。

1）排水沟

在涌水量不大的矿井内，一般在运输巷道一侧挖排水沟排水。排水沟的断面取决于涌水量大小，排水沟的坡度通常与运输巷道的坡度相同。当水中含沉淀物较多时，排水沟坡度应略大些。对于涌水量特大的矿井，需要设计专门的排水巷道。

2）水仓

矿井主要水仓必须有主水仓和副水仓。水仓容积视涌水量大小而定，一般应能容纳 8h 的正常涌水量。为保证水仓容积，水仓要经常清理，当一个水仓清理时，另一个水仓能正常使用。当矿井水含砂量较大时，水仓进口处应设置篦子，并在水仓前设置沉淀池，以减少含砂矿井水对水泵的磨损及水仓的淤积。

3）水泵房

水泵房是保证矿井安全生产的心脏。一般要求设置工作、备用、检修三套水泵。

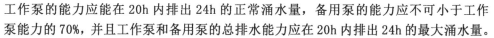

工作泵的能力应能在 20h 内排出 24h 的正常涌水量，备用泵的能力应不可小于工作泵能力的 70%，并且工作泵和备用泵的总排水能力应在 20h 内排出 24h 的最大涌水量。

目前中国矿井排水设备主要有离心泵、潜水泵、深井泵、气压泵和射流泵等，其中经常使用的是离心泵和潜水泵。潜水泵的优点很多，如基建投资少，不用专门的泵房和基础，不怕水淹，具有自吸能力，可以防爆，能大大减少操作人员等。

4) 排水管路

是将水由井下排至地表的咽喉。排水管路必须有工作和备用管路，工作管路能力应能配合工作水泵在 20h 内排出矿井 24h 的正常涌水量；工作和备用管路的总能力应能配合工作和备用水泵在 20h 内排出矿井 24h 的最大涌水量。为了保证矿井水能顺利地排至地表，应注意排水管道的防腐和防止中途漏水。

二、露天矿排水

1. 露天矿排水方案

露天矿排水方案、使用条件及主要优缺点见表 6-1。

表 6-1 露天矿不同排水方案的使用条件及主要优缺点

排水方案	使用条件	优点	缺点
自流排水方式	山坡型露天矿有自流排水条件，部分可利用排水平硐将水导出	安全可靠，基建投资少，排水经费低，管理简单	受地形限制
露天采场底部集中排水方式；半固定式泵站；移动式泵站	汇水面积小及水量小的中小型露天矿；开采深度浅，下降速度慢或干旱地区的大型露天矿	基建工程量小、投资少，移动式泵站不受淹没高度限制	泵站移动频繁，坑底作业条件差、开拓延伸工程受影响；排水经费高；半固定式泵站受淹没高度限制
露天采场分段截流 & 永久泵站排水方式	汇水面积大、水量大的中小型露天矿；开采深度大，下降速度快的露天矿	露天坑底积水较少，开采作业和开拓延深工程条件较好，排水经费低	泵站多，分散，最低工作水平仍需有临时泵站配合；需开挖大容积储水池及水沟等工程，基建工程量大
井巷排水方式	地下水量大的露天矿；深部有巷道可利用；需预先疏干的露天矿，深部用地下开采；排水巷道后期可供开采利用	采场经常处于无水状态，开采作业条件好，为爆、采、装、运等工艺作业高效率创造良好条件，不受淹没高度限制，泵站固定	井巷工程量多，基建投资多，基建时间长，前期排水经费高

2. 露天矿排水方案的选择原则

自流排水方式具有独特的优越性，有条件的露天矿应尽量采用。有时也可开凿专门的排水平硐，以形成自流排水系统。其他排水方式的选择，除应根据自然地理、地质和水文地质条件进行经济技术比较外，还应考虑不同排水方式对采矿各工艺过程效率的影响。一般来说，井巷排水方式由于基建投资高、时间长，因此在确定排水方式时需要慎重考虑。

第四节　注浆堵水

注浆堵水是指将注浆液压入地下预定地点，使之扩散、凝固和硬化，从而起到堵塞水源通道、增大岩石强度或隔水性能的作用，达到治水的目的。优点：减轻矿井排水负担、节省排水用电，降低生产成本；有利于地下水资源的保护和利用，减轻对环境的破坏；改善采掘工程的劳动条件，提高工效和质量；加固井巷或工作面的薄弱地带，减少突水可能性；能使被淹矿井迅速恢复生产。

一、常用的注浆材料、注浆设备及注浆工艺

（一）注浆材料

注浆材料是注浆堵水及加固工程成败的关键和影响注浆经济指标的重要因素。注浆材料的选择主要取决于堵水加固地段的水文地质条件、岩层的裂隙、岩溶发育程度、地下水的流速及化学成分等因素。一般要求注浆材料可注性及稳定性好，浆液凝结时间易于调节，固化过程最好是突变的，浆液固结后具备所需要的力学强度、抗渗透性和抗侵蚀性。此外还要求注浆材料源广、价廉、储运方便，浆液配制及注入工艺较简单，不污染环境。

1. 水泥浆液

水泥浆液是应用广泛的基本注浆材料。优点是材料来源丰富，价格低廉，浆液结石体强度高；抗渗透性能好；采用单液注浆系统，工艺及设备简单，操作方便。其缺点是水泥浆液为颗粒性材料，可注性差，在细砂、粉砂和细小裂隙中难以注入，且水泥浆初凝、终凝时间长，凝固时间不易准确控制，浆液的早期强度低，强度增长慢，易沉降析水。因此水泥浆的应用范围有一定的局限性。

为了缩短水泥浆液的终凝时间，增加结石体强度，可在水泥浆液中添加氯化钙、水玻璃、苏打、石膏等水泥浆速凝剂及三已醇胺等速凝早强剂。

如加入水泥速凝早强剂（三已醇胺与氯化钠复合加剂等），对水泥不仅有显著的速凝作用，而且能提高结石的强度，特别是具有早强性质，便于达到控制水泥浆扩散范围、缩短注浆工期和提高堵水效果的目的；且加入表面活性物质（如亚硫酸盐纸浆

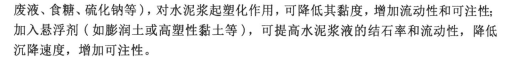

废液、食糖、硫化钠等），对水泥浆起塑化作用，可降低其黏度，增加流动性和可注性；加入悬浮剂（如膨润土或高塑性黏土等），可提高水泥浆液的结石率和流动性，降低沉降速度，增加可注性。

2. 水泥一水玻璃浆液

水玻璃（$Na_2O \cdot nSiO_2$）又称泡花碱，也是一种胶状无机聚合物，具有黏性及胶结性能。它既能溶于水，又能硬化。

水泥一水玻璃浆液也称CS浆液，它是将水泥、水玻璃分别制成浆液，按照一定的比例，用2台泵或1台双缸独立分开的泵同时注入。这种浆液不仅具有水泥浆液的全部优点，而且兼有化学浆液的某些性能，除在基岩裂隙和岩溶含水层中使用外，还能在中、粗砂层中灌注。

3. 黏土浆液

黏土浆液和水泥浆液相比，其优点是可就地取材，成本远较水泥浆液和化学浆液低；能注入更小的裂隙（大部分黏土颗粒粒径＜0.01mm）；施工工艺简单，不存在导管、注浆泵及软管胶结的可能，注浆过程中停止或中断一段时间（＜12h）不影响注浆质量；可在含侵蚀性水的含水层中使用；注浆中的重复钻进和注浆后的掘进工作较容易（这是由于黏土浆液能大量吸水膨胀，不易被地下水稀释和冲跑）。其缺点是材料消耗量大，注浆时间长，充塞物力学强度低。

为了改善黏土浆液的性能，常加入各种化学附加剂以促进黏土颗粒凝聚，改变黏土浆液的黏度和脱水性，提高充塞物的坚固性和强度。一般配制成黏土一水泥浆和黏土一水泥一砂浆液，以扩大黏土浆液的使用范围。

4. 化学浆液

上述水泥浆液、水泥一水玻璃浆液和黏土浆液都属于颗粒性浆液材料，对细小裂隙或粉砂、细砂层难以注入，为此需要化学浆液。化学浆液有丙烯酰胺类浆液、聚氨脂类浆液、铬木素类浆液、脉醛树脂类浆液等。其中，较常用的是丙烯酰胺类浆液。

丙烯酰胺类浆液以有机化合物丙烯酰胺为主剂，配合其他化学剂，以水溶液状态注入岩层中，发生聚合反应，使之形成具有弹性的、不溶于水的聚合体。这种聚合体充填堵塞砂层中的孔隙或岩层中的裂隙，并把松散砂粒胶结起来，起到阻水和加固地基的作用。但这种浆液的凝胶体抗压强度低（0.4MPa～0.6MPa），而且配制复杂、成本高，因此实际应用中常与其他廉价的注浆材料配合使用。

5. 其他类型材料

1）砂砾石、碎石

当受注层段岩溶、裂隙发育，过水断面大，尤其是在地下水流速较大（＞200m)时，为节省注浆材料，通常是先灌注砂、砾石、矿渣、碎石、砖块及压缩木块等骨料，以此充填大的溶洞、裂缝、减小过水断面、增加水流阻力、降低地下水流速，由此为注浆堵水创造有利条件。

2）水泥—砂浆

通常水泥砂浆比水泥浆凝结时间短、结石强度高。砂浆浓度必须控制好，过稠不易泵送，过稀或地下水流速大则灰砂易分离。

3）锯末水泥浆

锯末在水中能够膨胀，与水泥浆反应产生大量泡沫，故有很好的堵漏作用，尤其以刨花水泥浆堵漏效果更佳。

锯末的使用方法有两种：一是把过筛的锯末放入清水搅拌均匀后，用注浆泵送入钻孔中；二是将过筛的锯末与水泥、水放在一起搅拌，然后用注浆泵送入注浆孔中。

（二）注浆设备及注浆工艺

注浆工程施工所用设备及机具主要有钻机、注浆泵、搅拌机、止浆塞（是将注浆孔的任意两个注浆段隔开，只让浆液注入到止浆塞以下的岩石空隙中去的工具）和混合器等。

注浆工艺一般包括：注浆前的水文地质调查、注浆方案设计、注浆孔施工、建立注浆站、注浆系统试运转和对管路做耐压试验、钻孔冲洗和压水试验、造浆注浆施工、注浆结束后压水、关孔口阀、拆洗孔外注浆管路及设备、打开孔口阀、以及提取止浆塞或再次注浆、封孔和检查注浆效果等。现将较重要内容简要介绍如下。

1. 注浆前的水文地质调查

注浆前的水文地质调查是正确选择注浆方案、注浆材料、确定注浆工艺和进行注浆设计的依据。一般应查明岩层地质条件，含水层的埋藏条件、厚度、位置及其相互联系，地下水的静水压力、流向、流速、化学成分，不同含水层、不同深度的涌水量及渗透系数，附近有无溶洞、断层、河流、湖泊及其与含水层的水力联系等。

2. 注浆方案设计

注浆方案的选择，应考虑岩层的水文地质条件、设备能力、工期要求及技术经济指标等因素。设计内容一般包括确定堵水范围、注浆层段和部位，注浆孔、观测孔的数目及布置方式，注浆深度确定、注浆段划分、注浆方式确定，注浆材料选择和配方试验要求、注浆参数确定和检查评价方法，注浆设备选择及注浆站布置、材料消耗量估算、设备和资金概算、劳动组织和工期安排以及主要安全技术措施与操作规程等。

3. 注浆施工

根据含水层特点，注浆施工可分为分段注浆和全段注浆两种方式。

当注浆深度较大，穿过较多含水层，且裂隙大小不同时，在一定的注浆压力下，浆液的流动和扩散在大裂隙内远些，在小裂隙内近些。同时，静水压力随含水层埋藏深度增加而增加，在一定的注浆压力下，上部岩层的裂隙进浆多，扩散远，下部岩层的进浆少，扩散近（或几乎不扩散）。因此，为使浆液在各含水层扩散均匀，提高注浆质量，应分段注浆。

注浆段高是指一次注浆的长度。注浆段高与注浆目的与工程性质有关，不同的工程其注浆段高不同，一般 5m ~ 10m。当受注层厚度不足 10m 时，则不用分段。

根据钻进与注浆的相互关系，分段注浆又分为下行式及上行式注浆两种方式。

下行式注浆是指从地表钻进含水层，钻进一段注一段，反复交替直至终孔。其优点是上段注浆后下段高压注浆时不致跑浆而引起地面破坏，同时上段可得到复注，注浆效果好。其缺点是钻进与注浆交替进行，总钻进工作量大，工期长；上行式注浆是指钻进一次到终孔，然后使用止浆塞自下而上逐段注浆。其优点是无须反复钻进，可加快注浆速度，缺点是需要性能良好、工作可靠的止浆塞。在煤矿堵水中，当裂隙、岩溶发育时，一般采用下行式注浆。

全段注浆是指注浆孔钻进至终深，一次注全段。其优点是不需要反复交替钻进、注浆，减少安装及起拔止浆塞的工作量，从而缩短施工工期。缺点是由于注浆段长，不易保证注浆质量，岩层吸浆量大时要求注浆设备能力大，所以其一般只在含水层距地表较近且厚度不大、裂隙较发育的岩层中采用。

4. 注浆孔的钻进

1) 注浆孔深度

一般要选在含水层以下 3m ～ 5m 的位置。

2) 注浆孔结构

要根据通过岩层的条件和注浆方法确定。应力求简单，变径次数少，孔斜小。对于地面预注浆，注浆孔段直径以不小于 110mm 为宜。孔径越大，揭露岩石裂隙的机率越多，对注浆越有益。钻孔通过第四系松散层和采空区的地段，应下套管，并保证浆液固结质量。

3) 注浆孔的钻进

在注浆孔钻进时，应取岩芯进行岩层裂隙及破碎程度的鉴定。钻进中所用的冲洗液，在冲积层段可用泥浆，基岩层段需要用清水钻进。在钻进过程中，应注意钻孔的防斜与纠偏。

4) 注浆孔的冲洗

注浆孔钻至设计深度以后要进行钻孔的冲洗，冲洗目的是将残留于孔底和黏滞于孔壁的岩粉冲出孔外。钻孔的冲洗一般分为冲孔、抽水洗孔及压水三个步骤进行。

5. 注浆扩散、充塞阶段

注浆的基本原理是通过一定的压力将浆液推入到岩层的空隙中，使之流动、扩散，在空隙中形成具有一定强度和弱透水性的结石体，从而堵塞空隙、截断导水通道。

水泥浆在岩层空隙中的充塞作用包括机械充塞和化学充塞，其扩散充塞过程大体可分为四个阶段：①注浆压力克服静水压力和流动阻力，推动浆液进入空隙；②浆液在空隙内流动扩散和沉析充塞，大孔隙和大裂隙逐渐缩小，小孔隙和细裂隙被充填，注浆压力徐徐上升；③在注浆压力的进一步推动下，浆液冲开或部分冲开充塞体，再次沉析充填，逐渐加厚充填体，此时注浆压力先降后升；④浆液在注浆终压下进一步充塞、压实、脱水，直至完全封闭裂隙。

6. 注浆效果检查

注浆浆液的扩散是在地层中隐蔽进行的，浆液是否在预定范围内扩散，注浆后是否形成了稳定的不透水层，应通过各种方法加以检查、鉴定，才能反映注浆效果。

1）施工技术资料的分析

对注浆过程的施工情况及有关施工记录等技术资料，应进行详细分析。如钻孔偏斜是否造成漏洞、缺口的可能；分析注浆过程中的压力、浆液浓度、吸浆量的变化，判断注浆工作是否正常。此外，对每个钻孔分段注浆的注入量、注浆事故、跑浆情况和范围、处理措施及效果等，也应进行综合分析与评价。

2）钻孔抽水检查

一般采用检查孔与注浆孔合一的方式，即检查孔与注浆孔兼用。当第一组孔注浆结束后，于第二组孔或其中的 1～2 个钻孔进行抽水试验，以检查第一组孔的注浆效果；待第二组孔注浆结束后，从第三组孔或其中的 1～2 个钻孔中抽水，以检查前两组孔的注浆质量。有时在注浆结束后，于注浆地段内水流上方或注浆效果较差的钻孔附近，布置 1～2 个检查孔进行抽水（或压水）检查。当质量不合乎要求时，可将检查孔作注浆孔继续注浆，以确保注浆效果。

3）钻孔取芯检查

根据注浆钻孔施工的先后不同，即先期施工钻孔的注浆效果，可通过后期施工钻孔取芯，检查裂隙被浆液充填的情况。通过取芯和裂隙充填情况的分析，找出注浆地段的薄弱环节，从而通过后期施工的钻孔加以弥补。少数情况下，也可在注浆结束后，在注浆地段专门布置钻孔取芯，以了解注浆效果及浆液扩散范围。

4）注浆地段掘进时的观察

井巷掘进时，对注浆地段实地观察是最有效的检查，除可了解浆液充填及结石情况外，还可为以后的注浆施工提供宝贵的经验和资料。

二、注浆堵水技术在煤矿防治水工作中的应用

矿山注浆堵水类型主要有以下几种：

（一）井筒、巷道预注浆

1. 井筒预注浆

通常，对于复杂条件下的基岩井筒，当其通过含水层或导水构造带前，常采用预注浆的方法对含水层或导水构造进行封堵，以避免水害事故，改善作业条件，简化施工工序，加快建井速度，降低施工成本。

井筒预注浆分为地面预注浆与井筒工作面预注浆。前者是指在井筒开凿前，从地面施工钻孔，对含水层进行预先注浆；后者是当井筒掘进工作面接近含水层时，预留隔水岩柱（也可以在出水后打止水垫＞向含水层施工钻孔，进行预注浆。

井筒工作面预注浆优点是钻探工程量少，节省管材，而且可使用轻便钻机；由于钻孔浅，易控制方向；孔径小、孔数多，易与裂瞭沟通，浆液易于控制，堵水效果好。缺点是工作场地狭小，施工不便，且影响建井工期。地面预注浆的优点是既可在井筒开工前进行，也可与井筒掘进平行作业，不可占用建井工期。

2. 巷道预注浆

巷道过含水层或导水构造带的预注浆宜采用边掘进边超前预注浆的方法，与超前探查孔相结合，既可以在工作面打钻预注浆，也可以在巷道边缘专门施工的盲硐室打钻注浆。

（二）井筒壁后注浆及巷道淋（涌）水的封堵

井筒淋水或巷道淋水可采用壁后注浆，即用风锤打透井（巷）壁，下好注浆管，待其与井壁固牢后，接管向壁后压注浆液堵水。若井筒、巷道有较大淋水时，宜用水泥、水玻璃双液浆临时止水，待水止住后再延伸注浆钻孔，在进入含水层内一定深度，压入单液水泥浆，以保证长期使用中不致再度淋水。

对个别较大的裂隙通道涌水，应向裂隙深部打钻，进行专门封堵。具体做法是用较深钻孔打透大的裂隙，插入注浆管进行引流疏水，用浅孔封好大裂隙口，并使注浆管固定，然后对引流孔加压注浆封堵。

（三）注浆恢复被淹矿井或采区

当矿井或采区被淹后，注浆封闭突水点常是处理这类问题的有效措施。如淹没了40多年的山东淄博北大井，通过从地面施工钻孔，注浆封闭了突水点后再进行强力排水，使矿井获得了新生。又如河南焦作冯营主井，当井筒掘至 -120m 时发生突水，水量达 210m3/h，井筒被淹后用注浆方法封闭了突水点，保证井筒的顺利施工。矿井因突水被淹后，矿井水位与突水水源天然水位相当时的注浆，称为静水注浆，如前述淄博北大井和焦作冯营主井的注堵工程。若突水后矿井局部淹没，突水口处地下水位低于突水水源的天然水位时的注浆，称为动水注浆，如开滦范各庄矿特大型突水灾害的注堵工程。动水注浆时，为增加水的流动阻力，减缓地下水流速，需先投入骨料（砂、砾石、压缩木或其他骨料），然后注入速凝浆液，使之快速凝固，以避免浆液被高速水流稀释或冲跑，达不到堵水效果。现结合

1. 范各庄矿特大突水事故概况

1984 年 6 月 2 日，河北开滦范各庄煤矿 2171 工作面掘进时揭露一陷落柱，奥陶系灰岩水通过陷落柱突入井巷，使年产 300 万 t 的矿井被淹。最大突水量 2053m3/min，为目前国外最大突水量（南非德律芳金矿达 340m3/min）的 6 倍以上。当范各庄矿淹没水位上升到 -156.17m 时，从标高 -232m 的 7 煤层盲巷突破与邻矿之间的边界煤柱，使相邻的吕家坨矿随之淹没。当吕家坨矿淹没水位上升到 -334.72m 时，与其相邻的林西矿的边界煤柱开始渗水，水位上升到 -197.95m 时渗水量已达 16m3/min，使林西矿被迫停产。同样原因，与林西矿相邻的唐家庄矿、赵各庄矿也受到威胁而处于半停产状态。此次水害影响产煤近 1000 万 t，直接和间接经济损失达 40 亿元。此外，这次突水还使区域地下水资源遭到破坏。突水后开滦东矿山奥陶系岩溶水位大幅度下降，使许多供水井吊泵失去供水能力，造成 10 万人的用水困难。突水还使矿山地面出现 17 个岩溶塌陷坑，建筑物会遭到部分破坏。

2. 治水方案及其实施

由于这次水害水量大，秧及面广，治理的难度很大。治理时既应迅速控制灾情的发展，又要准确查明陷落柱的位置，从根本上堵住突水通道，封住突水水源。在无经验可循的情况下，经国内专家和工程技术人员的群策群力，果断地制定了"排、截、堵"相结合的综合治水方案。

所谓"排"，即在范各庄、吕家坨两矿安装大型潜水泵20台（总排水量＞300m3/min），控制水位上涨，使林西、唐家庄、赵各庄三矿尽快恢复正常生产。所谓"截"，即分别对吕家坨、林西矿边界煤柱打钻，进行注浆加固和在大量排水的动水条件下，对吕家坨、范各庄二矿边界煤柱上三条过水巷道进行注浆截流。所谓"堵"，即封堵范各庄矿陷落柱，堵住通道，封死水源。

在实施上述综合治水方案过程中，创造并总结出如下一系列成功的技术经验：

1) 动水条件下封堵巷道的"水平三段式组合注浆"经验首先在注浆段前方大量注砂，形成强大的"阻水段"，使水流在一定的距离内逐步减弱其能量；在紧靠"阻水段"的上游，以丁骨料为主建造"堵水段"，并在管道流变为渗透流时，采用多孔联合，大量注入强化早凝水泥浆，形成对巷道的初步封堵。最后在静水条件下，紧靠"堵水段"用水泥浆注成"加固段"。

2) 动水条件下封堵陷落柱的"垂直三段式截流堵水"经验根据陷落柱的体积大（约61.78万 m3）、柱内水流速及流量大，顶部又有3.9万 m3 空洞的特点，采取上部注入大量的岩石碎块，充填空洞，压实柱体，形成"充填加压段"。注砂、石的同期和后期，向陷落柱下部注入砂和粉煤灰，增加水流阻力后立即注入速凝水泥浆，形成"注浆截堵段"。最后，向下段注入水泥、水玻璃、固化剂加黏土、石粉材料等，形成"充填加固段"，以支撑"注浆截堵段"形成的"堵水塞"。因上述努力，仅用1年多时间使5个矿相继恢复了生产。

（四）注浆帷幕截流

对具有充沛补给水源的大水矿山，为减少矿井涌水量，可在矿山主要进水边界，垂直补给带施工一定间距的钻孔排，向孔内注浆，形成连续的隔水帷幕，阻截或减少地下水对矿山的影响，提高露天边坡的稳定性，防止矿井疏降排水引起的地面沉降或岩溶塌陷等环境问题，保护地下水资源。

采用注浆帷幕截流地下水时，帷幕线应选定在矿山开采影响范围或露天采矿场最终境界线以外。帷幕线的走向应与地下水流向垂直，线址应选择在进水口宽度狭小、含水层结构简单、地形平坦的地段，并尽可能设置在含水层埋藏浅、厚度薄、底板隔水层帷幕线两端隔水边界稳定的地段。帷幕注浆段岩层的裂隙、岩溶发育且连通性好，以保证注浆时具有较好的可注性和浆液结石后能与围岩结成一整体。

注浆帷幕在国外矿山防治水工作中应用较广，中国也有应用，并取得了一定效果。如河南焦作演马庄矿为减少上覆冲积层水对上石炭统灰岩（矿井主要充水岩层）的补给，在浅部冲积层与上石炭统灰岩露头相交处进行截流堵水，共施工钻孔84个，孔距30m～50m，截流帷幕全长500m，注入黄土20519m³，石子114m³，水泥1103t。

帷幕形成后，井下涌水量明显减少，每年可节省排水费用近 60 万元。

（五）注浆改造含水层及隔水层

中国华北各矿山开采下组煤时，普遍受到奥灰水及太灰水的威胁。例如肥城矿山主要含水层有 7 层，由于第四系底部有一层隔水性能良好的黏土层，故第四系含水层基本不与基岩含水层发生水力联系。山西组砂岩、太原组一灰、二灰及大部分四灰含水层都可以直接疏干。肥城矿山从 20 多年的防治水生产实践中得到如下认识：五灰水是直接威胁矿井安全开采九、十煤层的主要含水层，但其厚度仅 10m 左右，可以直接治理。奥灰水是间接威胁矿井安全的含水层，其厚度大，富水性强，难以直接治理。因此，制定出本矿山矿井防治水的方案：奥灰水以防为主，五灰水以治为主。对五灰水治理的方法采用"疏堵结合，综合治理"。具体地说，若五灰富水性较弱，但水压高，就采用疏水降压的方法；若五灰富水性强，水压高或底板存在变薄带、构造破碎带、底板破坏带，疏水降压费用高、经济上不合理、浪费地下水资源时，就对五灰进行注浆改造。

注浆改造的目的是变强含水层为弱含水层或隔水层，增加隔水层的厚度；堵截奥灰水补给五灰的垂直通道；堵塞底板的导水裂隙，消除导高，强化底板。

注浆改造的方法是在工作面的轨中巷打注浆孔，然后通过注浆孔向五灰灌注水泥浆或其他浆液。据统计，从 1986 年到 1991 年，肥城矿山注浆改造九、十煤层工作面 23 个，安全采出煤炭 152.32 万 t。此种方法在类似条件的矿山防治水工作中有应用，具有推广意义。

（六）防渗墙堵水技术

防渗墙是上世纪 50 年代开始兴起的一种防水技术。它是用特殊的施工机具，沿工程线边挖掘沟槽，边在槽内填入防渗材料，逐渐形成连续的防渗墙。防渗墙堵水技术自上世纪 60 年代开始用于矿山防水，它主要用于露天矿。如中国内蒙平庄元宝山露天矿已设计采用防渗墙技术堵截流向露天采矿场的特大涌水。

第七章　矿山供水

第一节　矿山供水水源地的选择

一、矿山供水水源地的选择

供水水源地的选择对矿山的生产和生活影响很大，也是矿山供水水源调查中的一项重要工作。供水水源地的选择，除必须考虑水量是否丰富、水质是否符合用水要求这两个基本条件外，还必须注意水源地建成后该水文地质单元内是否存在争水和过量开采问题，以及矿山生产中井巷疏降排水能否对水源地的水量及水质产生不良的影响等。对矿山水源地的选择，必须坚持以下原则：

（1）在水源地详查阶段，要对所有可能利用的水源进行研究，作出评价。即在详查期间，除了对埋藏较浅、水量丰富、水质优良、开采条件好的水源进行勘测研究外，对埋藏较深、条件较复杂但水量、水质较好的水源也要进行勘测研究，做到不漏勘、漏测，充分掌握各种类型的地下水赋存特征。

（2）在可能引起工业与农业争水的情况下，矿山供水水源尽量选择埋藏较深、开发较少或尚未开采利用的地下水作为水源。

（3）缺水矿山或水资源不丰富的矿山，应建设备用水源地，以便在必要时进行水源地的轮休，轮流供水以保障矿山正常用水。

（4）在对水源地进行地下水资源评价时，要在不影响邻近水源开采和不发生危害性工程地质现象的条件下保证充分取水。

（5）在矿山设计和建设生产中，对有供水价值的矿床充水体（层），应尽量考虑疏排与供水相结合；在缺水和水资源不丰富的矿山，要求做到单独疏采利用。

（6）矿床主要充水水源作为供水水源时，其地下水的开采方案应与地下水防治方案紧密结合，遵循全面规划、合理布局、综合利用、化害为利的原则。

地下水的分布虽然具有普遍性，但是它的赋存规律和富集程度是不同的。因此，只有查明不同水源的地下水赋存规律，通过分析对比，要正确选择取水层位，才能保证矿山水源地的持续正常供水。

二、各类水源地地下水赋存特征

（一）松散孔隙型水源地地下水赋存特征

1. 山间河谷型水源

1) 山间河谷沉积物特征

山间河谷沉积物沿河谷呈条带状分布，河谷沉积物中的地下水依据河流流量的大小、河谷沉积物空间展布及其透水性好坏，可以构成一定规模的水源地。

一般来说，山间河谷的形态及沉积物变化总的规律是：河谷上段坡降较大，河谷较窄，沉积物颗粒较粗，分选性好，透水性强；河谷下段坡降较小，河谷加宽，沉积物增厚、颗粒变细及分选程度增高，透水性相对变差。

当河流段处于山区地质构造相对上升的部位，则河流下切作用加剧，多呈 V 形谷，此时分不出河谷与河床的界限，河谷中很少见有较厚的沉积物，通常沉积物也只是些颗粒粗大的河床相的沉积；当河流段处于山区地质构造相对稳定部位，则河流的侧向侵蚀作用较强，河谷多呈 U 形谷，这时河谷较宽，不但有河床相沉积，也出现漫滩相沉积物。

山间河谷沉积物的厚度，不仅决定于河流段地壳升降作用的程度，而且也决定于谷底的形态。谷底的形态与所处的岩性（松软或坚硬）、断裂破碎程度等密切相关，一般在谷底凹陷处较隆起处的沉积物厚度大。在正常情况下，山间河谷的沉积厚度一般为 10m ～ 40m，在冰蚀谷地处往往有数十米至百余米厚。

2) 山间河谷富水规律

山间河流是汇集山区大气降水与排泄地下水的排水通道，而山间河谷沉积层则是河谷地下水径流排泄的通道。在融雪期及雨季，河流多以汇集融雪与雨水为表流，这时河流由于洪水作用使水位抬高，河水补给河谷沉积层中地下水。在枯水季节河流主要靠地下水补给。在平水期经常出现地下水与地表水之间的补给与反补给现象，即有的地段一侧补给一侧排泄，有的地段两侧同时补给或同时排泄。

一般来说，山间河谷沉积层的出水能力与其他水源类型相比通常比较好，且水位较浅，便于开采，但必须注意河谷基底的隔水性能。假如基底是裂隙、岩溶较发育的石灰岩地段，往往会失去蓄水条件，不仅使河水漏失，而且河谷沉积层中的地下水也会下渗干枯。如山西五台县境内陈家庄附近的移城河段，在其上游段开凿一供水井，静水位埋深 0.7m，涌水量较大。在距该供水井 500m 处，又开凿一供水井，未见水位。夜是由于上游段的冲积层底部为页岩，有良好的隔水作用，地下水能在河谷冲积层中蓄积起来；而其下游段的冲积层底部为寒武系石灰岩层，该石灰岩岩溶裂隙发育，渗入到冲积层中的地下水又继续下渗补给岩溶水，地下水不能在冲积层中蓄积起来，因而出现干井现）。

在干旱和半干旱气候区，由于补给有限，山间河谷中的地表水季节性变化明显，因此山间河谷中的地下水资源量有限；在潮湿气候区，由于山间河流多为常年性河流，因此山间河谷中的地下水资源较丰富。

当河谷底部隔水性能较好、河谷汇水面积较大时，山间河谷地带相对富水的地段是：

(1) 河床比较平缓，纵向坡降较小的地段。该地段由于纵向坡降较小，往往河床下冲积物较厚。

(2) 河谷较宽或葫芦形谷地。他一般形成的冲积物面积较宽，冲积层厚度较大。

(3) 在河流急转弯地段。由于河流侧向侵蚀作用加强，因而在凸岸形成较宽的砂砾石沉积。这种急弯如果是由于断层影响而形成，则河流侵蚀切割加深，沉积厚度往往较大。

(4) 山间支流汇入处。此处是山区干流与支流的交会点，又称为"掌心地"。这里冲积层分布宽，又是砂砾层易于堆积的地点，补给水源充足。

(5) 谷底基岩相对较软处。在河谷底部基岩相对较软处，由于侵蚀深度较大，常常在此处形成较厚的沉积物。

(6) 不对称河岸的基岩陡岸处。当河谷两岸不对称时，近基岩陡岸一侧常是侵蚀切割较深处，此处沉积层较厚。

2. 山间盆地型水源

1) 山间盆地沉积物特征

山间盆地是四周为山地环绕，中间低平，盆地直径一般数十千米至数百千米。四周山势不尽对称，多有不对称的水系发育，向盆地中心汇集。流水将山区的风化物质搬运出来，堆积在盆地内形成较厚的第四系松散沉积物，会往往形成良好的蓄水盆地。盆地下部多为河湖相沉积物，上部多为河流相沉积物。

多数山间盆地是由于构造断陷作用形成的。由于基底下陷幅度不同，使山间盆地内沉积物的厚度由几十米至数百米不等。一般来说，在地形上除个别呈封闭型外，大多数为有一条河流流出盆地的半封闭型。沉积物一般规律是从四周山麓向中心由粗逐渐变细，由块石、卵砾石夹砂黏土渐变为砂砾石、砂、亚砂土和亚黏土，至河道带又变为砂、砂砾石。

2) 山间盆地富水规律

山间盆地是山区地表、地下水的汇集地，当边山河流具有一定的流域面积时，形成的冲洪积扇规模就较大，否则冲洪积扇的规模小，不具有供水水源的条件。一般来说，流域面积在 20km2 以上的冲洪积扇即可作为供水源地，可适当布置供水井；流域面积过小的，多为邻近大型冲-洪积扇的死角，不可作为供水源地。

当边山河流流域内分布石灰岩、硬砂岩、变质岩及岩浆岩等坚硬类岩石，其冲洪积扇卵砾石层富水性好；如果分布的是页岩、板岩等半坚硬类岩石，它的冲洪积扇砂卵石层富水性较差；如果以黄土类为主，那么它的冲洪积扇中的砂卵层有限，富水性差。

盆地基底隔水作用相同（隔水性良好），但盆地内沉积物岩性不同时，盆地内蓄水能力及富水性也会有较大的差异。当盆地边缘冲洪积扇发育，盆地内以砂卵石、砂砾石、砂砾石及黏性土互层为主且厚度较大时，盆地各处均有一定程度的富水性；当盆地边缘冲洪积扇不发育，盆地内以黏性土夹薄层粉细砂为主时，则盆地富水性极差。

对于富水性较好的盆地来说，盆地部位不同其富水性也不同。山间盆地最富水的部位（地段）是河湖三角洲及冲积扇，其次为边山河流的冲洪积扇及盆地中的古河床带。山间河流入盆地端所形成的河湖三角洲及冲积扇往往是叠置在一起的，它们不仅蓄水与透水条件良好，而且又可直接接受山间河流水的渗入，因此往往构成重要的供水水源地。

当盆地内沉积物以砂卵石、砂砾石、粗砂等粗粒沉积物为主且厚度较大，若盆地基底隔水性能良好，则盆地内含水层水量丰富且地下水水位较高便于开采；若盆地基底为裂隙或岩溶发育的易于透水的岩层，则盆地内砂砾石层蓄水能力差且地下水水位埋深大不易开采。如华北某地的黄寨盆地，盆地内沉积物以砂砾石为主，厚度约300m左右，盆地基底为石炭系砂页岩层。砂砾石层中水头距地表约20m左右，水量丰富且便于开采；而与其相邻的大盂盆地，盆地内沉积物岩性及厚度与黄寨盆地相似，但由于盆地基底为岩溶发育且受断层切割易于透水的奥陶系石灰岩层，盆地内砂砾石层蓄水能力低富水性差，砂砾石层中水位距地表约163m，不易开采。

3. 山前冲洪积扇型水源

1）山前冲洪积扇沉积物特征

山前地带由于构造运动的影响，往往是山区上升，平原下降。山区地表径流流出山口后，地形开阔河身无束，随着水流速度的逐渐减弱，流水携带的粗粒物质先沉积下来，而细颗粒物质仍能被水流搬运逐渐下移，久之就会在山前地带沉积很厚的、从山口起向外围缓慢倾斜呈扇形堆积的冲洪积物。冲洪积物从扇顶到扇缘，地形坡度由陡变缓，沉积物层数由少变多，粒度由粗变细。冲洪积扇顶部岩性往往以砂砾石为主，中部岩性逐渐过渡为中、细砂，下部（扇缘部）岩性主要以亚砂土、亚黏土及黏土为主。当几个冲洪积扇彼此相连，就形成沿山麓分布的山前倾斜平原。山前倾斜平原的规模大小不等，其宽度可达数百米至数千米甚至数十千米，纵向延伸可达数千米至数十千米甚至上百千米。

2）山前冲洪积扇富水规律

典型的山前冲洪积扇从扇顶到扇缘，其存在三个明显的水文地质带，其富水性不均一。冲洪积扇富水程度取决于冲洪积扇的规模大小、补给来源、岩性特征及含水层厚度。冲洪积扇规模不大时，一般是贫水的；大规模的冲洪积扇，由于补给来源充沛，沉积物分布广、沉积层厚，一般水量丰富。冲洪积扇中富水部位首先集中在水流较大，颗粒成分较粗的扇形地轴部。在冲洪积扇顶部的砂砾石带，虽然补给充足，透水性及水质好，但水位埋藏深，取水困难。在冲洪积扇的中下部溢出带水位浅，其深部尚可有承压水，往往是良好的水源地。冲洪积扇地下水的补给来源与气候关系十分密切。干旱区地下水补给来源主要是高山区融雪形成的地表径流垂直渗入补给，半干旱区以大气降水及地表水的水平补给为主。山前基岩裂隙水对冲洪积扇侧向补给在干旱及半干旱区是重要补给源。

（二）基岩裂隙型水源地地下水赋存特征

各类岩石都有其自身的物理力学性质，在相同的地应力作用下，柔性岩石易产生塑性变形，而脆性岩石则发生破裂变形。柔性岩石即使也达到了破碎的程度，但其裂隙的宽度远比脆性岩石要窄。岩层的构造裂隙形成后由于风化、充填、胶结、冲刷、溶蚀及岩石膨胀等物理、化学作用的再改造，常使裂隙的开启程度又发生新的变化。如脆性岩石的裂隙常在渗透水流冲刷与溶蚀的作用下，使裂隙进一步扩大，易于富水或透水；而柔性岩石的裂隙易被风化物充填或遇水而膨胀，使裂隙更加闭合，成为贫水或隔水的岩石。

基岩地区地下水的赋存与基岩岩性密切相关，其分布规律受地质构造条件的控制，其补给受地貌条件的约束。基岩地区蓄水构造包括以下几种类型。

1. 单斜蓄水构造

单斜岩层往往是大型褶曲的一翼。当单斜岩层岩性以粗粒厚层碎屑岩为主，其上下有细粒碎屑岩且有补给水源存在时，则粗粒厚层碎屑岩往往构成承压含水层，形成典型的单斜蓄水构造。当单斜岩层倾角在30°～60°之间时，含水层富水性较好。如四川铜梁县境内，西山背斜东翼为侏罗系砂岩（厚110m～140m，倾角45°），其上下有粉砂岩及页岩隔水，构成承压含水层，已施工的7个钻孔的涌水量均在600m3/d以上。在单斜蓄水构造中，岩层倾角由陡变缓的偏缓地段和裂隙密集带，均有较强的富水性。

2. 向斜蓄水构造

受水平挤压应力作用，岩层发生弯曲变形，在变形最大的褶曲轴部，不仅裂隙密集而且常有断裂伴生。当向斜轴部岩层以粗粒碎屑岩为主，两翼岩层以细粒碎屑岩为主时，往往形成向斜蓄水构造。如甘肃平凉县境内九池沟向斜，轴部由第三系砂砾岩及砂岩组成，两翼为弱透水的侏罗系砂页岩及煤层，开凿在向斜轴部的钻孔孔深184m，抽水水位下降38.7m时，钻孔涌水量480m3/d。

一般情况下，背斜轴部岩层裂隙的开启程度要比向斜轴部好，裂隙发育有贮水空间，但地下水易沿层间裂隙流失，故一般来说背斜轴部的富水性较向斜轴部要差。但从地下水的赋存条件来看，还应全面考虑褶曲的形态及大小、裂隙的发育以及所处的地形部位高低。如在背斜挤压区下部可能发育有岩层脱空现象，从而形成大的储水空间，成为相对富水部位；而向斜轴部伸张区若受深部岩层的顶托或温压条件影响，使裂隙呈闭合性，反而没有储水空间使富水性很差。

3. 断裂蓄水构造

1）压性、压扭性断裂蓄水构造

当断层面倾角较小时，其上盘（主动盘）活动性较大，裂隙较发育。如果断层上盘又处于地下水的补给一侧，再加上结构面的阻水作用，通常在压性断层的上盘是富水的。当压性断层层面倾角大于70。时，体现为压应力大于剪应力，断层两盘会同样遭到挤压而破碎，因此在地下水补给一侧富水性较好。如河北井隆县境内，有一倾角为80°的压性断层，在断层压性结构面内开凿 -300m 深钻孔，其基本无水；在地下水补给一侧距断层线 30m（压性断层下盘）处，开凿同等深度钻孔，钻孔获得 2000m3/d 的出水量。

2）张性断裂蓄水构造

张性断裂是在张应力作用下形成的，所以在断裂带内存在着大小不等，排列无序的断层角砾。依据断层角砾形成后的改造程度，断层带内的富水性有一定的差异，但一般说来，张性断裂带内的富水性较相似规模的其他性质的断裂要好。如山西大同境内侏罗系含煤地层的上部，分布有裂隙发育的厚层砂岩，其中发育有一张性断层，在远离断层处打孔，钻孔涌水量 150m3/d ～ 850m3/d，而在张性断裂带近旁打孔，抽水降深 3.25m 时钻孔涌水量达 3300m3/d。

3）风化壳蓄水构造

在砂岩、砾岩等粗粒碎屑岩风化壳的地形低洼部位，往往是地下水富集区。

4）接触式蓄水构造

当碎屑岩中有岩脉或大型岩体侵入时，常常可以形成接触式岩脉蓄水构造或侵入接触带蓄水构造。接触式岩脉蓄水构造是岩脉本身为硬脆的石英岩脉或伟晶岩脉，经后期构造作用影响，裂隙发育，其本身可构成富水性较强的含水岩体。由于岩体的侵入，其围岩裂隙比较发育，为地下水的富集提供了空间，构成带状接触式蓄水构造。位于地形低洼处或沟谷下游横截、斜穿沟谷的岩脉或岩体，在其汇水面积较大时，其富水性较强。

在碎屑岩地区，一般来说砂页岩中水量通常偏小，只能作为小型水源解决当地居民点的生活用水。但在厚层砂岩及煤系石灰岩夹层的构造适宜部位，在补给源充足的条件下，可以作为中型供水水源。厚层、坚硬、质脆的砂岩所组成的向斜、单斜的裂隙密集带及断层破碎带，都有利于地下水的富集，尤其是在张性断裂通过的地形较低部位，岩层富水性较好。当导水断层切穿厚层砂岩时，在地形较低的部位往往有较大的泉水出露。

中国北方石炭二叠纪煤系地层中除砂岩、页岩及煤层外，还夹有 3 ～ 7 层石灰岩，这些灰岩有比较发育的裂隙与溶隙，但不均匀。通常在地下水的排泄段富水性较强，一般可作为小型供水水源；当灰岩夹层较厚时，也可作为中型供水水源。如山西晋城境内某向斜盆地，石炭二叠煤系中夹有五层石灰岩，其中第五层石灰岩厚 4m。在远离排泄区打孔，抽水降深 4m 时涌水量只有 7.78m³/d，而在排泄段打孔，抽水降深 4.29m 时涌水量达 11000m³/d。

在进行煤系地层供水水源调查时，应特别注意水质问题。因为含煤地层中往往含有黄铁矿（FeS_2），水中 SO_4^{2+} 及 Fe^{2+}、Fe^{3+} 通常较高，多属于酸性水。尤其是当水源投产后，由于强烈的采矿排水及矿山供水开采，可在水动力条件改变的情况下，水化学成分会随之发生急剧变化，水源地往往失去供水意义。

（三）可溶岩岩溶型水源地地下水赋存特征

1. 可溶岩特征

中国可溶岩以碳酸盐岩类为主，分布面积约 200 万 km^2，其中裸露面积约 115 万 km^2。以秦岭为界，可将中国可溶岩岩溶类型分为北方型及南方型。由于北方和南方在地质条件和气候条件方面的差异很大，因此岩溶类型也有很大差别。

1) 北方型碳酸盐岩特征

中国北方碳酸盐岩泛指寒武系至中奥陶统的纯石灰岩、泥质灰岩、硅质灰岩、白云质灰岩及白云岩等一系列碳酸盐岩类岩石。因北方降雨量少，气温低，湿暖季节短，岩溶化的碳酸盐岩的时代比较老，且这些岩层多已硅化、白云石化，岩性脆硬，溶解度较低，岩溶形态多以溶蚀裂隙为主。岩溶多沿层面裂隙及构造裂隙发育，有些地区有局部的岩溶管道，大型溶蚀洞穴及暗河等少见。

中国北方广大碳酸盐岩分布区，按地下水补给、径流、排泄地段不同，地下水位埋藏深度相差很大，但仍然具有统一的地下水位。一般说来，在补给区水位埋藏深达数百米，沿径流方向地下水位逐渐变浅。当地下水在径流途径上遇到阻水的断裂构造、岩脉、岩体时，这些阻水岩体常起到暗坝的作用，在补给的一侧水位会被阻滞升高，在区域性地下水位埋藏较浅的地段，有时会因地下水位抬高而溢出成泉。尤其是在石灰岩层的地下水集中排泄地段（最低河谷及山前地带），由于某种阻水作用，在出露条件适宜的情况下，通常有较大的泉群分布。如山西娘子关泉，就是奥灰岩溶水在向东径流途中，在娘子关一带由于下奥陶统相对隔水层隆起并被桃河侵蚀而出露地表，由于隔水岩层起到阻水作用，造成地下壅水，溢出地表形成泉群；如山东济南泉群和河南百泉群等，都是由于某种阻水作用而出露的较大泉群。

2) 南方型碳酸盐岩特征

南方碳酸盐岩层出露面积大，以纯石灰岩为主，其形成时代多属古生代。南方气温偏高雨量充沛，石灰岩易于溶蚀，因此在很多地方发育落水洞、漏斗、峰林、溶洞及暗河等岩溶地貌及地下岩溶。如广西地区，从山地至河谷平原依次分布有峰丛山地、峰林谷地及孤峰平原等岩溶地貌类型，每种类型都有其自身的水文地质特征。

（1）峰丛山地。一般位于地势较高的高原前哨或分水岭地段，是地壳的强烈上升地带，为岩溶地下水的补给区。峰丛山体巨大，地层裸露，仅洼地有零星松散层覆盖，因此常称为裸露型岩溶地区。峰丛山地岩石裂隙发育，溶蚀作用强烈，溶沟、溶槽、漏斗及落水洞等较多，便于吸收大量降水转入地下，汇入地下岩溶管道作水平流动，构成暗河水系的上游源头。地下水以潜水为主，水位埋藏一般大于 30m～50m，地下水坡降大，在管道中常形成瀑布和跌水。每平方公里流域面积枯水期流量一般为 4L/s～5L/s。

（2）峰林谷地。从地貌来看是峰丛山地的进一步溶蚀的地区，一般多位于地下河系的中上游段，为岩溶地下水的补给—径流区。岩溶地层以裸露为主，在盆地及河谷附近有较大范围的松散层覆盖，因此常称为半裸露型岩溶地区。地下水补给仍以大气降水为主，同时接受上部来的径流量，地表溶蚀及地下溶蚀均较显著。地下河较峰丛山地更为发育，岩溶管道进一步连通，构成脉状水系统的暗河流域。地下水水位埋深 $0m \sim 30m$，并在一定范围内有承压性及统一的地下水面。暗河流量丰富，枯水期流量一般大于 $0.1m^3/s \sim 4m^3/S$。

(3) 孤峰平原和残丘。为峰林谷地的更进一步的溶蚀地区，一般位于地下河系的中下游地段，属岩溶地下水的径流—排泄区。岩溶地层大部为松散沉积物覆盖，仅少数以较稀疏的孤峰或残丘直接裸露，覆盖层厚度大于 $0m \sim 30m$，因此常称为覆盖型岩溶地区。该区地表溶蚀渐减，地下溶蚀显著增强，多以水平溶蚀为主，脉状岩溶管道进一步发展为网状岩溶管

道系统，水力联系密切，具有统一的地下水位。地下水仍以大气降水补给为主，并接受上游的地下径流及地表水的渗入补给。岩溶地下水分布较峰林谷地均匀，有时与上覆盖层孔隙水有一定的水力联系。地下水具有承压性，多以上升泉、溶潭、暗河等形式出露，水量丰富、水质良好，水位埋藏一般小于 10m，方便于开采。

2. 相对富水的地段

岩溶水相对富集地段岩溶必定发育，而岩溶发育的条件与岩石的可溶性和透水性、水的侵蚀性和流动性密切相关，因此岩性在一定程度上能反映岩石的富水程度。在碳酸盐岩中，一般是石灰岩较白云岩富水性强，白云岩较泥灰岩富水性强。在岩性变化带特别是可溶岩与非可溶岩的接触带岩溶最发育，在这些地方不但为岩溶水的富集提供了足够的空间，更重要的是由于非可溶岩的阻隔，对岩溶水的储集更加有利，防以这些地带岩溶水最富集。

岩性虽然可以反映富水性，但当岩性相同时富水性也是不均匀的。一个水文地质单元或一个蓄水构造内的主要富水地段是与地质构造部位分不开的。一般在向斜谷地区、背斜轴部或背斜倾没端、断裂破碎带、构造线急变转折端、数条构造线的收敛或交汇处，都是地质构造的剧烈变化带，其特征是岩石破碎，透水性强，岩溶发育，所以这些地方岩溶水量丰富。如四川嘉陵江地区龙王洞背斜的倾没端发育大型溶洞，在钻孔揭穿溶洞时瞬时最大涌水量 9 万 m3/h，72 天后涌水量 3400m3/h。可见富水性极强。

可溶岩地区的富水程度除与岩性及构造有关外，还与地形地貌条件密切相关。当地形较高且岩溶发育时，此时地形往往切割剧烈，因此地表径流很快流失，地下径流很快排泄。此带地下水位往往埋藏很深，包气带很厚。而在河谷地区或低洼地带，往往处于岩溶水的排泄带，水的循环交替强烈，岩溶也很发育，这些地方对岩溶水的补给和储存都非常有利，所以在地形低洼地带或河谷地带岩溶水一般都是比较丰富的，埋藏也较浅。

通常在那些地下水埋藏浅及水位变幅小的地区，除利用上升泉及天然水点以外，可人工凿井取水；在地下水位埋藏深，水位变幅大的山区（如峰丛及峰林地区），为了充分利用暗河水，调节水位、水量在季节上的不平衡，可以采取堵洞、围堰等蓄水工程保证正常取水。

第二节　矿山供水水质评价

地下水水质是指水和其中所含的物质组分所共同表现出的物理、化学和生物学的综合特征。各项水质指标表示水中物质的种类、成分和数量，是判断水质的具体衡量标准。地下水中物质成分来源主要是由赋存于岩石圈中的地下水不断和岩土发生化学反应，并在大气圈、水圈和生物圈进行水量交换过程中形成的。

地下水水质评价是地下水资源评价的重要组成部分，只有水质符合要求的地下水才是可以利用的资源。不同用水目的对水质的要求不同，各种不同目的用水对水质要求的标准，是地下水水质评价的准则。这些标准是在实践中不断地总结、修改，逐渐完善的。因此，在进行水质评价时，应以最新标准为依据。评价中不仅考虑水质的现状是否符合标准，还应考虑是否有改善的可能（即不符合用水标准的地下水经过处理后能否达到用水标准），并预测地下水开采后水质可能发生的变化，提出卫生防护和管理的措施、要求。

一、生活饮用水水质评价

生活用水主要包括生活饮用水和生活杂用水两部分。因使用的目的不同，对水质的要求有一定的差别。中国目前在供水系统中很少将其分开，在生活用水评价中一般只进行生活饮用水评价。中国卫生部于1985年颁发了新的饮用水标准GB5749-85（表7-1）。在进行饮用水水质评价时，应以国标为依据，并可结合地方标准统一考虑。

表7-1《生活饮用水卫生标准》(GB5749-85)

项目	标准	项目	标准
色度	不超过15度	挥发酚	0.002mg/L
浊度	不超过3度	氟化物	1.0mg/L
嗅	不得有异嗅	氧化物	0.05mg/L
味	不得有异味	砷	0.05mg/L
肉眼可见物	不得含有	硒	0.01mg/L
pH	6.5～8.5	汞	0.001mg/L
总硬度（以碳酸钙计）	450mg/L	镉	0.01mg/L
硫酸盐	250mg/L	六价铬	0.05mg/L
氯化物	250mg/L	铅	0.05mg/L
总铁	0.3mg/L	硝酸盐氮	20mg/L
溶解性总固体	1000mg/L	银	0.05mg/L
	0.1mg/L	细菌总数	100个/ml
铜	1.0mg/L	总大肠菌群	3个/L
锌	1.0mg/L		

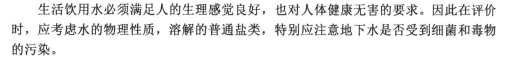

生活饮用水必须满足人的生理感觉良好，也对人体健康无害的要求。因此在评价时，应考虑水的物理性质，溶解的普通盐类，特别应注意地下水是否受到细菌和毒物的污染。

1. 对饮用水物理性质的评价

饮用水的物理性质应当是无色、无味、无嗅、不含可见物，清凉可口（水温 7℃～11℃）。若水的物理性质不良，会使人产生厌恶感觉，说明水中含有一定的化学成分。

2. 对饮用水化学成分及化学性质的评价

水中溶解的普通盐类，主要指常见的离子成分，如 Cl^-、SO_4^{2-}、HCO_3^-、Ca^{2+}、Mg^{2+}、Na^+、K^+、Fe^{2+}、Fe^{3+}、Mn^{2+} 等。这些成分大都来源于天然矿物，在水中的含量变化很大。当它们的含量过高时，会损及水的物理性质，使水过咸或过苦，不利饮用；当它们含量过低时，又会对人体健康产生不良影响。饮用水标准中规定，水的总矿化度不应超过 1g/L。由于人体对饮用水中普通盐类的含量多少具有一定的适应能力，所以在一些淡水十分缺乏的地区，总矿化度为 1g/L～2g/L 的水，也可用于饮用。

在饮用水水质评价中，应重点进行以下指标的评价：

(1) 水的硬度。按饮用水标准，饮用水的总硬度以碳酸钙计不应超过 450mg/L 的限量（以德国度计时，一般不得大于 25 度）。钙是人体必须的矿物质，主要从饮用水中摄取，因此硬度太小的水，对人体也不宜（规定不得小于 8 德国度，最好是 10～15 德国度）。饮水中缺钙，易患牙病，并影响心血管系统及骨骼的生长，可出现许多不适应的症状。

(2) 硫酸盐（SO_4^{2-}）。按饮用水标准，水中硫酸盐含量不应超过 250mg/L。水中硫酸盐含量过高时，会使水味变坏，甚至引起腹泻，使肠道机能失调。在水中缺钙的地区，当硫酸盐含量低于 10mg/L 时，人体易患大骨节病。

(3) 总铁（Fe^{2+}，Fe^{3+}）和锰（Mn^{2+}）。这两种物质影响水的味道。饮用水标准限定水中总铁含量 0.3mg/L，锰含量 0.1mg/L。当水中 Fe 和 Mn^{2+} 含量超过限量时，水有明显的不良味道。

(4) 铜（Cu）和锌（Zn）。铜和锌是人体必需的元素，其限定量均为 1.0mg/L。但若摄取过量，也有毒性。如水中硫酸铜过量时，人饮用后会引起肠胃炎、肝炎、黄疸病等。锌的毒性较弱，但过多摄入，也会引起肠胃炎及消化道黏膜被腐蚀等疾病。

(5) 碘（I）、锶（Sr）和铍（Be）。人体需要适量的碘，以制造甲状腺激素，维持碘代谢。天然水中碘的含量一般很低。人体如果缺碘，会发生甲状腺肿大病和克汀病；天然水中锶和铍含量一般甚微，当其含量增高时，会引起大骨节病、锶佝偻病和铍佝偻病。

3. 对饮用水中有毒物质的评价

水中的有毒物质主要有砷、硒、镉、铬、汞、铅、氟、氰化物、酚类，有时还有洗涤剂及农药等在地下水中出现，这主要是地下水受到污染所致，少数也有天然形成的。

(1) 砷 (As)。砷的毒性较大。饮用水中砷的含量大于 0.01mg/L 时，会麻痹细胞的氧化还原过程，使人容易患血性贫血，并有致癌作用。饮用水中砷的允许含量一般为 0.01mg/L～0.02mg/L，超过 0.05mg/L 时不能饮用。

(2) 硒 (Se)。硒对人体也有较大强毒性。它在人体中蓄积作用明显，易引起慢性中毒，损害肝脏和骨骼的功能。硒既是有毒元素，又是生命所必需的微量元素。有资料表明，硒可预防和治疗多种疾病。饮用水中硒的允许含量为 0.01mg/L。

(3) 镉 (Cd)。镉有很强的毒性，能在细胞中蓄积，是一种不易被人体排出的有毒元素。它可使肠、胃、肝、肾受损，还能使骨骼软化变脆，产生骨痛病。有人认为，贫血及高血压也与镉在机体内蓄积有关。饮用水中镉的允许含量为 0.01mg/L。

(4) 六价铬 (Cr)。六价铬对人体有害，当饮水中铬含量大于 0.1mg/L 时，会刺激和腐蚀人体的消化系统，能破坏鼻内软骨，甚至可致肺癌。饮用水中六价铬的允许含量为 0.05mg/L。

(5) 汞 (Hg)。汞为蓄积性毒物。它进入人体后，可使人的中枢神经、消化道及肾脏受损害。妇女、儿童及肾病患者对汞敏感。汞还能从妇女乳腺排出，影响婴儿健康。饮用水中汞的允许含量为 0.001mg/L。

(6) 铅 (Pb)。铅为蓄积性毒物。当人体内蓄积铅较多时，会使高级神经活动发生障碍，产生中毒症状，甚至侵入骨髓内，使人瘫痪。其也能从妇女乳腺中排出，影响婴儿健康。饮用水中铅的允许含量为 0.05mg/L。

(7) 氟 (F)。氟与人的牙齿和骨骼健康有关。饮用水中含量过低或过高，都对人体有害。当含氟过低（＜0.3mg/L）时，会失去防止龋齿的能力；含氟量过高（＞1.5mg/L）时，可使牙齿釉质腐蚀，出现氟斑齿，甚至造成牙齿损坏。长期饮用高氟水，还能引起骨骼变形等慢性疾病（氟骨症），甚至残废。饮用水中氟的允许含量为 1.0mg/L。

(8) 氰化物。有很强的毒性。它进入人体后，会使人中毒；当达到一定浓度时，可使人急性死亡。饮用水中氰化物的允许含量为 0.05mg/L。

(9) 酚类。各种酚类是强毒性有机化合物。当水中含酚量达到 0.005mg/L 时，如用氯消毒处理饮用水，会产生使人难忍的氯酚味，不能饮用。饮用水中挥发酚的允许含量为 0.002mg/L。

4. 对饮用水中细菌及有机污染物的评价

当地下水被生活污水污染时，水中常含各种细菌、病原菌、病毒和寄生虫等，这种水不能作为饮用水。由于水中的细菌，特别是病原菌并不是随时都能检出和查清的。因此，为了保障人体健康和预防疾病，便于随时判断致病的可能性和水体受污染的程度，一般是取水样检验细菌总数、大肠杆菌指标及与细菌活动有关的有机物指标。这些指标易被检出，且能说明地下水是否被污染的情况。

1) 细菌指标

细菌指标包括细菌总数和大肠杆菌族指标。细菌总数是指水样在相当于人体温度（37℃）下经 24h 培养后，每毫升水中所含各种细菌族的总个数，规定此数不应超过 100 个；大肠杆菌本身并非致病菌，一般对人体无害，但往往与其他病原菌伴生存在，

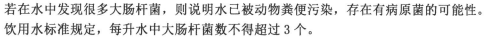

若在水中发现很多大肠杆菌，则说明水已被动物粪便污染，存在有病原菌的可能性。饮用水标准规定，每升水中大肠杆菌数不得超过 3 个。

2）有机污染指标

水中某些化学成分的出现，也可以作为评价水是否被有机物污染的间接指标。这些成分有氮化物（氨氮，硝酸氮及亚硝酸氮）、磷酸盐及硫化氢等。

（1）氨氮。以 NH_3、NH_4^+ 的形式存在于水中。氨氮是水体受到有机物污染的重要标志。天然水中氨氮的含量极少，它们主要是在还原环境中，有机物在细菌作用下腐败分解，经复杂的生物化学作用而析出的产物。当它们在水中的含量较高时，说明水已被污染。饮用水限定其含量不得超过 0.5mg/L。

（2）硝酸盐氮。以 NO_3^- 的形式存在于水中。在深层地下水中，NO_3^- 可以由矿物质溶解产生；但在一般水中，多数是动物尸体分解的产物。此外，硝酸盐氮还来源于农药、化肥的污染。如果饮用水中硝酸盐含量过高，则对人体健康有影响，特别是对儿童的影响较大。饮用水中硝酸盐含量不允许超过 20mg/L。

（3）亚硝酸氮。以 NO_2^- 的形式存在于水中。当水中存在 NO_2^- 时，说明水中有细菌繁殖活动，且 NO_2^- 本身对人体也有害。它被吸入血液后，能与血红蛋白结合，形成失去带氧功能的变形血红蛋白，使组织缺氧而中毒，重者可导致呼吸循环衰弱。中国饮用水标准对其限量为 0.01mg/L。

（4）磷酸盐。以 $H_2PO_4^-$、HPO_4^{2-}、PO_4^{3-} 等形式存在于水中。$H_2PO_4^-$ 可来源于无机物及有机物（蛋白质经细菌氧化后可生成 $H_2PO_4^-$）；HPO_4^{2-} 来源于磷矿物的溶解；PO_4^{3-} 是动物尿中的物质，主要来源于动物排泄物（在无污染的天然水中，仅在 pH 值大于 9 时才有可能出现）。饮用水中，一般不允许 PO_4^{3-} 存在。

（5）硫氢化物。天然水中一般只有 H_2S 及 HS^- 两种形式。它们可来源于无机物，也可来源于有机物。无机来源主要是含硫酸较多的水与煤、石油接触，发生反应产生的，风化带中的矿物分解也可产生。有机来源主要是动物体或含硫蛋白质在缺氧条件下分解形成的。当在水中发现硫化氢时，可参考其他指标和环境情况来判定是否受到污染。由于硫化氢有臭味、有毒性，无论其成因如何都不允许在饮用水中出现。

3）耗氧量和溶解氧水中溶解氧减少或者耗氧量增加，都说明水中有机物增多，水可能已被污染。当耗氧量为 1mg/L 时，相当于有机物含量 21mg/L。一般规定，饮用水耗氧量不得大于 2.5mg/L。

在进行水质评价时，应将矿山所取水样分析资料，逐项与标准对照比较，只有全都符合标准的水才可以作为饮用水。如果出现个别超标项目，则要看其经人工处理后能否达到标准要求。若能，则应指出必须经处理后才能饮用。对矿山内不同地段和不同层位的地下水，可根据达到标准或超过标准的程度，将地下水分为若干级别（目前尚无统一的分级）来评价，例如可分为：优良、合格、微超标、严重污染四级。

二、灌溉用水水质评价

1. 灌溉用水水质要求

评价农田灌溉用水水质的好坏主要是从水温、pH 值、含盐量、盐分组成、钠离子及阴离子的相对比值及硼和其它有毒元素的浓度方面考虑。水温对农作物生长有很大关系，一般比较适宜灌溉的水温为 8～15℃。水温过高或过低都不适宜。利用地表水灌溉水温一般较为适宜，而地下水的温度常常偏低，若用低温水灌溉时，灌溉之前可将水引入地表水池或水库曝晒，待温度升高后引水入田。这样做还能使不利于农作物生长的低氧化物，特别是氧化亚铁发生氧化。

灌溉用水的矿化度不宜过高，否则将对农作物和土壤产生较大影响。由于各地气候、水文地质等自然环境差异，以及土壤对灌溉水的适应性也不相同，灌溉用水一般以不超过 1.76g/L 为宜。如果矿化度在 1.7～3g/L 之间，则应检查水中钠盐的含量，以便进一步评价水是否适于灌溉。不同种类作物对灌溉水矿化度的忍耐程度是不同的。小麦较弱，棉花和水稻较强。水中不同成分的盐分对农作物有不同的影响。有些盐类，像 $CaCO_3$ 和 $MgCO_3$ 对作物生长并无害处。对农作物生长有害的是钠盐而尤以 Na_2CO_3 危害最大，它能腐蚀农作物根部使作物死亡，并破坏了土壤的团粒结构；其次为 $NaCl$，它能使土壤盐化，变成盐土使作物不能正常生长甚至枯萎死亡。对于易透水的土壤来说，钠盐的允许含量一般认为：$Na_2CO_3 < 1g/L$；$NaCl < 2g/L$；$Na_2SO_4 < 5g/L$。如果这些盐类在水中同时存在，其允许值还要更低。当然，也有对农作物有益的盐类，如硝酸盐和磷酸盐具有肥效，有利于作物生长。

水的含盐量及盐类成分对农作物的影响还决定于许多因素，例如气候条件、土壤性质、潜水位埋深、作物种类和生育期，以及灌溉制度等。由此看来，要对水中有害盐分的允许含量规定出适用于各种条件的统一标准是很困难。

2. 灌溉用水水质标准

中国灌溉用水水质标准参见 GB5084-92。

3. 评价方法

1）水温：中国北方地区一般要求 10℃～15℃或高些，南方水稻区一般以15℃～25℃为宜。地下水的温度通常低于农作物要求的温度，因此用井水灌溉一般采用抽水晾晒等措施以提高水温，但不能高于 25℃。

2）矿化度：由于矿化度是指水中溶盐的总量，其中有的对作物有害（如钠盐），有的无害（如钙盐），有的有益，如硝酸盐和磷酸盐尚具肥效，有助于作物生长。因此，如有害盐分含量多，尤其是 Na_2CO_3 含量多时，即便矿化度比较低，也会对作物产生不利影响。反之，无害盐分含量高，水的矿化度上限就可以提高。因此，适于灌溉的地下水矿化度的上限，很难有一个统一的标准。此外，不同作物的耐盐程度，以及同一作物在不同生长期的耐盐程度也都不同，不同的土质、气候、耕作措施、灌水方法等，也都使作物对灌溉水矿化度有不同的适应性。灌溉用水地下水矿化度小于1g/L时，作物生长良好；1～2g/L 时，水稻、棉花生长正常，小麦会受影响；5g/L 时，灌溉水源充足的情况下，水稻尚能生长，棉花受抑制，小麦生长困难；在大于 5g/L 时，农作物难于生长。但据近几年某些试验区报告，7g/L 时，水仍可被用来灌溉。

3) 水中溶盐成分：水中溶盐成分不同，对作物影响亦不同，一般是 $CaCO_3$、$Ca(HCO_3)_2$、$MgCO_3$、$Mg(HCO_3)_2$、$CaSO_4$ 对作物影响不大。钠盐危害大，尤以 Na_2CO_3 危害最大。对透水性良好的土壤进行灌溉时，水中钠盐的极限含量值为：$Na_2CO_3 < 1g/L$；$NaCl < 2g/L$；$Na_2SO_4 < 5g/L$。主要盐类对作物危害程度的相对关系是：$Na_2CO_3 > NaHCO_3 > NaCl > CaCl_2 > MgSO_4 > Na_2SO_4$。

三、地下水对混凝土侵蚀性的评价

各类工程建筑中使用的混凝土，特别是基础部分或地下结构在同地下水接触时，由于物理和化学作用，使硬化后的混凝土逐步遭受破坏，强度降低，最后导致影响建筑物的安全，这种现象称为地下水对混凝土的侵蚀。包括以下几种表现形式。

1. 分解性侵蚀

指酸性水溶滤氢氧化钙和侵蚀性碳酸溶滤碳酸钙而使水泥分解破坏的作用。可分为一般酸性侵蚀和碳酸侵蚀两类。

1) 一般酸性侵蚀：当水中含有一定的 H+ 时，则会和水泥中的氢氧化钙起反应，造成混凝土破坏。水的 pH 值越低，水对混凝土的侵蚀性越强。

2) 碳酸性侵蚀：水中游离二氧化碳的含量增大时，水的溶解能力也相应增强，使碳酸钙溶解。当水中 CO_2 含量较多，大于平衡所需数量时，则可继续溶解 $CaCO_3$，而形成新的 HCO_3^-。这部分多余的游离 CO_2 称为侵蚀性 CO_2。

2. 结晶性侵蚀

所谓结晶性侵蚀是水中过量的 SO_4^{2-} 渗入，会在混凝土孔隙中形成易膨胀的结晶化合物，如石膏体积增加原体积的 1～2 倍，硫酸铝增大原体积的 2.5 倍，造成混凝土胀裂。结晶性侵蚀常与分解性伴生，也与地下水中氯离子含量有关。SO_4^{2-} 含量（mg/L）是结晶性侵蚀评价指标。

当具备以下地质环境时，易于发生结晶性侵蚀：①重盐渍土及海水侵入的地区；②硫化矿及煤矿矿水渗入区；③地层中含有石膏的地区；④含有大量硫酸盐、镁盐的工业废水渗入的地区。为了防止 SO_4^{2-} 对水泥的破坏作用，在 SO_4^{2-} 含量高的水下建筑中，如果水具弱或中等的侵蚀性，可选用普通抗硫酸盐水泥，例如具强侵蚀性，可选用高抗硫酸盐水泥。

第三节　地下水资源评价

地下水资源评价包括地下水水量评价和水质评价两个方面。本节则介绍地下水水量评价。

一、地下水资源分类

一个水文地质单元内的地下水，无论开采前后，普遍存在着补给、储存和排泄三种表现形式，因此地下水资源可分为补给量、储存量和排泄量。

1.补给量

补给量主要是指在天然或开采状态下单位时间从大气降水的渗入、地表水的渗入、地下水径流、越层补给、人工回灌补给等方式进入含水层的水量。补给量是评价地下水资源保证程度的重要依据。常分为天然补给量和开采补给量。

1）天然补给量

指天然条件下存在的补给量。由于补给水流流向不同，可分为侧向补给量和垂直补给量。侧向补给量是指地表水或地下水在天然水位差的作用下，经上游边界进入含水层内的流入量；垂直补给量主要是指降水垂直渗入量或多层含水层中某一含水层对相邻含水层通过弱隔水层垂直渗透的越流量。

对于单一的潜水含水层，在无垂直越流顶托补给条件下，以大气降水渗入补给为主时，一次降水期（或一个补给期）的天然补给量应为一次降水期（或一个补给期）的天然排泄量与同时期增加的天然调节储存量的和。

2）开采补给量

指含水层被开采后所引起的新的补给量。开采漏斗引起的相邻含水层增加的越流量，开采时地下水分水岭外移扩大的补给量，以及当开采量超过补给量时而采用人工回灌的方法增加的补给量等。开采补给量的大小，决定于开采地段的水文地质条件及开采强度等因素，开采强度越大，开采补给量就越多。

2.储存量

储存量主要是指岩层空隙中储存的水量，即潜水含水层中多年最低水位以下和承压含水层空隙中的全部重力水的体积。根据含水层埋藏条件不同，又可分为容积储存量、弹性储存量和天然调节储存量、固定储存量。

1）容积储存量指大气压力下，含水层空隙中容纳的重力水体积。

2）弹性储存量指从超过大气压的天然压另降到大气压时，承压含水层中能释放出来的重力水体积。

3）天然调节储存量指在一个地下水补给周期中，含水层中最高与最低水位之间的容积储存量。天然调节储存量是地下水径流量的一部分。这是因为天然调节储存量在地下水枯水期受天然排泄的时候即转化为地下水径流量被天然排泄掉。

4）固定储存量指在一个地下水补给周期中（通常为一年或多年），最低水位以下含水层中的容积储存量。可分为人工调节储存量和永久储存量。

（1）人工调节储存量是指地下水受周期补给的条件下，采取人工的方法，暂时支出的固定储存量，可在地下水丰水期或采用人工回灌时，地下水接受大量的补给而得到补充偿还。

（2）永久储存量是指采用技术经济合理的取水建筑物无法获得的容积储存量或者

通过技术经济合理的取水建筑物虽然能获得这部分容积储存量，但在整个开采期内地下水动态（水质和水量等）会发生恶化或产生危害性的工程地质现象而不允许开采的储存量。

储存量是随时间变化的，不同时间有不同的储存量。当补给量大于排泄开采量时储存量增加，反之则减少。当补给量与排泄开采量相等时储存量保持常数不变。在地下水的补给→储存→排泄（开采）的循环周期（一般指一年或若干年）内能达到相对的平衡、稳定，就说明地下水开采量是有保证的。

储存量是从补给量转化而来的，其变化量取决于补排关系。当储水构造的含水层储存量十分丰富，且当地的水文地质条件又允许部分的借用一部分储存量时，在一定条件下，也可以考虑直接采用强排方式取水。在华北的一些煤矿山，目前取用岩溶水时，就是采用这一方式，即一方面利用岩溶水满足供水需要，另一方面疏降了岩溶水位，在不同程度上增加了采煤的安全性。如山西霍州矿山曹村煤矿，在井下打暗井开采奥陶系岩溶水用于矿山及附近村庄的生活用水及矿山生产用水，一方面满足了矿山及附近村庄的用水需求，另一方面也疏降了奥灰水头，为下组煤开采奠定一定的安全基础。

3. 排泄量

排泄量是指地下水从补给区到排泄区范围内的排泄总量。包括天然排泄量和开采量。

1）天然排泄量

凡以天然方式排出含水层的水量都属于天然排泄量。当地下水被开采后，由于降落漏斗的形成，动水位的下降，同时地下水下游水力坡度变缓，使天然排泄量减少，直到开采量等于天然补给量与开采补给量的总和时（不考虑蒸发排泄量），天然排泄量为零。

2）开采量

指地下水在技术经济合理的开采条件下，在整个开采期内，地下水的动态变化在允许范围内不影响已建水源地的正常开采，开采区内不发生水质恶化、地面塌陷、地面沉降等不良现象的条件下，单位时间从水文地质单元或取水段中可取用的地下水量。

开采量既不能单纯的理解为天然地质体所能给出的水量，也不同于技术经济合理的取水构筑物的最大出水量。取水构筑物从含水层中获取的水量，在开采期内一般不能消耗含水层中得不到补偿的储存量。如果动用，则被动用这部分的储量，就必须在丰水年偿还或采取人工回灌补给，否则会成为疏干性开采。

此外，对某些有限期的供水工程，虽然在一定的时期内大量进行超出补给量的开采地下水，而在预期的开采时间内采用经济合理的开采手段能够将水取出又不可能疏干全部储存量，随后就放弃了水源地的开采，或将开采量缩减到补给量范围以内，这类情况仍属于开采量范畴，允许进行开采。

补给量、储存量和排泄量并不是彼此孤立的，而是不断转化的。在天然条件下，上游地区的补给量不断进入含水层转化为储存量，同时下游的储存量不断地转化为天然的排泄，并将多余的补给量暂时储存起来,增加新的储存量（即天然调节储存量），待到补给期过后，再逐步转化为天然排泄量而被排出含水层外。在开采条件下，开采量是由漏斗范围内储存量的消耗来平衡的，而被消耗的储存量又由新的补给量或减少天然排泄量来补充而达到平衡。这种补给量可转为储存量，储存量又可转变为排泄量，是开采前后地下水循环的普遍规律。其中，储存量起着地下水补给与排泄之间的均衡调节作用。

二、开采量与补给量、储存量的相互关系

从地下水的补给量→储存量→排泄量的运动转化规律出发，说明开采量的基础是补给量以及在开采条件下的人工调节储存量。因此在确定地下水开采量时要把它们有机地联系在一起，不能把补给量、储存量和开采量分割开。从理论上分析，开采量的极限，应等于补给量。但在生产实际中，由于各种因素影响，通常情况下开采量总是小于补给量的。

三、开采量的计算

地下水的开采量，原则上取决于补给量。它可用最小补给量来评价，这对供水最为安全。为了充分利用地下水资源，可将多年平均补给量作为开采量，但必须在枯水期有足够的储存量可供借用，在丰水期又能使所借用的储存量得到补偿。

地下水开采量的评价一般有两种途径：一种是以防止水质恶化、地面塌陷、地面沉降等为前提，根据现有抽水设备能力、选择允许的水位降深值，并以预测水源地的开采量；另一种是结合需水量先给定开采量，以预测水位降深值。

供水水源地开采量可采用稳定流法（裘布衣公式）和非稳定流法（泰斯公式）以及两种方法联合计算。稳定流法是考虑到地下水有补给的，在具有充沛补给的地区经过一段时间的开采后，开采量与补给量就趋于平衡。在这种水文地质条件下，采用稳定流法评价地下水开采量就比较接近于实际，如采用非稳定流方法计算就会得出偏小的结果；非稳定流法是不考虑补给的，在地下水开采时补给量很小或接近于零或没有补给的条件下采用此法较好。在这种情况下，如采用稳定流法计算开采量，势必要得出偏大的结果。当水文地质条件属于间歇性补给时（如间歇性补给的河谷地区的潜水含水层等），就应用稳定流法和非稳定流法联合计算，当有补给时用稳定流法，当无补给时就用非稳定流法。这样所得到的结果，才比较接近实际。

地下水水量评价方法主要有开采试验法、地下水动力学法、水量均衡法、相关分析外推法等。评价时应根据当地具体地质、水文地质及勘探程度等条件选用不同方法进行评价。这里简要介绍开采试验法。

在水文地质条件复杂的地区，一时很难查清补给条件而又急需做出评价时，在需水量不大的情况下，可以采用勘探开采井或现有的生产井，进行接近于实际需水量的抽水，以其稳定的抽水量直接评价开采量。这种评价方法主要适用于中、小型水源地。用这种方法评价开采量的关键，其在于正确地判断抽水过程中的地下水稳定状态和水位的恢复情况。

完全按开采条件抽水，最好从夏季开始，延续至数月，可从抽水到恢复水位进行全面观测。结果可能出现以下两种情形。

(1) 在长期抽水过程中，水位达到设计降深后一直保持稳定的状态，这时的补给量大于或至少满足需水量要求；停抽后，水位又能较快恢复到原始水位，这就说明抽水量仍然小于开采条件下的补给量，所以按需水量开采是有保证的。其实际抽水量就是要求的开采量。当抽水是在枯水期进行的，那么所测得的补给量应该是一年内最低的补给量。以此来计算地下水的开采量，应是偏低的，因为在这种情况下，年补给量的大部分未被利用。对于储存量大的地区来说，可以通过枯水期动用部分储存量的方法增大开采量。而地下水的开采量则应等于多年的平均补给量。

(2) 如果在长期的抽水过程中，水位达到设计降深后并不稳定，一直持续下降。停抽后，虽然水位有所恢复，但始终达不到原始水位，这说明抽水量已经超过开采条件下的补给量，若按需水量开采是没有保证。

第四节　地下水资源开采

一、地下水取水构筑物

开采地下水需布置取水构筑物（也称集水建筑物或引水工程）。取水构筑物应布置在地下水富水地段。取水构筑物的类型主要有垂直集水构筑物和水平集水构筑物两类。取水构筑物类型的选择应依据含水层埋深、厚度、渗透性等确定。常见的取水构筑物有以下几种类型。

1. 管井

属垂直集水构筑物，农业上常称为机井。井管直径一般为50mm～1000mm（常用150mm～600mm），井深一般为20m～1000m（常用300m以内）。适用于任何松散和基岩含水层。这种井一般采用钻探机械施工，具有实用性强、成井快、质量好及成本低的优点，是一种最常用的集水构筑物。对于厚度超过40m的大厚度透水性良好的含水层，为了合理取水常采用管井分段取水方式来保证供水量。

2. 大口井

属垂直集水构筑物。井直径一般在2m～11m（常用4m～8m），井深一般小于30m（常用6m～20m）。适用于地下水埋藏较浅（一般小于11m），补给条件良好、渗透性较好的砂砾石含水层。这种井以钢筋砼或砖石结构为主。

3. 渗渠

属水平集水构筑物。常用的渗渠，是用不同长度的钢筋砼孔管预制骨架连接而成，渠管直径一般为0.45m～1.5m（常用0.5m～1.0m），渠管埋深一般小于

10m（常用 4m ～ 7m）。适用于地下水埋藏较浅（一般小于 2m），含水层厚度较薄（一般 4m ～ 6m），渗透性及补给条件良好的中砂、粗砂、卵砾石含水层。在一般的情况下，只需垂直于地下水流向布置一排渗渠，但遇含水层较厚，用一排渗渠不能充分截取潜流时，也可以采用阶梯式渗渠。在河谷地区，会为夺取河水补给水源，渗渠可平行岸边或横穿河底埋设，然后再用导水管连接至集水井。

4. 辐射井

属垂直集水构筑物与水平集水构筑物二者联用的类型。即在大口井内水下部分安装多根垂直、水平或倾斜的渗水管（渗水管一般采用 50mm ～ 150mm 穿孔、管长 2m ～ 30m 的钢管），其效果相当于增加大口井井径及井深，以增大井的出水量。适用于补给条件良好、厚度不大的中粗砂或砾石含水层及河床下中粗砂层。

5. 地下拦河坝

地下拦河坝属水平集水构筑物，即横截河谷修建截水坝，拦截地下水流的取水构筑物，又称"截潜流"。适用于具有一定汇水面积的间歇性河谷狭窄地段，以便能更好地截取地下潜流、确保枯季用水的需要。例如山西西山矿山大虎沟截潜流工程，满足了附近矿山居民生活用水及部分生产用水的需要。

二、增大供水井出水量的措施与方法

1. 当供水井出水量不能满足用水需求或出水量减少时，在有补给保障又不致出现不良工程地质现象的条件下，为增大供水井的出水量。对口抽法

将管井密封，使水泵与进水管连接，并严格密封井口，即用井管代替吸水管，消除底阀，减少进水阻力。这种方法一般可增加出水量 15% ～ 30%。适用于动水位在水泵允许吸程以内的取水井。

2. 老井改造

在大口井内，沿井筒的四周，增设辐射管，扩大汇水面积。这种方法一般可增加出水量 4 ～ 5 倍。或增加井深，扩大进水断面。这种方法适用于含水层厚度不大，透水性较差，但补给条件好的地区。

3. 强烈抽水洗井法

选用大型抽水设备强烈抽水，扩大沟通含水层的空隙，疏通地下水的来路，达到增加出水量的目的。适用于裂隙与岩溶发育的基岩地区，或裂隙、溶洞多被黏土类物质和碎石块堵塞的地段。采用这种方法时应注意抽水时防止井孔坍塌，必要时应安装过滤器后再进行强烈抽洗。

4. 水文地质雷爆法

将爆破品放入井内引爆，造成井壁形成新月形裂隙破坏圈与震动圈，减少水流进入水井时的阻力，增加出水量。适用于井孔附近裂隙被坚实淤积物和泥浆堵塞或裂隙和岩溶发育不均的基岩地区。可进行岩爆的岩石一般有：花岗岩、石英岩、坚硬砂岩、石灰岩等。黏土岩、页岩、泥灰岩等软岩石不适用此方法。采用此方法时需根据含水

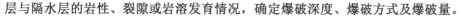

层与隔水层的岩性、裂隙或岩溶发育情况，确定爆破深度、爆破方式及爆破量。

5. 酸处理法

在取水井内而入浓度为 5% ～ 15% 的工业盐酸，利用盐酸能溶解碳酸盐类岩石的特性，提高含水层空隙的渗透率，以达到增加取水井出水量的目的。适用于石灰岩、白云岩等可溶岩分布地区，或由于化学沉淀物堵塞了取水井过滤网眼井孔。

三、矿山地下水资源保护

地下水是一种可以得到补偿的资源。在地下水开采过程中，只有开采量和补给量达到动态平衡，才能实现资源的"补偿"。如果开发利用方案和手段不符合客观实际，或补给条件由于人为的、自然的因素而改变，或由于采矿影响使地下水大量流入井巷后被排出地面等等原因，造成地下水"过量开采"（即开采量超过补给量），使含水层中地下水的储存量逐渐消耗，此时地下水位将持续下降。当这种"过量开采"没有及时得到自然的或人工的调整或补偿，继续发展下去，则地下水资源必然会遭到破坏，最终使供水井降低效益，出水量日趋枯竭，甚至全部报废，影响矿山的正常生活、生产用水。

"过量开采"除破坏地下水水量的动态平衡，造成水资源的破坏外，还可能使水质不好的水进入取水的主要含水层，造成地下水水质的破坏。另一方面，外界污染也会引起地下水成分发生变化。如未经处理或虽经处理但其水质仍不符合排放标准的工业废水、生活污水以及矿山内废矿石的淋滤水等渗入地下，会造成地下水的污染，使地下水质恶化。因此，在水源地建成后，要进行水源地的防护与治理。

1. 建立水源地卫生防护带

在取水构筑物周围 20m ～ 30m 范围内不得设置废矿石堆、渗水厕所、渗水坑、垃圾堆等。应根据地质条件及水源地的规模设立一定范围的防护带，防护带内应充分绿化，并不得使用污水灌溉或施用持久性和剧毒性农药，不得有排污渠道通过，不得从事破坏深层土层的活动。当水源地采用深层地下水，或含水层与地表水没有直接的水力联系时，防护带范围可视具体情况适当缩小。

2. 加强水情监测，及时调整开采方案

加强对地下水情的监测与控制，对开采过程中的开采量、水位降深、降落漏斗及水质进行监测，根据动态变化及时预报地下水发展趋势，防止出现水量、水质恶化和不良地质现象的出现。当出现水量、水质恶化趋势，或发现有地面沉降、塌陷等不良地质现象的迹象时，要根据实际观测到的动态资料和可能采取的经济技术措施，及时调整原来的开采方案，如进行开采量及水位降深的再分配等。在调整方案时，应考虑可能采取的各项开源节流、兴利除害的措施，便于综合治理。

3. 开展人工回灌

在有适当的回灌水源，有一定储存容积的蓄水层地区，特别是水源已出现恶化的水源地，应尽可能开展人工回灌。人工补给地下水，不仅能增加含水层的储存量，提高和恢复含水层的供水能力，改善水质，还可回收经过处理后的工业废水（如矿井水）达到资源再利用。另一方面，它也是防治地面沉降和塌陷的有利措施之一。

四、矿井水资源化

1. 矿井水资源化的意义

中国淡水资源人均占有量只相当于世界人均的 1/4，居世界第 100 位，被列入 13 个贫水国家之一。在全国 600 多座城市中，已有 300 多座城市缺水，而煤矿矿山所在城市缺水状况更为严重。统计资料显示，目前约 2/3 的煤矿缺水或严重缺水（国有重点煤矿山中有 71% 缺水，40% 属于严重缺水）。矿山生产与生活用水紧张，在相当程度上制约了矿山企业的可持续发展。

大量未经处理的矿井水直接排放，不仅污染了环境，而且还浪费了宝贵的矿井水资源。统计资料显示，中国煤矿矿井水年排放量约为 22 亿 t，但矿井水的资源化利用率平均仅为 22%（而美国早在 20 世纪 80 年代初期，矿井水的利用率就达到 81%；俄罗斯顿巴斯矿山在 20 世纪 80 年代后期矿井水利用率已超过 90%）。过去由于技术所限和认识不足，矿井水被当作水害加以预防和治理，矿井水大多被白白排掉而未加以综合利用。根据对中国北方以排放岩溶水为主的 32 个矿山的统计，矿井水总排放量达 253m3/min，其中 60% 为岩溶水，约占矿山所处岩溶水系统水资源量的 19%。

以山西省为例，山西煤炭资源储量大、分布广，多数地区水资源与矿产资源共存，煤炭开采对水资源的破坏十分严重。据测算，每开采 1t 煤要排水 0.88m³。近年来年采煤量超过 3 亿 t，仅采煤一年就要损失水资源 2.5 亿 m³。由于多年来采煤对地下含水层的破坏，目前山西境内矿山附近约有 1540 多个村庄取水工程丧失了水资源，造成至少 70 多万人吃水困难。

矿山地下水资源管理的关键是实现矿井水资源化，而不能仅仅将矿井水作为矿井水害加以防治。应进行统筹规划，综合开发利用和保护并举，提高矿山水资源利用率。目前山西部分矿山在矿井水资源化利用方面取得了一定的成效。如山西西山矿山屯兰煤矿将矿井水回收处理后，供山西古交电厂使用；平朔矿山全部矿井水经处理后用于生产和生活，基本做到矿山用水闭路循环利用，矿井水不外排；晋城矿山推广矿井水（处理后）灌溉农田，灌溉面积达 35 万亩。

2. 矿井水处理技术

矿井水中主要含有以煤屑为主的悬浮物及漂浮油脂（井下机械、机电设备用油脂），目前常用的矿井水处理的基本方法是矿井水排出矿井后进行泥沙、煤屑预沉，加入混凝剂及絮凝剂后再进入过滤池，从过滤池出来的水一部分进行消毒后进入清水池，供矿山澡堂用水，另一部分水进入消防洒水池，用于井下消防灭尘用水。

矿井水处理后，作为矿山生产和生活用水可以减少地下水的开采量，节约地下水资源，保护矿山地下水和地表水的自然平衡，缓解矿山用水日益增加和水资源短缺的矛盾，避免由于过度开采、排放地下水带来的环境地质问题。矿井水经过分流和处理后，作为工业、生活用水，可真正实现矿井水的资源化，促进矿山可持续发展。

第八章　矿山环境水文地质

第一节　环境水文地质研究方法简述

地下水除本身固有的资源性质外，还具有环境要素的性质。人类活动及与地下水有关的环境要素的变化都会对地下水环境起着影响作用，其作用强度一旦超过了一定的界域，就会产生一系列的环境水文地质问题。如矿山长期高强度的疏干排水或水源地过量开采地下水，可能造成区域性地下水位的持续大幅度下降、水源枯竭、水质恶化，甚至引起地面沉降、岩溶地表塌陷等；各种污物的介入，以及降水对矿山废弃物的淋滤，可能引起矿山地下水的污染。此类环境水文地质问题对矿山的生产、生活及生存环境有着不可忽视的影响。

环境水文地质包括天然（原生）环境水文地质及人为环境水文地质。由于矿山的环境水文地质问题多与人类工程活动有关，本节简要介绍人为环境水文地质的研究方法。

一、环境水文地质调查

（一）环境水文地质调查的目的要求

地下水是许多矿山和城市的重要供水水源。随着经济建设的发展，不仅矿山排水和供水量不断增加，而且由此还引起诸如水源枯竭、水质恶化、地面沉降等一系列环境水文地质问题。因此，保护地下水资源、保护环境也已成为当前矿山水文地质工作的紧迫任务。开展矿山环境水文地质调查的主要目的在于了解和掌握矿山地下水的环境特征，阐明矿山人类工程活动对水文地质条件的影响，为合理开发和综合利用地下水资源、保护矿山环境、保证矿山的正常生产和生活提供水文地质依据。

环境水文地质调查工作的主要内容包括：环境水文地质资料的收集与整理、编写环境水文地质工作设计书；开展环境水文地质调查、勘探和试验；编制环境水文地质图和编写环境水文地质评价报告。

（二）环境水文地质资料的收集与整理

1. 收集环境背景资料

环境背景资料包括：矿山开发初期的地形、地貌、地质资料；水、土化学分析的背景资料；与调查区元素自然迁移有关的地层岩性资料；有关地球化学勘查资料；已出版的和未出版的有关文献、工作报告、图件、档案材料及原始资料等。

2. 收集环境污染源及污染途径的资料

环境污染源及污染途径的资料包括：区内各企事业单位排放废水的排放量、排放浓度、排放规律，其中的主要污染物种类及超标情况；农业施用农药、化肥的情况及其对地下水水质的影响；各种污染源的分布位置、范围、排放途径及其对地下水水质和环境的影响等。

3. 收集其他环境水文地质问题的资料

其他环境水文地质问题的资料包括：区域性地下水水位下降、水源枯竭、水质恶化、地面沉降、岩溶塌陷等各种环境水文地质资料。

4. 收集水文地质资料

水文地质资料包括：矿山矿产与地下水资源的勘探、评价资料；有关地下水和地表水的水量、水位、水质的长期观测资料；水源地卫生防护带及包气带土壤地质结构剖面及化学分析资料；水源地水质分析和卫生检验资料等。

5. 资料整理及设计书编写

资料收集后，应立即进行整理（包括编制必要的图件），并在此基础上编写工作设计书。工作设计书的主要内容包括：工作目的及任务；工作区概况；确定的调查项目及精度要求，确定的工作方法、工作内容及工作量；所需人员、仪器设备及经费预算等。

（三）环境水文地质勘探和试验

1. 环境水文地质勘探

在无水井或无钻孔的地区，为了解地下水污染范围、污染程度、污染途径，污染物扩散速度及地质结构等方面的资料，需进行环境水文地质勘探。勘探地下水污染范围和深度的钻孔，应平行和垂直污染物在地下水中的迁移方向布置，钻孔分布从重污染区至轻污染区由密而疏，钻孔深度力求揭露整个含水层，分层取水样和在隔水层取岩样；勘探表层地质结构与了解排污渗漏条件的钻孔，应按地貌变化的方向和垂直河

床（或渠道）布置；配合水质模拟试验的钻孔，应根据试验目的专门布设。

2. 环境水文地质试验

环境水文地质试验是对地下水环境质量进行定量研究的重要手段。它包括室内水质模拟试验和现场试验两种。水质模拟是采用人工方法模拟地下水存在的介质。水质模拟包括实体模拟试验和数学模型的建立。实体模拟试验包括野外现场试验及实验室内模拟试验。通过实体模拟试验确定污染物质运移的有关参数，为建立数学模型提供依据；数学模型的建立是运用物质在地下水中运移的基本理论 —— 弥散理论，来研究污染物质的浓度分布规律，也为地下水污染的预测提供依据。

（四）资料整理及报告编写

1. 资料整理

资料整理包括编制各种图表曲线。如水文、气象、地下水动态曲线，污染源分布及排污路线图，反映污染物种类、含量、超标情况的图表，反映污染物化学分析成果的图表，反映其他环境水文地质问题展布和发生发展规律的图表等；编制与地下水污染等有关的环境水文地质图件，如研究区水文地质图件、地下污染源分布图、各种污染物等值线图、综合性地下水污染程度图、岩溶塌陷分布图、地面沉降等值线图，以及各种能直观反映环境水文地质问题的剖面图等。同时应分析地下水遭受污染的难易程度，以及进行环境水文地质分区等。

2. 编写报告书

环境水文地质调查报告书一般包括：前言（目的、任务、研究程度、工作完成情况等）；区域自然地理、地质及地貌条件；水文地质特征；地下水污染或其他环境水文地质问题的发生、演变规律及其影响因素的分析；环境水文地质条件评价；地下水污染或其他环境地质问题的预测与防治；结论、存在问题以及今后工作建议。

二、地下水环境质量现状评价方法简介

地下水环境质量评价是研究地下水质量现状和时空变化规律同其所处的自然地理、地质、水文地质环境的关系，以及人类工程活动对地下水质量的影响。它可为改造地下水、防止水质恶化和制定水资源政策提供科学依据。地下水环境质量现状评价是一切评价的基础，其他评价是在此基础上的进一步深入。

（一）地下水环境质评价的原则

(1) 地下水环境质量评价，一般只在以地下水做主要供水水源的城市、工矿山和一些农灌区进行。对那些未开采利用地下水的地区，可根据环境特征和评价要求进行环境地质条件的评价。

(2) 地下水环境质量评价，必须在已有水文地质工作的基础上进行。在没有开展过水文地质、工程地质工作的地区，应同时开展水文地质、工程地质工作。

(3) 地下水环境质量评价，须以地下水水质监测资料为基础，在缺乏水质监测资

料的地区，应首先开展水化学普查。

（4）地下水环境质量评价，必须以地下水资源的质量变化和地质环境的质量变化为重点，结合该地区的环境水文地质条件类型进行评价。

（二）评价因子的选择和评价标准

1. 评价因子的选择

自然界中影响地下水质量的有害物质很多，不同地区由于污染源的差异，污染物的种类也各不相同。评价因子的选择，应根据研究区的具体情况而定。一般情况下，常把地下水污染物质分为常规组分的变化、常见的有毒金属与非金属物质、有机有害物质及细菌、病毒等四类。在评价地下水质量时，除第一类常规组分的变化必须监测外，其余要根据各地的污染特点来选择评价因子。由于地下水埋藏于地下，地表污染源、表层地质结构、地貌特征、植被特点、人类开发工程、水文地质条件及地下水开发现状等，都直接影响地下水的质量好坏，同时又是改造地下水的重要因素。因此，在进行地下水质量评价时应该将它们作为评价因子。

2. 评价标准

评价标准是地下水质量评价的前提。目前比较流行的有两种标准：一种是以国家饮用水标准来评价地下水质量的好坏；另一种是以地区的污染起始值或背景值作为评价标准来评价地下水的污染程度。一般认为，以地下水的污染起始值为标准，有利于研究地下水污染从量变到质变的污染过程，而且对于不同地区特殊的环境特征也能有所显示。

地下水污染起始值，是指地下水开始发生污染时污染物的起始含量，即地区地下水中污染物的最大背景值。对于有一定发展历史的城市或工矿山，测定天然背景值十分困难，常常是在进行地下水污染现状调查的同时，选择与调查区地质、地貌、水文地质条件相似的对照区，进行背景值调查，用以代替城市或工矿山的背景值。

从理论上来说，背景值是不受人类活动影响的有关组分的天然含量，其明显特点是区域的差异性随地质及水文地质条件而改变。因此在确定背景值前，先要划分环境水文地质单元，以使背景值能反映同一环境水文地质单元的背景。

3. 评价模式及方法

地下水质量评价方法应根据具体目的和研究程度来选择，常用的方法有以下几种：

1）一般统计法及制图法

（1）一般统计法。将监测点的检出值与背景值或生活饮用水标准作比较，算出监测样品或监测井的超标数（或超标率）及其分布规律，以进行污染程度的评价。该法适用于环境水文地质条件简单、污染物质比较单一的地区，常在环境质量的评价初期配合环境水文地质制图法联合使用。

（2）环境水文地质制图法。是以图件作为环境水文地质评价的主要表达形式，图件大体可分为以下三类：

①环境水文地质基础图件。其主要反映含水层的赋存条件（天然防护条件）和人

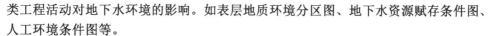

类工程活动对地下水环境的影响。如表层地质环境分区图、地下水资源赋存条件图、人工环境条件图等。

②单要素地下水污染现状图。用等值线或符号进行污染程度分级，以污染指数表示各种有害物质的污染程度。

③环境水文地质评价图。以多项物质、多项指标等多方面的综合因素或综合污染指数作为水质好坏的分级依据，以综合反映水质好坏。

2）数理统计法

随着环境水文地质研究程度的提高、测试精度的微量化和检测资料的丰富程度，通过计算技术的发展，对大量监测数据在定性分类的基础上建立多种水质数学模型，通过统计计算，使分类定量化。在地下水环境质量评价中，用得最多的是聚类分析（点群分析）方法。聚类分析是根据水样的多种检测数据，应用数学方法定量地确定水样之间的亲疏关系，按其亲疏差异程度的不同归入不同的分类群体之中。如辽宁省沈阳市对（1978年）地下水污染调查资料，运用聚类分析方法将所有水样定量地分成2类4亚类10种类型，突出地表达了由于城市污染而形成的硝酸盐含量增高形成的特殊水化学类型（含硝酸盐的水，以硝酸根为主的混合水和硝酸盐水）的规律性。

3）污染指数法

评价某一水井或某一地段地下水中多种因子综合作用的结果。一般都是把有量纲的浓度变为无量纲的污染指数进行评价，有单要素污染指数和多要素污染指数两类。若地下水污染评价是以地下水的背景值或污染起始值作为评价标准，计算结果则称污染指数；若地下水污染评价是以饮用水标准作为评价标准，计算结果称水质指数。污染指数和水质指数计算公式的形式相同。

（1）单要素污染指数法。这种方法是对各种污染组分进行分别评价，是多要素污染指数评价的基础。

（2）多要素污染指数评价方法。实际工作中采用的多要素污染指数评价的方法很多，如加权法、叠加法、均值法、希尔伯法、尼梅罗法、双标准法等，且各有其特点和局限性，这里简要介绍加权法。

地质科学院水文所在沈阳市地下水质量评价中，采用的污染指数考虑了各种有害物质污染程度和对人体健康影响效应的综合。

三、地下水质量预测与环境影响评价

（一）地下水质量预测

地下水污染一旦形成，就很难有效地治理，既使投入大量资金也难以收到预期的效果，并且常常收效甚微。因此为了防患于未然，预测地下水污染的发展趋势，从而及早提出改善环境质量的措施，防止地下水水质进一步恶化至关重要。

1. 地下水质量预测的目的

地下水质量预测目的在于了解污染地下水分布边界的推进情况，即经过一定时间

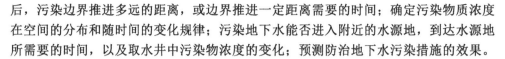

后，污染边界推进多远的距离，或边界推进一定距离需要的时间；确定污染物质浓度在空间的分布和随时间的变化规律；污染地下水能否进入附近的水源地，到达水源地所需要的时间，以及取水井中污染物浓度的变化；预测防治地下水污染措施的效果。

2. 地下水质量预测方法简介

地下水质量预测是一项重要而又复杂的课题。这是因为它不仅涉及到水文地质学、水文地球化学等学科，而且涉及到地下水流体力学、应用数学以及计算机的应用。下面简要介绍两种常用的预测方法。

1）统计法

在具有多年连续水质观测资料的地区，通过对某种元素或离子的含量进行统计，绘制浓度随时间变化的曲线，并建立曲线回归方程，以求得该项污染物浓度随时间变化的增量系数，用于进行水质预报。该法简单，使用方便，但需大量的实测资料，一般只能用于简单的短期预报。

2）水质模型法

水质模型是地下水水质预测的重要手段。水质模型可分为集中参数模型和分布参数模型两类。集中参数模型是指溶质浓度只依赖于时间而变化的水质模型。分布参数模型是指溶质浓度随空间位置和时间变化的水质模型。它又可以分为纯对流模型和对流－弥散模型两种。纯对流模型忽略弥散作用不考虑过渡带，认为溶质的运移完全由流速场的分布所控制。这种模型比较简单，可以避免确定弥散系数的困难，在研究大范围的水质变化时经常使用。但要想得到溶质浓度的精确分布，针对有毒物质的运移或小范围的水质变化，就不能采用纯对流模型而必须采用对流－弥散型水质模型。

对流－弥散型地下水质模型包含有弥散系数、流体密度、平均流速等输入参数。在某些条件下计算溶质的浓度分布时必须预先确定上述参数。溶质浓度的变化，常常影响流体的密度和黏度，进而又影响流场状态的改变，即影响速度的分布，反映浓度分布和速度分布互相依赖、互相作用，二者都是未知函数，因此实际解决地下水水质问题时需解一些联立方程组。

应用地下水水质模型预测地下水污染，一般要通过确定预测的目标和任务，进行环境水文地质调查、地下水的水质模型选择，现场试验和水质模型建立、模型的验证与校正等程序。

（二）地下水环境影响评价

环境影响评价是指一项工程动工兴建前，对工程的选址、设计及施工过程中，特别是建成投产后可能对环境造成的影响进行预测与评价。主要包括对水资源、大气、土壤、生物等环境要素影响的预测评价。地下水环境影响评价的目的是从保护地下水的角度出发，对于拟建工程项目将对地下水环境造成的影响进行预测，并根据预测结果，对这些影响进行评价，以论证工程项目实施的可行性，对可行性建设项目提出相应的地下水环境保护对策。

1. 地下水环境影响评价工作的基本内容和步骤

1）地下水环境影响评价工作的基本内容 掌握地下水环境影响预测和评价的基础资料，分析人类生产建设活动（工程项目）对地下水环境的影响，进行地下水环境影响（水量和水质）的预测，评价地区开发或建设工程项目对地下水环境的影响，编写提交环境影响评价报告书中地下水环境影响部分。

2）评价步骤

（1）准备工作。了解拟开发区环境水文地质特征，收集开发规划和拟建项目计划，综合环境与工程两个方面的情况，编制地下水环境影响评价工作计划。

（2）进行地下水环境影响分析研究，进行必要的补充调查工作。

（3）地下水环境质量预测。选取需要的水文地质参数，确定预测模型和边界条件，围绕预测区的水文地质条件选取适当的计算公式。应尽可能采用多种方法计算，进行对比分析，以提高预测的准确性。

（4）影响评价。提出建设工程项目对地下水环境影响程度，确定建设工程项目的可行性及补救措施。

2. 人类生产活动对环境影响的分析

环境是人类社会生存和发展的基础，开发建设活动是人类维持生存、争取发展的手段，因此开发建设必然是人类影响环境的最重要、最经常的形式。从根本上来说，环境问题正是伴随人类的开发建设活动而产生。以下简要介绍与矿山有关的开发建设活动对环境水文地质条件的影响。

1）采矿活动对地下水环境的影响

露天开采会大大改变地表形态，提高弱透水岩层的渗透性能。露天矿和矿井疏干排水都会改变地下水的补给、径流和排泄条件，影响或破坏水资源、造成地下水污染，产生岩石变形和地面沉降，导致流砂、潜蚀、岩溶塌陷等环境问题。此外，采矿形成的酸性矿井水会对矿井设备进行腐蚀，矿井水排出后也会进一步污染地表水、地下水和土壤。

2）矿山开采（排放）地下水对环境的影响

大规模开采（排放）地下水会造成区域地下水位持续下降、水量减少、水源枯竭、地面沉降、地下缺氧、地下水质污染等环境公害；长期开采（排放）地下水，含水层会因水动力条件的改变和产生新的地球化学作用而导致地下水质的变化，引水工程本身的腐蚀或锈蚀也会导致水质的变化。

此外，矿山范围内的各类工厂排污、农业的施肥、农药的使用、污水灌溉、矿山生活废水的排放等也都会因污染源的性质、数量不同而对地下水质产生不同性质、不同程度的影响。

3. 地下水环境影响评价方法简介

在以往的环境影响评价中，多数只考虑水质的好坏，而缺乏对地质环境的分析，更缺乏建设项目对地下水质量影响因素的分析评价，结果是就水质论水质，对环境治理规划指导意义不显著。地下水环境影响评价的目的不仅为了了解地下水质量现状，而且应结合城市或工矿山发展现状、工业布局特点等，提出工农业开发建设对地下水环境的影响。此外，还应预测城市或工矿山长远规划中未来建设项目的实施对地下水环境质量变化的系列和长远影响，以便能达到环境优化管理的目的。

沈阳市地下水环境影响评价方法可供借鉴。该评价方法的思路是：首先研究确定表示地下水质量好坏的标志量，进行地下水质量的分级。然后，再根据影响地下水污染的多种环境要素，包括环境地质条件及人为工程开发对地下水的影响分析，根据这些要素与地下水污染等级的定量关系，建立环境质量分区模型，并结合市区建设规划研究未来可能对地下水质量变化产生的影响，进而对地下水质量作出预测。

其具体做法是：

(1) 计算地下水污染指数，对地下水进行污染程度分级；建立计算环境质量变异系数的数学模型；对研究区等格局化，按上述模型计算每一格局的环境质量变异系数。

(2) 结合规划和未来建设项目，分析人类活动对地下水质量的影响，预测因影响而改变的环境质量系数。

(3) 确定环境质量变异系数的临界值，按变异系数分区，按污染特征进行次级分区；通过现状和未来环境质量变异系数的对比和地下水污染的特征、方式，确定地下水质量未来变化趋势，提出改善措施和最优化管理方案。

第二节　区域地下水位持续下降

大规模开采地下水或矿井持续排水，当地下水开采总量大于补给总量（包括天然补给量与开采补给量）时，就会产生区域性地下水位持续下降。矿井突水的同时则会产生区域性地下水位的急速下降，从而导致一系列环境水文地质问题的产生。

一、区域地下水位持续下降的危害

在矿山，区域地下水位持续下降的危害主要表现在以下几个方面：

(1) 部分取水工程的出水量减少或水源枯竭。如山东淄博矿山附近的淄河冲洪积扇区，由于大量开采，地下水位在15a内下降了10m～30m，造成矿山供水井出水量减少，附近泉水也相继枯竭。

(2) 提水困难，取水成本提高。由于地下水位下降幅度过大，往往造成水井吊泵、报废，或需加深水井，更换高扬程抽水设备，增加排水电耗，使取水成本上升。如山西西山矿山由于采矿排水，造成西边山工农业供水井吊泵停水，部分水井报废。为满足边山区工农业用水需求，只能加深水井、更换高扬程抽水设备或重新开凿深井，使取水成本成倍提高。

(3) 引起泉水流量衰减、干枯，破坏引水工程、旅游资源。由于区域性地下水位的持续下降，使泉水日渐枯竭，一方面影响以此为水源的供水工程，另一方面也破坏了以泉源为特点的旅游资源。如中国著名大泉济南旳突泉就因区域性地下水位的持续下降，造成泉水流量衰减，导致引水工程破坏及旅游价值降低。

（4）造成地下缺氧空气的灾害。由于剧烈取水，使地下水位快速下降，空气可由水井或者其他空隙通道充入，充入的空气使低价铁氧化为高价铁，加之有机物、土壤胶质及不稳定盐类也要消耗氧气，从而使该处空气中氧大量消耗，成为缺氧空气。当修建深层基础或地下工程时，一旦这种缺氧空气突然喷入，会造成人身伤害事故。

此外，区域地下水位持续下降还会引发地面沉降、开裂，在岩溶区会引起岩溶塌陷，沿海地区会造成海水入侵等不良后果。

二、区域地下水位下降的实质和原因

从水均衡观点分析，地下水在开采条件下，当 Q 补＞Q 开，ΔH＞0，则说明含水层水位上升；当 Q 补＜Q 开，ΔH＜0，说明含水层水位下降，如果此种情形长期存在，就会产生区域性地下水位持续下降。矿山区域性地下水位持续下降的实质就是地下水的开采量长期大于补给量（Q 补＜Q 开），含水层的储存量逐渐被消耗且在一定时间内不能得到恢复的结果。造成这种结果的主要原因有以下几个方面：

（1）对区域水文地质条件认识不足而导致的过量开采。由于对区域水文地质条件，尤其是对地下水资源的形成条件认识不全面，所计算的允许开采量偏大，使开采量长期大于补给量，势必造成地下水位的持续下降。

（2）不合理开采。不合理开采是指开采地段、开采层位的过于集中及开采管理的无序状态。虽然整个含水层的补给量与开采量处于基本平衡状态，但在局部地段或某些层位上由于开采井集中或开采强度过大，造成局部地段或某含水层水位的大幅度持续下降。开采时间的过于集中，也会造成地下水位在一定时期内大幅度下降。此外，在矿层开采过程中长期大量排放地下水，也会造成矿山地下水位持续下降。

（3）人为或自然因素变化导致地下水补给量减少。如在地下水的上游补给区建立水源地，必然会使下游水源地补给量减少；在河流上游修建水利工程，会减少下游河水对地下水的补给。此外，气候变化、降水量减少、地面入渗条件差等也会引起区域地下水位下降。

三、区域地下水位持续下降的防治措施

预防区域地下水位持续大幅度下降，最好解决在问题出现之前。即在水源地的开发设计中，应根据允许开采量及水资源的形成、分布特点，在开采量和开采井的布局上，作出合理的设计安排，以避免开采后出现水位持续大幅度下降的现象。为此，应以地下水流域或盆地为单元，进行区域地表水及地下水资源的统一评价，制订统一的水资源调度和开发方案；统筹兼顾处理区内供水、排水问题，使区域内各种水资源既能得到充分利用，又能尽量减少各种危害作用的发生。如果问题已经出现，应针对问题出现的主要原因，可以采取以下补救措施。

1. 合理调整开采布局

对同一水文地质单元或开采同一含水层的水源地，应按轻重缓急，对各用水单位的需水量及开采布局进行统一调整，如减少某些地段或某些层位的开采强度，也可以采取减少水井密度、扩大开采区或开采层位的办法，对厚含水层或含水组可实行分段或分层取水。

2. 控制或削减开采量

在区域地下水位下降严重的地区，可关闭某些水源地或减少开采井数，使开采量控制在补给量允许的范围内，以防止地下水位持续大幅度下降。

3. 采取多种途径增大补给量

对含水层进行专门的人工补给以增加地下水的总可采量，是防止区域地下水位大幅度下降的一项积极的措施。如在盖层较薄、河流河谷较窄的地段，修建地下截水墙或拦水坝，堵截潜流或地表径流，则可减少排泄消耗，增强回渗补给；当开采层分布范围内的地表水体的正常水位高于开采层时，可打孔沟通含水层与地表水体之间联系，以获取地表水的补给；当开采层底部埋藏有水位较高的承压含水层之时，也可用钻孔揭穿隔水底板，以获取开采层下部其他含水层的补给。

4. 加强地下水管理，建立合理的开采制度

为防止过量和集中开采，可用行政手段和有关技术规程严格限制取水井的水位降深、开采量、开采时间及取水井间距离等。

5. 加强地下水动态监测

建立和健全地下水动态监测网，加强水情监测和预报，及早发现问题，及时采取防患补救措施。此外，在矿山通过供排结合和矿井水资源化利用等措施，也可在一定程度上控制地下水位持续大幅度下降。

第三节 岩溶地表塌陷

岩溶地表塌陷是指岩溶地区陷落溶洞或表土层中潜蚀土洞突然塌陷引起的地面变形，它是岩溶区常见的一种地质灾害。塌陷既有土层塌陷，也有基岩塌陷，但以前者居多。造成塌陷的因素既有自然因素，也有人为因素，且人类活动引起的岩溶塌陷往往具有突发性、规模大、危害严重的特点，环境地质研究中的岩溶塌陷多属此类。

中国碳酸盐岩分布广泛，岩溶塌陷已遍及23个省区，其中岩溶充水矿山疏干排水引起的岩溶塌陷最为普遍，危害最为严重，已成为一些矿山的主要环境地质灾害。

一、岩溶地表塌陷的危害

岩溶地面塌陷的产生，给矿山生产、生活和其他方面造成了严重危害，其主要表

现为：

(1) 破坏地表供水水源，常导致水库干涸、河流断流。

(2) 破坏地面工程设施和房屋道路的安全。此外，因塌洞对道路、农田、房屋的破坏，汽车、耕牛掉进塌洞的严重事故也时有发生，甚至造成人员伤亡。

(3) 引起降水、地表水回灌，危及矿井安全，轻者增大矿井涌水量，加大排水费用，严重时还会造成淹井事故。

(4) 加剧水土流失，破坏矿山环境及生态平衡。

二、岩溶地表塌陷的成因机理浅析

对于岩溶塌陷的成因机理，多年来不同学者提出过许多观点，其中比较一致的观点主要有三种，即潜蚀论、真空吸蚀论和气爆论。

(一) 潜蚀论

潜蚀论观点认为，在覆盖型岩溶区，下部岩溶发育，地下水运移通道畅通，当矿井强烈排水或钻孔抽水时，引起地下水位大幅下降，对上覆盖层土体和溶洞中充填物不断溶滤和冲刷，使岩溶中的空洞扩大，并在上覆盖层中产生隐伏土洞，土洞不断发展，最终使其顶部土体失去平衡而塌陷。潜蚀论认为，土洞的形成是地下水流潜蚀作用的结果，而潜蚀作用的发生需要有一定条件：一是土层要具有利于潜蚀的结构和颗粒成分；二是土层中地下水的流速和水力坡度达到或超过使该类土不发生潜蚀临界值。

(二) 真空吸蚀论

真空吸蚀论观点认为，在相对封闭的岩溶承压含水层中，水位大幅度快速下降，低于覆盖层底板以后，地下水由承压转为无压，水面与盖层底板间的无水空间形成低气压状态的"真空腔"，水面如吸盘一样，抽吸盖层底板颗粒，使其渐被吸蚀掏空，随着地下水位继续快速下降，"真空腔"内、外压力差加剧，又引起大气压对盖层形成无形的"冲压"作用，这样由于下吸上压，土层结构遂遭破坏、强度降低，发展到一定程度，就会突然破坏而导致岩溶地面塌陷。形成真空吸蚀作用必须具有以下特定的岩溶地质、水文地质条件：

(1) 岩溶网络条件。要有发育的溶洞、裂隙和岩溶管道组成岩溶腔，且相互构织成空间网络。

(2) 岩溶盖层条件。岩溶网络必须有盖层存在使其处于相对密封状态，为岩溶腔内真空的形成创造条件，也为塌陷创造物质条件。

(3) 水动力条件。岩溶网络结构体内赋存有丰富的地下水，并构成有压管道网络流，为抽放时水位下降、在岩溶腔内水面上形成真空奠定水动力条件。

(4) 构造与岩溶网络紧密联系条件。构造也会对岩溶网络空间结构体具有控制作用，并使其与深部矿井发生水力联系。

（三）气爆论

气爆论观点认为，储集于溶洞、管道及土洞中的高压气团及强大的承压水头，有着巨大的能量，在水位升降的区域，例如雨季岩溶水位的上升，气体被压缩，当其能量超过岩溶空腔顶板盖层的允许强度时，则会冲破岩土体产生爆裂，并常有喷水、喷砂现象，接着在岩土体自重及水流作用下产生塌陷。这种塌陷多出现于地下河的中下游或包气带厚度较大的地段。

实际上岩溶塌陷是多种因素、多种力作用的结果。当致塌力超过抗塌力时，便形成塌陷。一般情况下，致塌力包括岩土重力、地下水垂向渗透力和侧向渗透力、岩土体空隙中气体的正压力或负压力、振动力等；抗塌力有岩土体的内聚力、塌陷体周边的摩擦阻力、地下水的浮托力等。受力状态不同，产生的力学效应不同，造成的致塌模式也就不同。由于岩溶介质和水流的复杂性，岩溶塌陷受到多种因素的影响，是在多种作用产生的多种效应下发生的，是多机制的。地质矿产部岩溶地质研究所根据对全国 800 余处塌陷点众多塌陷坑的调查研究，对塌陷的成因归结为重力致塌、潜蚀致塌、真空吸蚀致塌、冲爆致塌、荷载致塌、溶蚀致塌、振动致塌、根蚀致塌八种模式。因此岩溶塌陷的形成不应该用一种理论来解释，也无法片面强调某一种解释具有普遍意义。

三、岩溶地面塌陷的形成条件与分布规律

（一）岩溶地面塌陷的形成条件

1. 碳酸盐岩的岩溶发育

碳酸盐岩中存在的地下岩溶溶洞既是水流迁移岩、土物质的通道，也是容纳上覆盖层塌陷体的场所，因而是岩溶塌陷产生的基础。也就是说，岩溶塌陷的产生，严格受岩溶发育规律的制约。一般来说，在一定的盖层条件下，地表塌陷的发生强度与下伏碳酸盐岩的岩溶发育程度相对应，塌坑往往沿岩溶强烈发育的地带或层位集中分布，如质纯的可溶岩、硫化矿体氧化带、断裂构造带等。

2. 上覆盖层的存在及其特征

塌陷多发生于隐伏岩溶地区，因而受到盖层厚度和岩性的控制。塌坑的数量、规模均与土层厚度呈负相关关系。中国南方隐伏岩溶矿山地面塌陷的统计资料表明，大多数塌陷产生的土层厚度是小于 10m 的地段；而土层厚约为 10m ～ 30m 的地段，塌陷数量较少；厚度大于 30m 的地段，很少出现。

地面塌陷发展速度、数量还受盖层岩性的控制，表现为砂性土易塌，夹砂砾土层的层状非均质土次之，而均一的黏性土最不易塌。这是因为不同的颗粒级配、物理性质、水理性质和力学性质决定了水流对其迁移的难易、土洞形成速度及其稳定性的差异造成的。

3. 水动力条件

地下水的流动及矿井突水或高强度的抽排水，导致水动力条件的改变，是岩溶塌陷形成的最重要的动力因素与诱发因素。塌陷的产生和分布明显受控于地下水的活动，地下水径流集中和强烈的地带，最易引起塌陷，例如主径流带、排泄区、双层介质分布地带、水位波动大的地段。岩溶矿山突水和疏干排水，因大幅度降低地下水位，剧烈地改变了初始水动力条件，无论是塌陷规模、速度均较其他诱发因素表现的强烈。除塌陷范围随降落漏斗的增大而向外扩展外，塌陷发生的高峰期也往往与大型突水点的出现相对应。如湖南涟邵恩口矿山，大规模岩溶地面塌陷多发生在突水淹井、矿井恢复排水的过程中和降雨后。

4. 地貌条件

地貌条件控制着地下水、地表水、第四系沉积物分布和岩溶发育。岩溶地貌形态是岩溶发育阶段性的产物，负地形往往代表地下岩溶发育的地带，易具备大规模塌陷形成条件。如地表沟谷和河床两侧岩溶一般较发育，覆盖层较薄，又常是地下水的排泄区，塌陷也较其他地段严重。如湖南涟邵恩口矿山发生的 1 万余个塌陷坑中，分布于河床、河漫滩地段的占 67.9%，分布于洼地、冲沟处的占 22.4%。

（二）岩溶地面塌陷的分布规律

岩溶地面塌陷的形成条件，决定了塌陷的分布具有一定的规律性。一般岩溶塌陷多发生于以下地段：岩溶强烈发育区；降落漏斗中心附近（特别是沿岩溶水强径流带方向）；岩溶洼地、积水低地和池塘地段；构造断裂带、褶曲轴部及其延伸方向上；盖层厚度小、岩性为砂性土的地段；河床以及其两侧附近。

四、岩溶地面塌陷的预测

塌陷预测的内容包括：塌陷时间、地点、范围，塌陷强度和可能造成的影响。预测可分为定性预测与定量预测，前者是后者的基础。

定性预测的一般方法是首先查明矿山地质、水文地质条件，了解地貌组合类型和岩溶发育规律，进行岩溶发育强度及地下水动力条件的分区；同时，通过对已有塌陷点的塌陷特征、分布规律、形成条件的分析，确定出塌陷产生的综合判断指标——判据；在此基础上，分析塌陷发展趋势，并对矿山进行塌陷预测分区。一般情况下，可以将塌陷的发育程度划分为以下四个等级：

（1）严重塌陷区。塌陷不同程度的发育，其分布多呈星散状，间有稀疏状，局部地段形成密集带。

（2）显著塌陷区。部分地段有塌陷发育，其分布呈稀疏状，间有星散状，个别地段可以出现密集塌陷。

（3）微弱塌陷区。个别地段出现塌陷，呈稀疏状分布。

（4）稳定区。非塌陷区无塌陷发育。

目前对岩溶塌陷的定量预测还在探索之中。定量预测的方法主要有以下两类。

（一）经验公式法

据已塌陷的形成条件，用经验判断或是简单图解（散点图、关系曲线）判断，建立预测目标与某些因素之间的关系。

（二）多元统计分析法

根据影响因素与预测目标的关系，对塌陷进行预测或判断。

1. 逐步回归分析法

以影响塌陷的各种因素作为说明变量，可对以面积百分率表示的塌陷强度（塌陷面积／统计面积）进行预测。首先正确选取变量，利用实际样本对基准变量（塌陷强度）与说明变量（引起塌陷的因素），进行相关分析，然后用偏回归平方和组成统计量，由预先给定统计值检验其显著程度，从而逐个确定选入回归方程的变量，最后建立回归方程，进行预测。

2. 逐步判别分析法

将实际塌陷点与稳定点划分为两组样本，作为基准变量，用前述与逐步回归分析基本相似的思路选择有效变量，即根据每个变量在判别式中的效果，剔除无效或判别效果不显著的变量，选出判别效果显著的变量，建立判别方程，根据计算结果和判据，判别其他未知点归属哪一组。

此外，还有人探索应用数量化理论模型双重傅里叶级数法以及地理信息系统等方法进行塌陷预测研究，但不论采取何种数学方法进行定量评价，都必须建立在充分、正确的定性分析基础上。只有正确了解塌陷的主要控制因素，数学模型描述才不会出现假象和偏差，才能得出准确的预测结果。

五、矿山岩溶塌陷的防治

（一）岩溶塌陷的预防

预防的关键在于解决疏干排水的强度、井下突水和地表水倒灌问题。覆盖型岩溶区的矿井一般不宜采用强排疏干法排水，以防止地下水位的突然下降。为了预防塌陷，矿山疏干排水应采取缓排方式。对井下突水应采用封堵突水点或有意识地控制和引流排水，化突水为控制性地放水；对地表应采用铺（灌沟）、堵（落水洞）、截（洪流）等措施，以减少地表水进入矿井的水量。

此外，还可在地下水主要径流方向上选择较窄的过水断面，设置注浆帷幕拦截地下水，把地下水降落漏斗的扩大限制在小范围内，减少或避免大范围的塌陷。帷幕的作用还在于充填帷幕线附近的岩溶裂隙和固结溶洞内的松软充填物，以降低岩溶通道的透水性。

（二）岩溶塌陷的监测

岩溶塌陷的监测目的在于及时地对塌陷提出警报。监测工作主要包括地面建筑物、水点（井孔、泉点、矿井突水点和水库漏点）的长期观测以及塌陷前兆现象的监测。

长期观测工作一般在抽排水前期的 1a～3a 之间进行，观测周期视不同阶段而定。抽排水早期每 5d～10d 观测一次，后期每月观测一次，抽排水以前可 1～3 个月观测一次。长期观测的主要对象是抽排岩溶水后，邻近地面和建筑物的开裂、位移和沉降变化，以及各水点的水动态和含泥砂量的变化等。塌陷的前兆现象，即塌陷的序幕是一些直观现象，由于它们离塌陷产生的时间短促，应予以重视和及早发现。

岩溶塌陷监测内容包括：抽排地下水引起的地面积水和泉水干枯，植物的变态，建筑物作响或倾斜，地面环形开裂，地下土层垮落声，水点水量、水位和含砂量的突然变化以及动物惊恐异常现象等。

（三）岩溶塌陷的治理

塌陷的治理是在塌陷已发生的情况下，采取有效的措施控制塌陷不向远处和纵深发展，减小或消除其危害。治理的方法主要应针对塌陷形成的基本环境因素从截断水流、强化土体、填堵岩溶通道等三个方面考虑，因地制宜采用以下某种或综合治理手段。

1）围与截：对个体塌洞口，用黏土或木板桩围堤，对靠近河床的集中塌陷群修堤拦洪，将水与塌陷区隔开。

2）封闭洞口：采用浆砌块石、灌注混凝土或用预制混凝土板封闭基岩洞口，再用黏土回填夯实密封。

3）排除积水：对塌陷积水地带及时排除积水，保持疏干状态；对洪涝区的地表水体可开渠引出区外。

4）铺河防渗：对塌陷区河流，渠道进行铺设人工河床或用渡槽跨越塌洞。

5）河流改道：对局部河段进行改造或截弯取直，减少河水对塌陷形成和渗漏的影响。

6）炸毁溶洞：采用洞内爆破方法炸毁溶洞，利用其自身的碎屑填充溶洞，或在此基础上注浆加固。

7）加固处理：当岩溶塌陷使建筑地基发生塌陷或失稳时，可用木桩、旋喷桩或钢筋混凝土等进行加固，以保证塌陷区内建筑的安全与正常使用。

8）建筑物迁移：将严重塌陷区内的交通干线或是村庄居民点迁移到塌陷外围的安全地带。

第四节 地面沉降

地面沉降是由于过量开采地下水造成的，过去多发生在城市，尤其是沿海大城市。近年来，一些矿山（如淮南潘谢矿山、淮北矿山、山西霍州矿山等）在地下水开发及矿山疏干排水过程中，也陆续出现地面沉降问题，并且地面沉降范围越来越大，造成的危害也越来越严重。

一、地面沉降的危害

地面沉降在矿山造成的危害主要表现以下几方面：

（1）引起地面工程设施的变形破坏。当地面沉降较大时，可使地面建筑设施下沉、倾斜、变形、开裂甚至倒塌破坏；当区内建有桥梁时还可能使桥下净空减小，影响通行。

（2）造成地下工程的变形破坏。地面沉降严重时往往有较大的水平位移，由此可能造成地下管路设施弯曲变形甚至扭断，一些矿山，严重的地面沉降还可能威胁到井筒的稳定性，导致井壁断裂。

（3）影响供水工程。由于地面沉降，水井管相对上升，由此影响水源井的正常使用。

（4）恶化矿井生产条件。较大的地面沉降往往伴有地裂缝产生，这些地裂缝的存在，为水的渗入创造了条件，往往成为矿井（以孔隙充水为主的）充水良好通道，由此可能造成矿井涌水量的显著增加，威胁矿井安全生产或增加排水费用。此外，地面高程的降低还可能形成矿山内涝，破坏矿山自然环境景观，加剧水土流失等不良后果。

二、地面沉降成因机理浅析

造成地面沉降的原因很多，目前已公认过度抽取地下水则是引起地面沉降的主要原因。从一些地面沉降的观测资料可以看出，地面沉降量与地下水开采量和水位降深的关系极为密切。

关于地面沉降的机理，最初人们用潜蚀论来解释，认为开采地下水时，含水层中的大量泥砂被抽出，在地下形成空洞，导致地面沉降。但在许多沉降区，并未见到有泥砂被抽出的现象。分层沉降标的观测资料表明，黏土层的压缩程度最高。因此，目前多以黏性土的排水固结理论来说明地面沉降的本质：

（1）土层变形的力学效应主要取决于孔隙水压力的变化。当过度抽取地下水时，因不能及时从含水层外获得补给水量，从而使地下水位迅速下降，在隔水层顶板和含水层接触面上产生了水力梯度，于是黏性土层中水相应进入含水层中，从而造成孔隙水压力降低。而黏性土的有效应力增加，引起土层压密。如果当黏性土层的压缩性很强，厚度又较大时，压密的幅度就大，结果引起地面下沉。

（2）对含水层来说，由于抽水引起水位大幅度下降，对上覆岩层的浮托力降低，含水层颗粒骨架上的有效应力增加，导致含水层的压缩。

三、地面沉降问题研究的内容与方法简介

（1）进行地质勘查工作。查清研究区沉降的背景条件，取得土层和含水层的各种数据。调查沉降的现象及危害、布置勘探工程及现场试验，采取土样、水样，进行抽水试验等。

（2）设置水准点定期测量，掌握沉降范围、形状、发展趋势等情况。测量的频率一般每年不少于 2 次，并应注意测量的时间要与地下水位最低和最高值相对应。

（3）设置沉降标、孔隙水压力及基岩标，以了解土层和含水层变形规律及黏性土

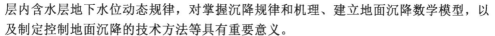

层内含水层地下水位动态规律，对掌握沉降规律和机理、建立地面沉降数学模型，以及制定控制地面沉降的技术方法等具有重要意义。

（4）进行室内外试验，掌握黏性土的常规性指标、高压固结、三轴剪切、加卸荷载等指标；进行抽水试验，有条件时还应进行孔隙水压力消散、地面沉降室内模型试验等。

（5）进行含水层地下水开采量（回灌量）及地下水位的长期观测，掌握地下水动态、漏斗分布与扩展与地面沉降的关系的资料。

（6）编制沉降范围分布图、降落漏斗分布图、压缩土层与含水层空间展布图、水文地质图、标点动态图、土层应力应变图、地下水动态图等。

（7）通过建立地层参数、剖面土性指标、水位观测值、开采量统计值、沉降观测值等有关资料的数据库，为地面沉降计算、预测及有关图件绘制提供资料。

地面沉降计算包含两个过程：一是确定含水层水位与开采量（回灌量）之间的关系，一般称为水位模型；二是计算由含水层水位变化引起的黏性土层与含水层本身的变化规律，称为土力学模型。二者叠加，既是地面沉降的数学模型。

通过水文地质条件研究、观测资料和试验结果的分析，研究沉降机理，建立地面沉降计算模型，对地面沉降进行计算与预测，并结合实际，提出控制地面沉降措施与方法。

四、控制地面沉降的方法

地面沉降过程中，地下水位下降是矛盾转化的主要方面，要控制地面沉降，首要的就是控制地下水位的下降。控制地面沉降的方法主要有以下几种：

（1）寻求新的供水水源，减少或停止抽取地下水，以控制地下水位的过快下降。

（2）在新的水源未能起用之前，只准抽用深层地下水。向含水层中注入压缩空气，以恢复自由水的压力。

（3）人工补给地下水，以抬高地下水位等。

第五节　地下水水质恶化

一、地下水水质恶化的特征及危害

在地下水开发利用过程中，由于环境污染和水动力、水化学形成条件的改变，而使水中某些化学成分、微生物含量不断增加以致超出规定使用标准时，即产生了水质恶化问题。

（一）地下水水质恶化的特征

(1) 含量微少的毒性及重金属元素进入地下水中。

(2) 地下水硬度、矿化度、酸度及某些常规离子含量上升。

(3) 各种细菌、病毒在水中的含量大大超过天然或是开采初期水平。

(4) 天然地下水中不应存在的有机化合物出现在地下水中。

（二）地下水水质恶化的危害

地下水水质恶化严重损害了地下水资源的使用价值，造成以下一系列的危害：

(1) 饮用水源因水质恶化而达不到饮用水标准，有损人的身体健康，严重时可致残、致死。

(2) 工业水源因水质恶化导致工业产品质量下降，造成经济损失。

(3) 农业水源因水质恶化导致农作物产量降低，农产品遭污染或使土壤盐渍化，破坏农业生产条件。

(4) 导致水处理成本提高，供水经济效益降低。

(5) 水质严重恶化时，难以净化处理或经济上不合理，由此导致水源地废弃。

二、地下水质恶化的原因

地下水质恶化的原因主要是有污染源、污染途径的存在，以及水动力、水化学条件改变。

（一）地下水的污染源

1. 采矿活动引起的污染

采矿活动引起的污染往往是矿山地下水污染的主要原因。采矿活动中有大量未经处理的矿井水外排，其中含有大量悬浮物及有机物。有的矿山矿井水为腐蚀性很强的酸性水，排出地表后污染土壤或地表水，危害非常大。此外，矿山采矿过程中排出大量砰石，其组分经淋滤作用渗入地下造成地下水的污染。

2. 工业生产引起的污染

工业生产产生的"三废"，若不加处理而排放，常成为地下水的污染源。如化工医药、造纸等行业废水中含有大量有害物质，冶金、炼油、火电厂等排放的气体也含有有害成分。"三废"中的有害成分可能随雨水或沿污水沟渠渗入地下，直接或间接造成地下水的污染。

3. 农业生产引起的污染

农业生产中广泛使用农药、化肥，一些组分随水下渗，特别是有些农药不易分解消失而残留于土壤，进而渗入地下水中引起的污染。此外，农家肥中含有大量细菌、病毒，污水灌溉也会造成地下水污染。如安徽淮南矿山新庄孜矿附近农村引污灌溉，使矿山浅层地下水中酚、氧化物等有害组分高出其他区域数倍。

4. 城镇生活污水引起的污染

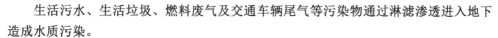

生活污水、生活垃圾、燃料废气及交通车辆尾气等污染物通过淋滤渗透进入地下造成水质污染。

（二）地下水污染途径

地下水污染途径是复杂多样的。按污染途径特点，大致分为以下四类。

1. 间歇入渗型

常是固态污染物通过大气降水或灌溉水的淋滤，使固体废物、表层土壤或岩层中原有的有毒有害物质周期性地从污染源通过包气带土层渗入含水层。这种渗入一般是呈非饱水状态的淋滤状渗流形式，或呈短时间的饱水状态连续渗流形式。常见的有降水对固体废物的淋滤、降水对矿山疏干地带易溶矿物的淋滤和灌溉污水渗入及降水对农田残留农药、化肥等污染物的淋滤渗入等。该种污染在范围上和浓度上都有季节性变化，主要污染对象是潜水。

2. 连续入渗型

常是液态污染物随污水或污染溶液不断地经包气带渗入含水层。如污水蓄积地段的渗漏及被污染的地表水体和污水渠的渗漏。污染对象主要是浅层含水层。

上述两种污染途径有一个共同特点，就是污染物均是自上而下经过包气带进入含水层，故地下水的污染程度主要取决于包气带的厚度、物质成分、渗透性能等。

3. 越流型

污染物通过层间弱透水层或隔水层的"天窗"等以越流的形式侵入含水层。如在开采条件下，开采层水位下降，发生越流现象时，污染物随越流水进入开采层，这种污染可危及深层承压含水层。

4. 径流型

污染物通过地下径流形式进入含水层。典型的径流污染途径是当区域性含水层在某个部位受到污染时，污染物随地下径流向含水层的其他部位迁移，然后再转移到开采地段。特别是当污染源位于水源地上游时，影响也更为严重。

（三）水动力和水化学条件的改变

污染源和污染通道的存在是地下水质可能恶化的必备条件，水动力条件的改变及水化学作用的产生，常常是地下水质恶化的直接原因。

1. 水动力条件的改变

污水体入侵开采含水层，一般需要有如下的水动力的条件：

(1) 开采含水层和污水之间必须有某种直接或间接的水力联系。

(2) 由于开采抽水（或污水灌溉），在开采含水层中形成相对于污染水体的负压区，导致污水直接或间接（通过弱透水层）渗（流）入并污染开采含水层。

(3) 天然状态下，滨海地带水源地的淡水与海洋咸水的平衡依靠淡水比咸水有更高的水头压力来维持，其界面的具体位置由含水层排入海水中的淡水流量所决定。在开采条件下，如果水源地的开采量不超过含水层的淡水补给量，则咸、淡水界面便可在某一新的位置上固定下来，只要此界面不接近抽水地段，水源地仍可保证安全开采淡水。但如果开采量超过淡水补给量，必然引起含水层中淡水体水位持续下降，开采水位降落漏斗扩展到海洋，导致海水入侵，使地下水盐化。此外，有时开采量虽不超过淡水的天然补给量，但由于取水量较大，含水层中淡水体的水头压力已减少到难以维持咸、淡水之间的平衡，咸、淡水界面也会向淡水区推移，如果此界面推进到抽水井附近，导致咸水补给水源井，水质恶化。

2. 水化学条件的改变

许多水源地开采过程中出现水质恶化现象往往是由于含水层疏干、氧化作用加强，造成强酸性环境，使岩层中原先不易溶解的化合物变得较易溶解，从而使水中 Fe^{3+}、Mn^{2+}、Ca^{2+} 含量大大增加，地下水矿化度、硬度随之增高。

应该指出，因开采引起的水文地球化学环境的改变，并非都使水质变差。在许多情况下，由于强烈地抽水，促使地下水循环交替作用加剧，溶滤作用加强，反而加速含水层中可溶盐的溶解和排除。如由于水位下降，地下水中原来的还原环境变为开放的氧化环境，可使水中的某些化合物沉淀，从而降低水中某些有害离子的含量，或使水质淡化。

3. 取水构筑物对水质的影响

取水构筑物的井管、过滤管常常受到地下水的腐蚀作用，如水中 H^+ 与 Fe 发生交换，可使开采水中 Fe^{3+} 的含量增加，细菌腐蚀作用的结果，也会造成地下水质的变化。

由上述可知，开采过程中地下水质的变化条件是多样的，变化幅度也各不相同，有的渐变，有的则较剧烈。但无论何种变化，多是因开采使地下水天然动态被破坏，旧的水盐平衡关系被新的水盐平衡关系所代替结果。

三、防治地下水水质恶化的措施

地下水是整个水圈乃至整个地球环境中不可分割的一个重要组成部分。因此，地下水水质恶化的防治包含两个方面的内容：既要治理水质，又要治理环境；即要有技术措施，又要有管理措施。由于地下水水质恶化具有缓慢、隐蔽、难以及时觉察和污染的水质难以恢复等

特点，故地下水水质恶化的防治应强调"以防为主，防治结合"的方针。只有这样，才能从改善地下水的环境质量着手，提高水质的可用性。

（一）防治地下水质恶化的管理措施

（1）建立、健全并严格实施有关水质保护和防止水质污染的法律、法规，如中国目前已制定的《水法》、《水污染防治法》等。

（2）对排污企业按环境容量实施"总量控制"和"有害物质排放标准"的控制，并制定相应的经济制裁措施予以保证。

（3）建立、健全统一的水资源管理和水质监测机构。通过对地下水监测，既为行政部门加强管理，也为业务部门及时了解和掌握水质变化趋势、采取防护措施提供依据。

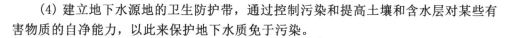

（4）建立地下水源地的卫生防护带，通过控制污染和提高土壤和含水层对某些有害物质的自净能力，以此来保护地下水质免于污染。

（二）防治地下水质恶化的技术措施

1. 预防性技术措施

（1）对城市（矿山）发展与水源地建设做出全面规划与合理布局。为保护地下水源，必须在城市（矿山）建设的总体规划中考虑环境保护的要求，要把环境保护工作与经济发展同步规划、同步实施，做到经济、社会与环境效益的统一。

（2）新建水源地应避开易于造成地下水污染的环境条件，如将水源地选择在城市（矿山）上游、地下水的补给区或地层岩性结构上有利于防污染的地段。

（3）严格控制地下水资源的开采量和水位降深，以限制降落漏斗的范围，或采取分层取水，防止附近或上、下劣质水的入侵。

（4）保证水井、钻孔施工中的止水、回填和封闭工作的质量，防止劣质水或污染水与开采层相互沟通；在建筑工程或地下工程施工中，不破坏开采含水层上下或周边的隔水保护层，保护开采层免遭污染。

（5）采用"补给水丘"（在劣质水体与开采地段间布置淡水注水井，形成高于地下水位的补给水丘）、"抽水槽"（在劣质水体与开采地段之间布置一排抽水孔，形成线状的水位低槽）或"地下挡水墙"等阻止劣质水或污染水侵入开采地段。

2. 治理性技术措施

对引起地下水质恶化的主要原因、污染途径和经济技术条件等，制定治理性技术措施。

1）治理污染源

污染源包括点源和面源两种类型。点源是指工业"三废"和城市生活污水、垃圾等所构成的污染源，其中尤以工业废水对集中水源地水质污染的危害最大。对点源污染除前述控制排放量、制定排污标准等法律性管理措施外，还应采取以下技术措施：

（1）改革生产工艺，搞好工业用水的闭路循环，减少工业废水排放量。

（2）对不得不排放的工业废水和生活污水应防止其在排放途中渗漏。污水处置场应尽可能布置在水源地下游较远处，或在有稳定隔水层分布的地段，或采取防渗衬砌措施。

（3）工业废渣和城市垃圾的堆放场地应选择在地表弱透水土层分布广、厚度较大且地形上低洼、封闭性好的地方，最好是远离水源地或开采含水层的补给区。有条件时应对垃圾和废渣采取废物回收、焚烧、发电和生化处理等多个措施。

面源是指农业施肥、污水灌溉、农药施用及城市暴雨径流等产生的污染。常用治理措施有：

（1）严格掌握污灌的水质标准、控制灌水定额和根据环境水文地质条件合理规划污水灌区的位置，慎重开展污灌。

（2）使用易被植物吸收、土壤分解的化肥和对人体毒性小的农药，并严格掌握其使用量，以减少其在土壤层中的残余浓度和流入含水层的数量。

（3）对灌溉污水及可能引起地下水质恶化的雨水（如酸雨等）进行预处理。

2）兴建配套的环境工程，大力开展污水的处理和利用

这既是防治地下水质恶化的治本措施，又可根据处理后的水质用于不同目的的供水，以增加水资源总量。常用的处理方法有以下几种：

（1）换土法。将含水层上部严重污染的土层移走，换上未被污染的新土，这样既清除了地下水的污染途径，又为含水层建立起新的保护层。但该法需巨大的土方工程，故只能局部应用于原污染源堆积位置或土层遭极严重污染的局部地段。

（2）物理—化学法。包括活性碳吸附法、臭氧分离法、泡沫分离法、电解法、沉淀法、中和法及氧化还原法等。这些方法不仅可以用来处理抽到地面的污染地下水，也可用于含水层中对污染的地下水体进行净化。如潜水含水层中常含有机腐殖质，使水产生异味和臭味，可用漂白粉消除；在Fe^{2+}，Fe^{3+}，Mn^{2+}含量较高的含水层中注入石灰水溶液，可产生明显的净化效果（这种方法要求投入的化学物质的数量要精确，否则易形成二次污染）。

（3）人工补给法。对已经污染的地下水，在断绝污染源后，经过一定时间的补给、运移，可以逐渐稀释和净化。采用人工补给的方法，可大大加快污染地下水的稀释和净化的过程，但这种方法对人工补给水源的水质有较高的要求。

（4）抽水排除污染水法。指从含水层中直接抽出被污染的地下水，经过处理把水中的污染物浓度降低到一定标准，然后再采取人工回灌的方法重新补给地下水或在条件许可的情况下排放到地表水体或用于灌溉。这一法适用于大面积污染的含水层，投资相对较小，是较常用的方法。

第六节　酸性矿井水

酸性矿井水是指含硫矿产开发过程中，由于开采活动等人为因素的影响，促使地下水酸化而形成的矿井水。

一、酸性矿井水的危害

1. 恶化井下作业环境，危害人体健康

酸性水在向深部排泄过程中，可能发生脱硫酸作用，生成的硫化氢是一种毒性很强的化合物，其含量达万分之一时，就能闻到难闻的气味；达万分之二时，人的眼睛、喉头就会受到严重刺激；达千分之一时，就会导致人死亡；达到6%就有爆炸的危险。

2. 腐蚀井下金属设备设施

酸性矿井水具极强的腐蚀性，能腐蚀排水泵、排水管路以及井下钢轨、钢丝绳等金属设备设施。当PH＜6.5时，水开始具有腐蚀性，能缩短水泵正常使用期的5%左右；

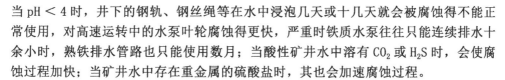

当 pH ＜ 4 时，井下的钢轨、钢丝绳等在水中浸泡几天或十几天就会被腐蚀得不能正常使用，对高速运转中的水泵叶轮腐蚀得更快，严重时铁质水泵往往只能连续排水十余小时，熟铁排水管路也只能使用数月；当酸性矿井水中溶有 CO_2 或 H_2S 时，会使腐蚀过程加快；当矿井水中存在重金属的硫酸盐时，其也会加速腐蚀过程。

3. 侵蚀混凝土构筑物

通常矿井下有大量混凝土构筑物，当他们与酸性矿井水接触时将会因侵蚀作用而受损。

4. 污染环境

酸性矿井水中含大量酸和硫酸盐，除直接污染地下水外，排出地表还可能造成地表水的污染或矿山附近农田污染，从而使土壤的 pH 值降低，土壤的理化性质变劣，影响农业生产。

二、酸性矿井水形成机理浅析

1. 酸性矿井水的形成条件

酸性矿井水主要起因于富含硫的矿产（如硫铁矿、含硫煤等）的开采。以煤矿为例，天然状态下，煤层埋藏于地下，一般为良好的还原环境，含硫矿物在封闭的体系中是稳定的。在矿床开发过程中，一方面由于煤层的开采破坏原有的还原环境，煤层暴露在空气中，为含硫矿物的氧化创造了条件；另一方面，矿井开采中由于疏干排水，地下水位下降，包气带扩大，也可增加氧化作用强度。降水通过包气带的渗入、淋滤作用将硫溶于水中。因此，水的渗入及空气中氧的参与，使煤层中或顶底板中的硫铁矿、有机硫等经过化学的、生物的作用形成游离的硫酸或硫酸盐，使矿井水呈酸性。

促使矿井水呈酸性的作用主要是硫铁矿的氧化和细菌的作用。硫铁矿的直接氧化作用（如 Fe& 的氧化）使矿井水中产生游离硫，游离出来的硫在细菌的作用下（主要为硫磺细菌、铁氧化硫杆菌）转化成硫酸。在有氧条件下，Fe^{2+} 在铁氧化硫杆菌的作用下被氧化为 Fe3+，Fe3+ 水解又可释放出游离的酸。此外有机物的水解、硫酸铁的作用、硫化氢的作用和酸性盐类的形成都会促使矿井水酸化。

2. 酸性矿井水形成的主要因素

酸性矿井水的形成，受以下因素的影响：

（1）煤层含硫量。煤层及其顶、底板岩层含硫量越高，越易形成酸性水；煤中的含硫量小于 1.5% ～ 2% 时，一般不易形成酸性水。煤的灰分高时，也能阻止酸性水的形成。

（2）煤层产状。煤层厚、倾角大，则有利于酸性矿井水的形成。

（3）水动力条件。地下水循环条件好，水中溶解氧含量高，易形成酸性水。

（4）采掘深度。一般浅水平比深水平氧化条件好，易形成酸性水。

（5）采掘范围。采掘范围大，与富氧的地下水接触的煤层增多，有利于酸性水的形成。

(6) 空气流通条件。空气流通条件不好，Fe^{2+}含量高，酸性弱；反之，Fe^{3+}含量高，酸性强。

(7) 矿井水量。一般雨季由于大气降水渗入采空区以及浅部煤层时，将其中硫化物的氧化产物溶解，迁移至矿井，随着矿井涌水量的增加，矿井水酸性增强。

三、酸性矿井水的防治

（一）防止酸性矿井水形成的措施

1. 从开采布局上避免酸性矿井水的形成

对易形成酸性水的矿山，一般可先采下部煤层，后采上部煤层，以免过早形成酸性水，另一方面也可缩短排酸性水的时间。遇有储积强酸性水的老空区，可留安全煤柱暂时隔离，待矿井开采末期再排放，可避免长期排放酸性水。

2. 留足浅部保护煤柱，减少降水沿煤层露头带渗入矿井

煤层露头区常为老窑区，并易接受大气降水、地表水的补给。在煤层露头区保留适当煤柱，既有利于防止酸性水侵入矿井，也有利于减少矿井涌水量，降低矿井排水负担。

3. 避免不同水源的混合

实践证明，不同成分的地下水或地表水在一定条件下互相混合，有时也可形成酸性水。在这种情况下，应分水源单独排水，以此来避免不同水源的混合，以减少酸性水形成的机会。

（二）减轻酸性水腐蚀危害的措施

在已形成酸性水的矿井，可采取以下措施，减轻酸性水可能造成的腐蚀危害。

1. 提高排水设备的耐腐蚀性能

提高排水设备的耐腐蚀性能主要包括以下三方面措施：

(1) 改善水泵的耐腐蚀性能，对于易受酸性水腐蚀的部件采用耐酸合金制造或镶镀。

(2) 改善排水管的耐酸性能，对易受酸腐蚀的钢管，可在其内壁灌敷水泥衬套或在水管表面涂抹防酸材料（如沥青油漆、搪瓷等），并尽可能选用较大口径的排水管。

(3) 选用抗酸性能强的材料，如铸铁管材就较熟铁管材抗腐蚀性强。在保证矿井防火安全要求的前提下，用塑料管材替代金属管材也是一种有效的措施。

2. 改进排水系统

设立专门排水系统，集中排放酸性水。条件许可时应尽量降低水泵扬程，因为扬程大，水压力高，水泵易磨损腐蚀，当酸性水出水点位置较高时，可在中途拦截，不使其流向深部。

（三）酸性矿井水的处理措施

酸性矿井水的处理是一项复杂的工作，各矿山多年来探索研究，试用了多种方法，

现选择其中几种简介如下。

1. 石灰石中和滚筒过滤法

该法是使用石灰石作中和剂与水中的硫酸发生反应，产生微溶的硫酸钙和易分解的碳酸。将石灰石放入滚筒中，由于滚筒内滤料处于不断的滚动以及摩擦状态，使滤料不断产生新的反应表面，从而使反应连续进行。随着水中硫酸的消耗，矿井水 pH 值随之升高。该法可使矿井水 pH 值升高到 6.5 左右，对 Fe^{3+} 也有较好的去除作用，但对 Fe^{2+} 不易去除。

2. 石灰乳井下注入中和法

该法是把石灰（CaO）溶解后调配成石灰乳状液（含活性氧化钙 5% ～ 10%），将该液注入井下酸性水中进行反应，去除硫酸。中和反应迅速，不受水中硫酸溶液浓度大小的限制，沉渣少，处理后酸性矿井水的 pH 值可达到 7 以上。这种方法除能消除矿井水的酸性危害外，对 Fe^{2+}，Fe^{3+} 的去除作用也较好。

3. 石灰石－石灰联合处理法

该法是综合上述两种方法分阶段处理。第一阶段用石灰石中和，使酸性水的 pH 值接近 6；第二阶段投加石灰中和处理，致使水的 pH 值达到 8 左右。

4. 稀释酸性水法

一些矿山曾采用非酸性矿井水稀释酸性水的方法。从理论上来说，用酸度不高的水来进行稀释，只会促进水解作用，放出更多的氢离子，结果使混合后水中的硫酸、硫酸盐浓度降低，但总的含酸量并没有减少，反而有所增加。因此，只有在非酸性水量远远大于酸性水量并且非酸性水中含有较多量的 $Ca(HCO)_2$ 时，该法才能得到较好的效果。

除上述方法外，酸性矿井水的处理还有苛性钠中和法、氧化铝－苏打法、反渗透法、离子交换法、微生物法等。实际工作中，应根据矿山的实际条件，采取经济有效、切实可行的方法对酸性矿井水进行处理。

第九章 矿山地下水化学成分变化特征及演化

第一节 煤矿生产活动对地下水的影响

国外学者针对煤层开采引起的地下水问题的研究早于国内学者。在1982年，原苏联 B.M 福明在其著作中已经开始探讨由采矿诱发的地下水水位下降的问题，并且针对矿山提出了水资源保护建议。此后，学者 Stoner，Lines，Booth，Zipper 对煤矿开采引起的地下水环境问题进行了深入的研究，并提出了"水文地质效应"一词。国外学者更多地关注煤矿开采活动引起的水质变化、水资源量的变化以及对矿山环境产生的影响。

煤矿开采活动引起的水文地质条件的变化具有系统性和连续性，煤矿生产过程中的疏排水，导致地下水赋存及补给、径流、排泄条件发生根本性的改变，使得天然状态下以水平运动为主的含水系统变为以垂直运动为主的新含水系统—"矿井地下水系统"。矿井地下水系统中含水层补给通道主要为采动裂隙，补给和径流以垂向为主，排泄以矿坑排水和井泉开采为主。煤炭开采改变了天然状态下地下水与地表水的关系，引起地表水径流量减少。另外，煤矿长期排水造成了水资源的浪费，使得矿山地下水资源更加紧缺。

煤矿开采形成的矿坑水具有强酸性，高硬度及高矿化度的特点，直接排放这样的矿坑水会污染矿山的地下水和地表水体。在煤矿生产会形成大量的固体废弃物，如煤矸石等；一方面煤矸石中的可溶组分在大气降水的作用下渗入到地表水体，引起水质污染；另一方面煤矸石含有的有机质以及黄铁矿易被氧化，产生大量的废气，对环境造成极大影响。煤矿开采使得地下水环境变得开放，煤系地层之中含有较高的黄铁矿、硫铁矿等矿物，在开放的环境里极易被氧化形成硫酸，硫酸能加快含水层介质与水的相互作用，使得矿山地下水化学类型趋向复杂。

随着人们环保意识的提高，在研究矿山水害防治的同时，人们愈发重视矿山水资源的保护。20世纪80年代，阳泉矿山煤矿疏排水导致娘子关泉的干涸，而后有关专家对矿山水资源的保护进行了研究，提出了"排供结合"的理念。为实现矿井水资源化，大部分矿山相继开展了系列工作，为矿山水资源"排供结合"积累了宝贵经验。针对煤矿山地下水资源短缺与水害频发的问题，范立民等提出了"保水采煤"的观点，此后该思想指导了很多煤矿进行煤矿安全生产与水资源保护协调发展的工作。针对华北型煤田，武强院士提出了排、供、生态环保三位一体的理念，为矿山排水与供水的问题提供了新的解决思路。此后，许多学者从不同的角度提出了矿山水资源保护与水害防治协调的具体措施，比如"含水层再造"的概念，矿井水资源化利用与煤和水共采理念。近年来，有学者从煤矿规划阶段开始研究，预测煤炭开采对含水层的影响，并针对可能污染矿山地下水环境的生产过程提出有效对策，也为矿山制定煤炭开采和水资源保护的方案。

人类采矿活动在一定程度上影响和改变着地下水环境，导致地下水环境恶化。因此，为解决煤矿开采过程中的两大难题—水害防治和矿山水资源保护，迫切需要新的理论和新技术的发展。

第二节　地下水地球化学演化研究进展

地下水系统极其复杂，许多学者通过分析地下水化学特征与地下水系统中发生的地球化学过程来研究地下水环境的演化，常见的研究方法有水文地球化学图解法，离子组合法，多元统计分析，水岩相互作用模拟等。根据不同时期地下水的 Piper 三线图可以总结地下水的演变特征，为识别煤矿突水水源提供信息。将 Piper 与多元统计分析方法结合起来，可用来研究主要水岩作用过程与地下水中化学成分的变化规律。

水文地球化学模拟推动了地下水地球化学演化从定性研究到定量研究的发展。水文地球化学模拟主要通过模拟在地下水系统中发生的化学反应，解释观测到的水化学成分及其分布，探究其化学组分的形成机制和迁移规律。最早研究天然水化学模拟研究的 Garrels 和 Thompson，并于1962年建立了海水离子络合模型。此后，1965年由 Garrels 和 Christ 编写的《溶液矿物和平衡》，阐述了地下水地球化学模拟的基本理论体系。最初用来计算天然水溶液组分平衡分布与矿物饱和指数的软件是由 Truesdell 和 Jone 在1974年用 PL/I 语言编写的 WATEQ[。随着计算机技术的发展，水文地球化学模拟技术逐渐完善，目前已经有多种此类软件，包括 WATEQ4F、MINEQA2、EQ3/6、NETPATH、SOLMINEQ.88、SOLCHEM、PHREEQE 及 PHREEQC 等。

目前，水文地球化学模拟可以对地下水溶液和矿物的热力学数据进行分析和评价，结合地质资料和水文地质资料，用计算机实现对复杂的含水层系统精细地数学描述，揭示地下水与环境之间的化学作用。水文地球化学模拟可分为两类：在模拟过程中考虑单相或多相组分平衡的水—岩物质成分问题；在模拟时考虑了反应动力学速率等因素在内的反应途径问题。水文地球化学模拟主要被用来研究以下问题：溶液中组分的平衡分布计算，矿物饱和指数的计算，矿物或者气体平衡态的调节，不同水的混合作用模拟，水与三种相态之间的反应，吸附作用，水形成逆向模拟，动力机制的反应，溶质的反应迁移。

总之，通过地下水化学成分的变化并借助水化学模拟软件可以推断水文地球化学演化过程中的主要水—岩作用，揭示地下水的潜在来源和循环特征，为煤矿水害的防治和矿井水资源化提供依据。

第三节 研究区地下水形成条件

一、自然地理

鹤壁矿山位于河南省北部，行政上隶属于河南省鹤壁市。鹤壁市地处太行山东麓与华北平原交接地带，其与安阳市在北、东、西三个方向毗邻，南与新乡市接壤。鹤壁市交通便利，多条公路与铁路线在市区交汇。鹤壁矿山煤炭资源丰富，是河南省重要的煤炭生产基地之一。目前，研究区生产矿井为九矿、中泰矿业、、三矿、五矿、六矿、八矿、十矿等矿井。

二、气象水文

1. 气象

鹤壁市属北温带大陆性季风气候区，四季分明，全年气温以六、七月间为最高，多年最高气温达 42.3℃，一月份最低，最低温度达 -15.5℃，年平均温度为14.5℃，多年平均蒸发量 1467.7mm。根据鹤壁市气象站的历年降雨量资料，年最大降雨量达到 1392.8mm(1963 年)，最小降雨量为 266.6mm(1997 年)，多年平均降雨量为 632.9mm。受季风环流作用和地形复杂等因素影响，降水量时空分布具有下列明显特点：每年七～八月间为降雨量最多时期，两个月降雨量约占全年降水总量的54.7%；降雨量的空间分布不均，西部山区的降雨量比东部平原降水量高，在西部中低山区年平均降雨量范围是 750～800mm，东部平原区年平均降雨量约是 650mm。

2. 水文

研究区内的河流都属于海河流域卫河水系，主要有位于北部的羑河，中部的汤河和南部的淇河。鹤壁地表平均水资源量为 2.88 亿 m³，区内的大型水库只有盘石头水库，总库容为 6.08 亿 m³；区内小型水库 14 座和塘坝 65 座，总蓄水量 723 万 m³。姜河发源于鹤山区石碑头村，在鹤壁境内约长 21km，流域面积大约是 67km²，枯水期流量一般为 0.3m³/s。汤河发源于鹤壁市西部中窑头附近，流经汤阴县城，在内黄县境内注入卫河。汤河流量 0.3 ~ 0.4m³/s，最大洪流量 1280m³/h（1980 年 8 月），最高洪水位 145.96m。淇河发源于山西省陵川县太行山区，流经河南省林县、鹤壁市、淇县、浚县，最终汇入卫河，全长约 150km，是区内最大的常年性河流，多年平均流量 12.53m³/s，历年瞬间最大流量 5590m³/s，历年最小瞬间流量 0.68m³/s。

三、地形地貌

研究区位于太行山东麓与华北平原的过渡带上，地形整体上自西北向东南倾斜。新生代以来，太行山持续隆起和华北平原相对下降构成了区域地貌形成的内动力地质条件。区域地貌演化的外动力是河流（淇河，汤河，形盆河等）的侵蚀切割与堆积。区域地貌依据其成因以及形态被划分为三个一级地貌：侵蚀剥蚀低山（Ⅰ）、侵蚀剥蚀丘陵（Ⅱ）和山前平原（Ⅲ）。

侵蚀剥蚀低山（Ⅰ）主要展布在姬家山~大河涧~黄洞~青羊口以西。根据其物质组成，又分为 3 个次级地貌形态。碳酸盐岩低山（Ⅰ1），在山区隆起与河流下切的作用下形成，分布在鹤壁矿山的西部，最高处海拔则为 1019m。碳酸盐岩夹碎屑岩低山（Ⅰ2），主要在盘石头水库和东掌一带分布，高程 500m ~ 700m，相对高差 350m ~ 400m。其他岩类低山（Ⅰ3）分布于淇县西部，高程 300 ~ 600m，相对高差 200 ~ 300m。

侵蚀剥蚀丘陵（Ⅱ）分布于青羊口大断裂以西至鹤壁、淇县西部山前，连接着西部山区和东部平原，根据地形及物质组成也可被分为 3 个亚区。碳酸盐岩丘陵区（Ⅱ1）分布在赵家厂~潘家荒~凉水井~西南山~许家沟~庙口~青羊口山前地带，呈现不规则的条带状，高程 250m ~ 300m，相对高差 50m ~ 70m。碎屑岩丘陵区（Ⅱ2）分布于北部大吕寨~姬家山~石林南~西扒厂一带，丘顶标高 200 ~ 250m，高差 40 ~ 60m，沟谷发育。丘间洼地区（Ⅱ3）分布在鹤壁集、石林、山城区、鹿楼等地，微向东倾斜，高程 150 ~ 170m，比周边低 30 ~ 50m。

倾斜平原（Ⅲ）：为淇河形成的冲洪积平原，地表高程约为 100m。

四、地层

根据钻孔揭露，区域自下而上发育寒武系、奥陶系中下统、石炭系本溪组和太原组、二叠系下统山西组和下石盒子组、二叠系上统上石盒子组与石千峰组、新近系和第四系地层。

（1）寒武系

寒武系地层主要出露于鹤壁矿山西部山区，上寒武统地层岩性为泥质灰岩、白云岩和鲕粒灰岩。中统岩性主要为灰黑与深灰鲕状灰岩，灰岩，局部夹有少量白云质灰岩、泥质条带状灰岩。

（2）奥陶系

研究区内奥陶系缺失上统，包含中下统地层。奥陶系下统主要岩性为灰黑色隧石团块（条带）白云岩、白云岩，夹灰色泥质灰岩。中统地层包括马家沟组和峰峰组，马家沟组地层岩性为深灰色角砾状泥晶灰岩，灰白色白云岩及灰黄色薄层白云岩，峰峰组上部是灰色中厚层状灰岩和白云质灰岩，下部为泥晶灰岩夹黄色薄层白云岩。奥陶系地层是石炭－二叠系含煤地层的基底，可在矿山西部山区广泛出露。

（3）石炭系

石炭系在研究区仅包含石炭系中上统。中石炭统本溪组，以石灰岩为主，厚度在12.85-24.95m，平均为18.89m。地层厚度从北向南逐渐减小，在九矿与寺湾矿附近，本溪组地层厚度可达34m到36m，而八矿和十矿山域内厚度则为23m。上部为铝质泥岩，局部夹有薄层煤层，中部为深灰色泥岩、细粒砂岩和粉砂岩，下部为灰色泥岩与砂质泥岩。太原组主要由砂岩，砂质泥岩，石灰岩和煤层组成，根据岩性特征可被分为三段：下部灰岩段以石灰岩为主，夹砂质泥岩、灰黑色泥岩和粉砂岩薄层，含四层灰岩（L1、L2、L3、L4）；中部砂泥岩段，主要由泥岩、砂质泥岩、砂岩、薄层灰岩及薄煤层组成，含灰岩两层（L5、L6）；上部灰岩段主要是泥岩、砂质泥岩、细粒砂岩、石灰岩以及煤层。

（4）二叠系

二叠系下统山西组主要是砂岩、泥岩、砂质泥岩以及煤层，含煤4组，分别是二1煤、二2煤、二3煤、二4煤，其中二1煤层富含植物化石，是鹤壁矿山的主要可采煤层。山西组含有4层砂岩，矿物成分主要是石英与长石。底部砂岩层是与石炭系太原组地层的重要分界标志层。二叠系下统下石盒子组主要由砂岩，砂质泥岩和泥岩所组成，矿物成分主要是石英，该地层中长石的含量高于其他地层。二叠系上统上石盒子组主要岩性是灰白、浅绿色的细粒粗粒砂岩，局部夹深紫色厚状泥岩。二叠系上统孙家沟组地层主要由砂质泥岩，泥岩，粉砂岩和细砂岩组成，在某些地区砂质泥岩中夹杂石膏。

（5）新近系

新近系地层在石林一带出露面积较大，其他地带零星分布。岩性也主要是钙质、泥质砂岩、钙质砂质泥岩，夹灰岩与砾岩。砾岩主要是灰岩夹杂石英砂岩。该地层厚度在研究区内由北向南增加，在八矿和十矿一带，厚度可以达150到180m。

（6）第四系

第四系地层在研究区内广泛分布，厚度在10m到30m，岩性主要为砂质粘土、粘土、粉细砂和粘土质砾石。

五、区域构造

区域地层总体呈有一定角度的单斜构造，倾角5°～35°，主要呈SN走向，偏向NE。区域构造以断裂为主，伴随小型褶曲。区域构造按展布的方向可分为EW构造、SN构造、NE构造、NNE构造和NW构造。

（1）EW构造：构造形迹以褶曲为主，其伴随少量断裂，平面上延伸方向

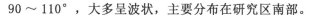

90～110°，大多呈波状，主要分布在研究区南部。

(2)SN 向构造：主要分布在研究区中部，构造线方向5°～10°，以大型褶曲为主，如六矿背、向斜。

(3)NE 向构造：该类构造较发育且通常成组出现，主要由断层和褶皱组成。断层落差大，构成矿山之间的自然边界。

(4)NNE 向构造：在研究区北部的龙宫村及南部的西形盆村比较发育，方向为5°～30°。由东部的青羊口断裂以及其西部低级别断裂、褶曲构成。区域断裂分布特点为西密东疏。

(5)NW 向构造：以褶皱为主，局部分布有断裂。例如九矿向斜、秦家岭背、向斜等。

六、水文地质条件

1. 充水含水层

根据各矿勘探资料与矿井开采资料，按岩性特征、赋存条件及对可采煤层的影响等因素，研究区对矿井有充水作用的含水层有五个。

(1)奥陶系灰岩裂隙含水层 (O2)

奥陶系灰岩裂隙含水层厚度为390～430m，岩溶裂隙发育，富水性强，补给充沛。奥灰水与二1煤底板的距离为160～180m，水压作用在二1煤底板并不大，对其开采无直接的突水威胁。但奥陶系灰岩距离太原组的 - 11煤的底板距离仅有36m，对于 - 11煤及 - 22煤的开采构成了较为严重的突水威胁。在鹤壁矿山历年的煤矿开采生产活动中奥灰水突水导致的淹井事故曾经发生过七次。

(2)太原组第二层灰岩岩溶裂隙含水层 (L2)

太原组第二层灰岩地层中岩溶裂隙发育不均匀，含有溶蚀裂隙水，补给条件较差，容易被疏干。与奥陶系灰岩含水层距离30～35m，当断层沟通两个含水层时，可以获得奥灰水的补给，此时二灰将表现出强富水性，涌水量则有显著增加。二灰位于二1煤煤层下方距离120～130m，在正常的构造条件下，二灰水对于开采二1煤并无水害的威胁；二灰是 - 22煤煤层顶板的直接充水含水层，对于开采一煤组的矿井构成严重突水威胁。

(3)太原组第八层灰岩岩溶裂隙含水层 (L8)

太原组第八层灰岩在研究区内分布稳定，以溶蚀裂隙为主，厚度为5～6m，富水性有差异，浅部富水性强，深部富水性弱。该含水层为二1煤层底板直接充水含水层，但由于地层厚度不大，补给条件差，对煤矿生产威胁不大。正常情况下，八灰水涌水量小，但遇到断层与奥灰含水层发生对接时，其能够获得奥灰水的补给。

(4)山西组砂岩裂隙含水层 (S)

山西组砂岩裂隙含水层是二1煤的顶底板直接充水含水层，根据抽水试验资料，渗透系数K=0.061～0.235m/d，单位涌水量q=0.024～0.0493L/s·m，为弱富水性含水层，浅部裂隙发育。通常矿井发生砂岩突水是以淋水或者渗水的方式，出水点的水量小，且发生出水后衰减很快。

（5）新近系砾岩孔隙裂隙含水层（N）

砾岩含水层主要分布在矿山的南部，八矿和十矿井田及其附近，地层厚度较大，裂隙发育，富水性较强，主要补给来源为大气降水和地表水。据以往抽水实验结果，渗透系数 K=0.163 ～ 7.337m/d，单位涌水量 q=0.0208 ～ 3.2713L/s·m。砾岩含水层是直接覆盖在含煤地层的上部，对于开采浅部煤具有水害威胁，对开采深部煤的影响较小。

2. 主要隔水层

（1）石炭系中统本溪组隔水层：由铝质泥岩，泥岩和砂质泥岩，夹有两薄层灰岩，隔水性良好，正常情况下可阻挡奥灰水进入矿井，在受到构造破坏的地段或者沉积薄弱的地方，其隔水能力降低。

（2）二1煤底板泥岩隔水层：指二1煤底板至L8层灰岩之间的泥岩、砂质泥岩、薄层灰岩。在自然条件下，该隔水层可阻隔太原组上段岩溶水进入矿井，但开采条件下，若开采破坏二1煤层底板，隔水层薄的地方将失去隔水作用。

（3）二1煤顶板砂质泥岩隔水层：由二1煤顶板至新近系及第四系含水层间的泥岩、砂质泥岩、砂岩组成，可防止新生界的孔隙裂隙水向矿井充水，可在采动影响下，砂岩裂隙水可通过煤层顶板冒落带的采动裂隙进入矿井。

（4）新近系粘土隔水层：主要由砂质粘土、粘土和砾石组成，在自然条件下，可阻止其上部含水层中的水向下渗透，但在采矿条件下，该隔水层在部分地段失去隔水作用。

3. 岩溶地下水的补给、径流及排泄条件

鹤壁市位于太行山东麓向华北平原过渡地带，西起林县西山山前大断裂，东至汤西大断裂，中间所挟持的地块属于太行山向华北平原作阶梯式逐级降落的一个断块构造。在这个断块的内部，以近南北向延伸的中奥陶统与中石炭统地层接触线为界，可将断块分为东、西两个部分。西部主要是奥陶系碳酸盐岩地层，构成相对独立的奥灰岩溶地下水系统。东部大面积分布着石炭二叠和新近系碎屑沉积岩层，形成相对独立的碎屑沉积岩地下水系统。

这两个地下水系统在含水层的性质、埋藏、分布方面，地下水的补给、径流、排泄方面，以及水质、水量方面都有不同的特点，具有相对的独立性。因此，在断裂地块内部，可以划分出以上两个明显不同的水文地质单元，即西部的奥灰岩溶水文地质单元和东部的碎屑沉积岩水文地质单元，这两个水文地质单元就是构造断块内部的第一级水文地质单元。西部岩溶水文地质单元的内部，分布有珍珠泉群、小南海与天喜镇泉群、许家沟泉群、南园与石门寺泉群。它们各自形成独立的岩溶地下水的补给、径流、排泄系统，各有其独立的地下水域，即泉域。根据地下水域可将该第一级水文地质单元进一步划分为四个第二级水文地质单元。

九矿位于小南海泉域岩溶水系统，其他矿井位于许家沟泉岩溶水系统，从四矿到十矿，自北向南分布，位于许家沟泉域的强径流带。受采煤活动的影响，矿山成为该岩溶系统人工排泄区。

许家沟泉域的岩溶地下水是一个独立含水系统，系统内地下水在西部碳酸盐岩裸露区接受大气降水和地表水的补给，之后向东径流，在泉域的东部被石炭系与二叠系的巨厚层砂岩和泥岩阻挡，径流方向转向南，在许家沟附近以泉的形式排出地表。

区域内地下水的主要补给来源是大气降水。在碳酸盐岩裸露区域，降雨通过溶蚀裂隙直接渗入地下，为研究区裂隙岩溶水最主要的补给方式。河流渗漏是该区域重要补给源。淇河常年补给裂隙岩溶水，其主要渗流河段为安乐洞至恶水窝，该河段长为2.25km。渠道渗漏及农田灌溉回渗是岩溶水的另一补给来源，工农渠常年从淇河盘石头上游引水入泉域，供鹤壁市生产与生活用水，除了人为消耗与蒸发消耗外，其余下渗补给岩溶水，此外，泉域内沿淇河建起的大小提灌站，农灌饮水的渗漏与农田灌溉水的回渗又成为岩溶地下水的补给源。

泉域的地形地势与地质构造，决定了泉域裂隙岩溶水自西接受补给，向东径流的总趋势。地下水流至东部受到巨厚层页岩和砂岩地层阻挡，转向东南径流，至淇河北岸许家沟河段，由于河流切割含水层，地下水以泉群形式集中排泄，受集中补给与开采影响，局部地段流向有所改变。由于许家沟泉水的集中排泄，在许家沟是原地附近形成漏斗，改变了地下水的流向，使岩溶水从北向南三面向泉口径流，在泉口排泄而出。

裂隙岩溶水的排泄方式，主要是泉群溢出，其次为矿坑排水与人工开采。许家沟泉为岩溶地下水的主要排泄点，根据泉水流量动态观测资料，年平均溢出量为$0.85m^3/s$。位于泉域内的鹤壁矿务局的井田，由于采矿活动，年排放裂隙岩溶水的水量为$0.45\sim0.54m^3/s$，而且随着煤矿开采的进行，矿坑排水量呈逐年增加的趋势。鹤壁市区的部分生活与工业用水及许家沟泉域内零星分布的农用机井也是岩溶水重要消耗途径。

第四节　矿山地下水化学特征

一、数据收集与整理

各矿自建矿以来积累的丰富水质资料为此次研究提供了可靠的数据来源。研究收集并整理了自1985年至2010年鹤煤集团水质普查资料，河南省地质测绘院，西安煤科院及鹤煤勘探公司在鹤壁矿山勘探时的水质分析资料，共计187个水样分析资料，其中奥陶系灰岩岩溶水（简称奥灰水）52个，太原组第二层灰岩水（简称二灰水）22个，太原组第八层灰岩岩溶水（简称八灰水）39个，山西组砂岩裂隙水（简称砂岩水）42个，新近系砾岩孔隙裂隙水（简称砾岩水）32个。在整理分析历史资料的基础上，于2017年12月进行野外调查取样，共采集了奥灰水样品28件。其中各水样的pH，温度与电导率等在现场测定，其余测试项目在对水样进行系统编号之后送往河南省地质矿产勘查开发局第二地质矿产调查院实验室测试。

二、水化学特征

鹤壁矿山地下水中 TDS 均值分别为二灰水 627.59mg/L，八灰水 560.95mg/L，砾岩水 389.52mg/L，奥灰水 333.04mg/L，砂岩水 695.23mg/L，整体来看各含水层中地下水的矿化度不高。二灰水、砾岩水、奥灰水阳离子以 Ca^{2+}、Mg^{2+} 为主，八灰水中阳离子以 Ca^{2+}、Mg^{2+} 和 Na^+ 为主，砂岩水中 Na^+ 含量较高。二灰水的阴离子主要以 HCO_3^- 和 SO_4^{2-} 为主，八灰水和砾岩水中阴离子主要以 HCO_3^- 和 SO_4^{2-} 为主，而且 $SO_4{2-}$ 的含量比二灰水中 SO_4^{2-} 的含量低。奥灰水和砂岩水的阴离子以 HCO_3^- 为主。二灰水和奥灰水中阳离子的含量关系为 $Ca^{2+} > Mg^{2+} > Na^+$，八灰水和砂岩水的阳离子关系为 $Na^+ > Ca^{2+} > Mg^{2+}$，砾岩水中 $Ca^{2+} > Na^+ > Mg^{2+}$。阴离子的含量关系如下，二灰水、八灰水、砾岩水及奥灰水的 $HCO_3^- > SO_4^{2-} > Cl^-$，砂岩水的 $HCO_3^- > Cl^- > SO_4^{2-}$。离子浓度的变异系数值越大，说明其在地下水中的浓度越不稳定，与外界介质易发生反应。在常规离子的变异系数中大于 0.5 的，二灰水中有 Na^+、Cl^- 和 SO_4^{2-}，八灰水中有 Na^+、Cl^-、HCO_3^- 和 SO_4^{2-}，砾岩水中 Ca^{2+}、Na^+、Cl^- 和 SO_4^{2-}，奥灰水中 Na^+、Cl^- 和 SO_4^{2-}，砂岩水中 Ca^{2+}、Mg^{2+}、Cl^- 和 SO_4^{2-}，说明这些离子容易与含水层介质发生反应，目前主要充水含水层的水化学组分是多种水化学作用综合反应结果。

2. 水文地球化学类型

Piper 三线图可以直观的表示不同常规离子在地下水中的相对含量和地下水的水化学类型，为分析地下水的变化提供基本依据。为查明在煤矿开采不同时期内各主要充水含水层水化学特征，将鹤壁矿山主要充水含水层水质资料按照 1985 年，1992 年，1999 年，2010 年的时间分别投到 Piper 三线图上。根据鹤壁矿山主要充水含水层内地下水水样常规组分和 TDS 的资料，绘制出 Piper 三线图。

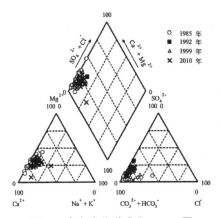

图 9-1 奥灰水化学成分 Piper 图

（1）奥灰水的水化学类型：在收集的鹤壁矿山 187 个水样中，奥灰水样共 52 个，根据水质化验分析数据绘制出奥灰水的水化学成分 Piper 图（图 9-1）。

从图 9-1 可以看出，奥灰水中离子以 Ca^{2+}、Mg^{2+}、HCO_3^- 与 SO_4^{2-} 为主，水化学类

型主要呈 $HCO_3^-Ca \cdot Mg$ 型和 $HCO_3^- \cdot SO_4^- Ca \cdot Mg$ 型。不同时期奥灰水的分布位置集中，水质没有发生明显变化。但是 1985 年的奥灰水 SO_4^{2-} 的含量较低，一般小于 20%，水化学类型主要是 $HCO_3^-Ca \cdot Mg$，而 1992 年和 2010 年的奥灰水中 SO_4^{2-} 所占比例有所增加，水化学类型主要是 $HCO3 \cdot SO_4^- Ca \cdot Mg$。

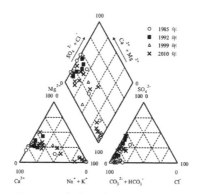

图 9-2 八灰水化学成分 piper 图

(2) 八灰水的水化学类型：不同时期的八灰水水样共 39 个，在 Piper 图中的分布位置见图 9-2。整体看来，八灰水在三线图中位置散乱，水化学类型多样化，主要包括 $HCO_3^-Ca \cdot Mg$ 型，$HCO_3^- \cdot SO_4^- Ca \cdot Mg$ 和 $HCO_3^- Na$ 型。一部分八灰水中以 Ca^{2+}、Mg^{2+}、HCO_3^- 和 SO_4^{2-} 为主要离子，这部分八灰水从 1985 年到 2010 年 Mg^{2+} 和 SO_4^{2-} 在水中的比例有所增加。$HCO_3^-Ca \cdot Mg$ 型和 $HCO_3^- \cdot SO_4^- Ca \cdot Mg$ 型的八灰水化学成分与奥灰水类似，是含水层中灰岩与地下水相互作用的结果。另一部分八灰水则以 Na^+ 和 HCO_3^- 为主要离子，与图 3-6 中砂岩水的性质类似，但是 HCO_3^- 的含量大于砂岩水，因八灰地层距离煤系地层和砂岩含水层较近，水质容易受到影响，推测 $HCO_3^- Na$ 型水为八灰水和砂岩水的混合水。

(3) 二灰水的水化学类型：根据 22 个二灰水水质分析资料绘制出二灰水的水化学成分 Piper 图，如图 9-3 所示：

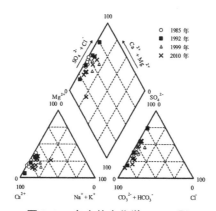

图 9-3 二灰水的水化学 Piper 图

167

由图上可以看出，二灰水中离子以 Ca^{2+}、Mg^{2+}、HCO_3^- 及 SO_4^{2-} 为主，水化学类型包括 $HCO_3 \cdot SO_4^- Ca \cdot Mg$ 型和 $SO_4 \cdot HCO_3^- Ca \cdot Mg$ 型。不同时期二灰水中 SO_4^{2-} 含量变化范围较大。与奥灰水相比，二灰水中 SO_4^{2-} 含量高，水质类型也有明显区别。二灰含水层主要岩性与奥灰相似，主要以灰岩和白云岩为主，但二灰地层属于海陆交互相沉积，夹有多层薄煤层，硫化物含量高。在煤矿开采过程形成氧化环境，硫化物易被氧化形成硫酸，因此二灰水中 SO_4^{2-} 含量高。1985 年二灰水中 SO_4^{2-} 的含量在 30% ～ 50%，主要是 $HCO_3 \cdot SO_4^- Ca \cdot Mg$ 型，2010 年 SO_4^{2-} 的含量约在 25% ～ 55%，主要水化学类型为 $HCO_3 \cdot SO_4^- Ca \cdot Mg$ 和 $SO_4 \cdot HCO_3^- Ca \cdot Mg$，说明二灰水的水化学类型主要受 SO_4^{2-} 的含量变化的影响。

(4) 砾岩水的水化学类型：根据不同时期 32 个砾岩水水质资料绘制出砾岩水的水化学成分 Piper 三线图，如图 9-4 所示：

通过三线图可以看出典型的砾岩水以 Ca^{2+}、Mg^{2+}、HCO_3^- 及 SO_4^{2-} 为主，水质类型主要是 $HCO_3^- Ca \cdot Mg$ 型和 $HCO_3^- \cdot SO_4^{2-} Ca \cdot Mg$ 型。一部分砾岩水中 SO_4^{2-} 含量相对较高，水化学类型为 $SO_4 \cdot HCO_3^- Ca \cdot Mg$。不同时间的砾岩水分布都比较散乱，离子含量百分数不稳定，说明其中离子含量容易受到外界的影响。砾岩含水层介质主要为白云岩和灰岩，其中的 $CaCO_3$ 和 $MgCO_3$ 在水和 CO_2 的作用下，进入地下水中，所以砾岩水以 HCO_3^-、Ca^{2+}、Mg^{2+} 离子成分为主。此外，砾岩水埋深小，其容易受到地表水的影响。

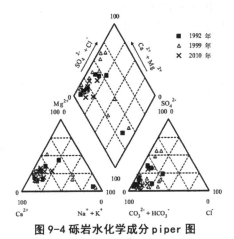

图 9-4 砾岩水化学成分 piper 图

(5) 砂岩水的水化学类型：根据 42 个砂岩水水质化验分析数据绘制出砂岩水的水化学成分 Piper 图，如图 9-5 所示：

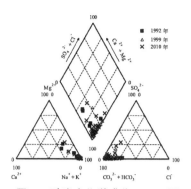

图 9-5 砂岩水化学成分 piper 图

从砂岩水的三线图看出砂岩水中摩尔百分含量较大的离子为 HCO_3^- 和 Na^+，HCO_3^-基本占离子含量的 75%，Na^+ 则在大部分水样中含量在 90% 左右，水化学类型主要是HCO_3^-Na 型。图中砂岩水的位置变化说明 2010 年有些砂岩水中 SO_4^{2-} 和 Cl^- 含量增加了，但含量仍然远小于 HCO_3^-。砂岩中硅酸盐矿物（钠长石，钾长石等）含量较高，其风化产物在水解作用下进入地下水，使得 Na^+ 与 HCO_3^- 含量同时增加，高浓度的 Na^+ 可与 Ca^{2+} 及 Mg^{2+} 发生反向离子交替吸附作用可使水中 Ca^{2+}、Mg^{2+} 被含水层中粘土矿物所吸附。

第五节 矿山地下水水化学组分的形成机制

1. Gibbs 图

Gibbs 通过研究世界大多数河流中影响水化学成分的机制，将影响河水水化学组成的因素分为大气降水控制、岩石风化作用、蒸发 - 浓缩控制三类。通过分析 TDS 与$Na^+/(Na^++Ca^{2+})$ 以及 $Cl^-/(Cl^-+HCO_3^-)$ 的关系图，可以定性判断影响河水溶解组分的主要控制因素。最初的时候 Gibbs 图主要用于研究河水水化学组分的控制机制，但近年来很多学者运用 Gibbs 图研究影响地下水水化学组分的主导作用。

在 Gibbs 图中，一些低矿化度且具有较高 $Na^+/(Na^++Ca^{2+})$ 或 $Cl^-/(Cl^-+HCO_3^-)$ 比值（接近 1），主要分布在图的右下角，代表这些水样的化学成分主要受到大气降水的影响。而矿化度中等/溶解性物质含量中等，但是 $Na^+/(Na^++Ca^{2+})$ 或 $Cl^-/(Cl^-+HCO_3^-)$比值小于或者在 0.5 附近的水样，主要分布在图的左侧中部，水中离子主要来自岩石风化作用。矿化度高和离子比值 $Na^+/(Na^++Ca^{2+})$ 或 $Cl^-/(Cl^-+HCO_3^-)$ 均比较高（接近 1）的水样点主要分布在图的右上角，代表此类水的化学成分主要受到蒸发浓缩作用的影响。因此绘制出鹤壁矿山 187 个地下水水样的 Gibbs 图，如下图 9-6 所示。

根据图 9-6 可以看出二灰水和奥灰水的分布位置相近，集中分布在岩石风化控制区，表明其水化学组分主要受到岩石风化的控制，$Na^+/(Na^++Ca^{2+})$ 分布均匀，均小于

0.5，表明 Ca^{2+} 为主要阳离子，阴离子以 HCO_3^- 为主。这是含水层介质中碳酸盐岩溶解作用的结果，因此，二灰水和奥灰水中化学成分主要受岩石风化作用的控制，蒸发浓缩对其影响较小。

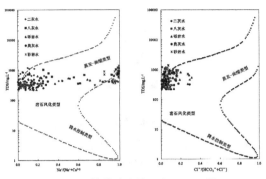

图 9-6 鹤壁矿山地下水 Gibbs 图

砾岩水水样点受岩石风化作用影响比较明显，砾岩水埋深小，地下水中组分来源于岩石的风化作用。砂岩水在左侧的阳离子 Gibbs 图中分布在岩石风化作用控制区及偏向蒸发浓缩控制区，而右侧阴离子 Gibbs 图中分布在岩石风化作用控制区。砂岩水的 TDS 含量中等，$Na^+/(Na^++Ca^{2+})$ 的值大于 0.5，$Cl^-/(Cl^-+HCO_3^-)$ 值均小于 0.5 不符合蒸发浓缩控制类型的水化学特征，阳离子 Gibbs 图中分布位置的偏移受到砂岩水 Na^+ 含量较高的影响。因此，砂岩水的化学成分主要受岩石风化作用控制。八灰的水样点在图 9-6 中的分布位置分散，其水化学组分主要受控于岩石风化作用。

2. 离子比例分析

地下水中主要离子的相对关系含量的比值可以用来研究水化学的形成作用和主要离子的来源。为了查明鹤壁矿山主要充水含水层地下水的主要离子的来源，绘制 1985 年～2010 年研究区主要含水层地下水中的主要离子关系图（图 9-7～3-11）。

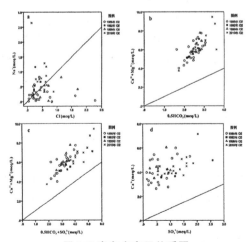

图 9-7 奥灰水离子关系图

在不受人类活动影响的地下水或者人类影响范围较小的含水层内，Cl^- 主要来自岩盐的溶解而且不容易被吸收，随着时间和地下水径流路径不断累积。因此，Na^+/Cl^- 的值被用来探究 Na^+ 的来源。由岩盐溶解而生成的 Na^+/Cl^- 的值为 1，以此比值作为判断水中 Na^+ 来源的分界，若比值大于 1 说明 Na^+ 有除岩盐溶解作用之外的来源。从图 9-7a 中可以看出奥灰水的水样均匀分布在 Na^+/Cl^-=1 的线左右，说明岩盐的溶解作用是奥灰水中 Na^+ 与 Cl^- 的主要来源。地下水中的 Na^+ 含量还受到阳离子交替吸附作用的影响，奥灰水的 Na^+ 与 Cl^- 的比值变化范围不大，可推断出奥灰水中阳离子交替吸附作用微弱。对比前后四个时间水样的分布位置可知，随着时间的增加，越来越多的奥灰水 Na^+ 与 Cl^- 的比值大于 1，说明后期阳离子交替吸附作用有所增强。

若地下水中的 Ca^{2+}、Mg^{2+} 和 HCO_3^- 主要来源是碳酸盐岩的溶解，$(Ca^{2+}+Mg^{2+})/0.5HCO_3^-$=1，从图中 9-7b 可以看出奥灰水的水样分布在 $(Ca^{2+}+Mg^{2+})/0.5HCO_3^-$=1 的线上方，说明奥灰水中 Ca^{2+} 与 Mg^{2+} 的来源不仅为碳酸盐岩的溶解作用，有其他的来源比如蒸发岩（石膏）的溶解作用和硅酸盐矿物风化产物，而 HCO3- 则主要是来源于碳酸盐岩的溶解作用。

若地下水中 Ca^{2+} 和 Mg^{2+} 主要来自于碳酸盐岩和硫酸盐岩的溶解作用，那么 $(Ca^{2+}+Mg^{2+})/(SO_4^{2-}+0.5HCO_3^-)$ 的比值为 1。从图 9-7c 中可以看出奥灰水几乎全部位于 $(Ca^{2+}+Mg^{2+})/(SO_4^{2-}+0.5HCO_3^-)$=1 线之上，可知碳酸盐岩与硫酸盐岩的溶解不是这三个含水层中 Ca^{2+}、Mg^{2+} 唯一的来源，其他水岩作用对其含量亦有贡献。另外当 Ca^{2+} 和 SO_4^{2-} 的主要来源是石膏的溶解，Ca^{2+}/SO_4^{2-} 的值为 1。从图 9-7d 中可以看出，奥灰水的水样位于 Ca^{2+}/SO_4^{2-}=1 的线之上，表明 Ca^{2+} 有其他的来源，SO_4^{2-} 主要来源于石膏的溶解作用。

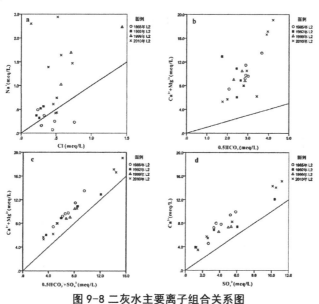

图 9-8 二灰水主要离子组合关系图

二灰水的 $Na^+ \sim Cl^-$ 的关系图（图 9-8a）中，1985 年和 1992 年水样点主要分布在 1：1 参考线两侧，说明岩盐的溶解作用是二灰水中 Na^+ 与 Cl^- 的主要来源；1999 年和 2010 年的水样大多分布在 1：1 线上方，说明 Na^+ 的来源增加了，可能受到阳离子交替吸附作用的影响。二灰水中的 $Ca^{2+}+Mg^{2+}$ 在图 9-8b 和 c 中的分布均在参考线上方，表明水中的 Ca^{2+} 与 Mg^{2+} 的来源不仅仅是碳酸盐和硫酸盐的溶解，HCO_3^- 主要来自碳酸盐岩的溶解，SO_4^{2-} 的主要来源是石膏溶解。不同时间的水样点分布区域差别不大，表示二灰水离子的主要来源没有发生大的变化，会引起水样位置变化的原因是不同时间内各种水岩作用的相对强弱。

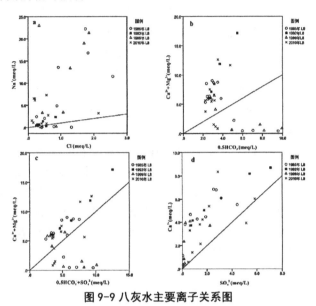

图 9-9 八灰水主要离子关系图

八灰水的 $Na^+ \sim Cl^-$ 关系图中，水样点的分布散乱，表明水中 Na^+ 有多个来源。一部分与二灰水的分布位置相近，另一部则主要是与图 9-10 中砂岩水的位置类似。八灰水中 Na^+ 部分来自岩盐的溶解和阳离子交替吸附，另一部分与砂岩水的混合作用有关。此外，1985 年的水样主要分布在 1：1 线上方，2010 年八灰水分布位置主要在 1：1 线的两侧，说明后期砂岩水的混合对八灰水中 Na^+ 含量的影响减小。图 9-9 的 b、c 和 d 中八灰水的分布位置不集中，八灰水中 $(Ca^{2+}+Mg^{2+}) \sim 0.5HCO_3^-$ 和 $(Ca^{2+}+Mg^{2+})/(SO_4^{2-}+0.5HCO_3^-)$ 的关系有两种趋势。一部分八灰水分布于参考线上方，说明这些八灰水中 Ca^{2+} 与 Mg^{2+} 主要来自碳酸盐岩的溶解，受到阳离子交替吸附作用的影响，HCO3- 主要来自碳酸盐岩的溶解；而位于参考线下方的水样中 Ca^{2+} 与 Mg^{2+} 主要来自碳酸盐岩的溶解作用，HCO3- 的来源除碳酸盐岩的溶解作用之外，还有砂岩水的混合作用。2010 年八灰水主要是分布在参考线的上方，表明受到砂岩水的混合作用的影响减小。图 9-9d 中不同时间八灰水主要沿着 $Ca^{2+}/SO_4^{2-}=1$ 上方分布，则表明八灰水中的 SO_4^{2-} 都是主要来自石膏的溶解。

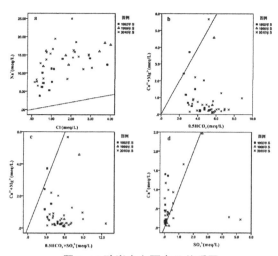

图9-10 砂岩水主要离子关系图

砂岩水的 $Na^+ \sim Cl^-$ 的关系图（图9-10a）中，水样点均分布 Na^+ 与 Cl^- 的1：1参考线的上方，说明除了岩盐的溶解作用之外，Na^+ 具有别的来源，而且对砂岩水中 Na^+ 含量的影响很大，使得砂岩水中 Na^+ 相对 Cl^- 的富集现象，Cl^- 则主要是来自岩盐的溶解作用。

从图9-10b、c 与d 中得出砂岩水中的 Ca^{2+} 和 Mg^{2+} 多来自碳酸盐岩和蒸发岩（石膏）的溶解作用，SO_4^{2-} 的主要来源是石膏的溶解作用，而 HCO_3^- 不只来自碳酸盐岩的溶解作用。砂岩中硅酸盐矿物含量较高，在风化与溶解等各种作用之下进入砂岩水中，硅酸盐矿物风化产物的溶解可使得地下水中 Na^+ 和 HCO_3^- 的含量同步增加，因此砂岩水中 Na^+ 和 HCO_3^- 的高含量是由于硅酸盐矿物的风化作用。整体上来看，不同时间的砂岩水的分布区域没有改变，表明主要离子来源基本没变化，水样点具体位置的变动是水岩作用的相对强弱引起的。

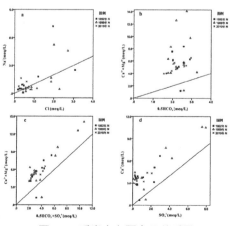

图 9-11 砾岩水主要离子关系图

图 9-11 砾岩水的 $Na^+ \sim Cl^-$ 的关系图中，水样主要分布在参考线两侧，表明砾岩水中 Na^+ 和 Cl^- 的主要来自岩盐的溶解作用，阳离子交替吸附作用引起离子含量在一定范围内变动。大部分砾岩水的 $(Ca^{2+}+Mg^{2+})/0.5HCO_3^-$ 和 $(Ca^{2+}+Mg^{2+})/(SO_4^{2-}+0.5HCO_3^-)$ 的比值大于 1，说明碳酸盐岩和硫酸盐岩不是砾岩水中 Ca^{2+} 和 Mg^{2+} 的唯一来源，阳离子交替吸附作用对砾岩水中 Ca^{2+} 和 Mg^{2+} 也有贡献。从图 9-11b 和 d 中水样主要分布在参考线上方，得出 HCO^{3-} 和 SO^{2-} 分别来自碳酸盐岩的溶解与石膏的溶解。

第六节　矿山地下水主成分分析

主成分分析是一种把多个变量通过降维的思想转化为少数互不相关的综合变量，并且尽量少损失原有数据信息的统计方法。新的变量被称为主成分 (F1, F2, …, Fn)，而主成分与原有的变量之间的相关系数是荷载值。将地下水常规离子浓度带入主成分的表达式中，可以得出每个水样的主成分得分。依据所提取的主成分上原有变量的荷载值与地下水水样的主成分得分值，可分析矿山主要充水含水层的地下水化学变化规律。

对 187 个矿山地下水的常规离子分析结果进行主成分分析，将水样中的 Ca2+、Mg^{2+}、Na^+、HCO_3^-、Cl^- 和 SO^{2-}、TDS 作为原始变量，经过计算，提取出前两个主成分 (F1、F2)，F1 的方差贡献率为 52.20%，F2 的方差贡献率为 30.05%，累计方差贡献率为 82.25%。综合这两个主成分可以相对全面的解释大部分信息，因此提取出主成分 F1 和 F2 用来分析鹤壁矿山地下水的主要特征及变化规律。

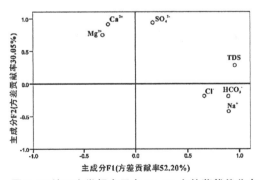

图 9-12 地下水常规离子在 F1-F2 上的荷载值分布

图 9-12 表示了各个分析变量在主成分 F1、F2 上的荷载值分布情况。荷载值大于 0.5 表明这个变量可以作为解释这个主成分的主要因素。由图可知，Na^+、HCO_3^- 和 Cl^- 在主成分 F1 上的荷载值相对高。砂岩含水层中硅酸盐矿物风化作用引起 Na^+ 和 HCO_3^- 的高荷载值。此外，含有 Ca^{2+}、Mg^{2+} 的地下水与围岩上吸附的 Na^+ 发生交替吸附作用，也能引起 Na^+ 的高荷载值；Cl^- 的荷载值高说明地下水滞留时间较长，而 HCO_3^-

的高荷载值可以解释为随着煤矿开采活动进入后期，最初开采活动导致的地下水环境中引入的氧气被逐渐消耗殆尽，SO_4^{2-}在脱硫酸菌的作用下发生还原反应产物。

第七节　矿山地下水水化学演化特征与控制因素

根据地下水化学特征和主成分分析的结果，从时间的角度讨论鹤壁矿山主要突水含水层的水化学演化特征以及控制因素。首先计算出鹤壁矿山地下水水样的主成分荷载得分。将地下水水样的各离子浓度分别代入主成分表达式中，得出其对应的水样的主成分荷载得分。

将鹤壁矿山1985年～2010年187个地下水水样的6个常规离子的浓度分别代入以上两个公式中，得出各水样的主成分得分。研究区主要充水含水层中地下水水样的主成分荷载得分SF1和SF2的关系如图3-14～3-18所示。

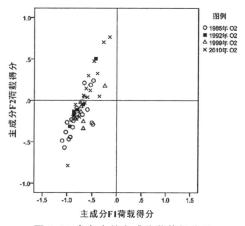

图9-13 奥灰水的主成分荷载得分图

图9-13中奥灰水主要分布在F1轴的零点左侧，表明奥灰水中阳离子交替吸附作用、硅酸盐矿物风化作用和脱硫酸作用并不明显。一部分奥灰水分布在第二象限，表明这些水样主要受到碳酸盐岩和硫酸盐岩溶解作用的影响，另一部分分布在F2轴零点线下方，表明其中的碳酸盐岩和硫酸盐岩溶解作用微弱。水样点分布位置随着时间向右上方移动，说明2010年奥灰水中碳酸盐岩和硫酸盐岩溶解作用对水化学成分的影响变大了，阳离子交替吸附作用、硅酸盐矿物风化作用以及脱硫酸作用增强，但影响仍然很小。

图9-14中二灰水的水样大部分位于一二象限。位于第一象限的二灰水中存在相对明显的黄铁矿氧化作用与碳酸盐岩和硫酸盐岩的溶解作用，而且水化学组分受到阳离子交替吸附作用、硅酸盐矿物风化作用和脱硫酸作用的影响，位于第二象限的水样的主要水岩作用为黄铁矿氧化作用和碳酸盐岩与硫酸盐岩的溶解作用。对比不同时期

水样点分布位置，可以发现二灰水分布位置向右上方移动，表明二灰水中黄铁矿氧化作用，碳酸盐岩和硫酸盐岩溶解作用的强度随着时间也有所增强。

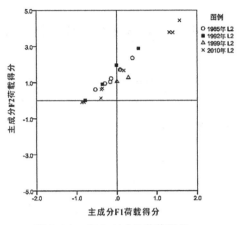

图 9-14 二灰水主成分荷载得分

从图 9-15 中看出八灰水的水样点分布散乱，沿着两个轴均有分布，表明八灰水既受黄铁矿氧化作用，碳酸盐岩和硫酸盐岩溶解作用的控制，在一定程度上受阳离子交替吸附作用，硅酸盐矿物风化作用及脱硫酸作用的影响。1985 年的八灰水主要分布在第四象限和第二象限，位于第四象限的八灰水化学成分主要受阳离子交替吸附作用，硅酸盐矿物风化作用及脱硫酸作用的控制，位于第二象限的八灰水主要水岩作用为黄铁矿氧化作用，碳酸盐岩和硫酸盐岩溶解作用图中 1992 年的八灰水主要分布在 F2 的零点线之上，表示黄铁矿氧化作用，碳酸盐和硫酸盐溶解作用对水化学成分影响较大。1999 年大部分八灰水主要受阳离子交替吸附作用，硅酸盐矿物风化作用及脱硫酸作用的影响。2010 年八灰水主要受黄铁矿氧化作用，碳酸盐岩和硫酸盐岩溶解作用的控制，而且在一定程度上受阳离子交替吸附作用，硅酸盐矿物风化作用及脱硫酸作用的影响。自 1985 年到 2010 年，八灰水的分布位置沿着 F2 轴向上移动，表明黄铁矿氧化作用、碳酸盐岩和硫酸盐岩溶解作用对八灰水化学成分影响变大。

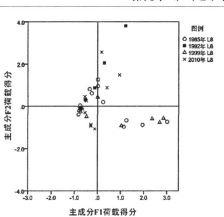

图 9-15 八灰水主成分荷载得分

图 9-16 中砂岩水主要分布在第四象限,表明砂岩水的成分主要受阳离子交替吸附作用,硅酸盐矿物风化作用及脱硫酸作用的控制,黄铁矿氧化作用、碳酸盐岩和硫酸盐岩溶解作用对砂岩水成分的影响较小。对比不同时期内水样的分布,从 1992 年到 2010 年砂岩水的分布位置向右移动,但移动并不明显,表明阳离子交替吸附作用,硅酸盐矿物风化作用及脱硫酸作用有所增强,然变化不大。

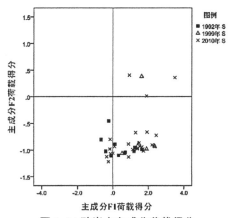

图 9-16 砂岩水主成分荷载得分

图 9-17 中砾岩水的分布位置不集中,1992 年与 2010 年砾岩水主要分布在第三象限,两个主成分得分都不高,表明阳离子交替吸附作用,硅酸盐矿物风化作用及脱硫酸作用,碳酸盐岩和硫酸盐岩溶解作用对砾岩水成分的影响都比较小。1999 年砾岩水主要水岩作用为碳酸盐岩和硫酸盐岩的溶解,亦受阳离子交替吸附作用的影响。

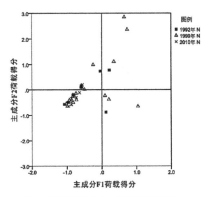

图 9-17 砾岩水主成分荷载得分

综合统计分析、Piper 三线图、Gibbs 图、离子比例分析及主成分分析的结果，可以得出以下结论：奥灰水主要水化学类型为 $HCO_3^-Ca \cdot Mg$ 型和 $HCO_3 \cdot SO_4^-Ca \cdot Mg$ 型，Ca^{2+}、Mg^{2+}、SO_4^{2-} 和 HCO_3^- 主要来源于碳酸盐岩和硫酸盐岩的溶解，Na^+ 的主要来源是岩盐的溶解及阳离子交替吸附，水化学成分主要受碳酸盐岩和硫酸盐岩的溶解作用控制，阳离子交替吸附作用、硅酸盐矿物风化和脱硫酸作用对其影响较小。不同时间内水岩作用强度不同，2010 年奥灰水中碳酸盐岩和硫酸盐岩溶解作用对水化学成分的影响变大了，阳离子交替吸附作用、硅酸盐矿物风化作用和脱硫酸作用增强，但影响仍然很小。

二灰水的水化学类型主要 $HCO_3 \cdot SO_4^-Ca \cdot Mg$ 型和 $SO_4 \cdot HCO_3^-Ca \cdot Mg$ 型，岩盐的溶解作用是二灰水中 Na^+ 和 Cl^- 的主要来源，二灰水中的 $Ca^{2+}+Mg^{2+}$ 的主要来源是碳酸盐岩和硫酸盐岩的溶解，HCO_3^- 主要来自碳酸盐岩的溶解，SO_4^{2-} 的主要来源是石膏溶解。水化学成分主要受到黄铁矿氧化作用，碳酸盐岩和硫酸盐岩溶解作用的控制，阳离子交替吸附作用、硅酸盐矿物风化作用和脱硫酸作用对其影响也不可忽视，而且这些作用随着时间明显增强。

八灰水的水化学类型多样，包括 $HCO_3^-Ca \cdot Mg$ 型和 $HCO_3 \cdot SO_4^-Ca \cdot Mg$ 和 HCO_3^-Na 型；八灰水 Ca^{2+} 和 Mg^{2+} 的主要来源于碳酸盐岩与硫酸盐岩的溶解作用，Na^+ 来源于硅酸盐矿物的风化作用，岩盐的溶解作用与砂岩水的混合作用，HCO_3^- 来源也为碳酸盐岩的溶解和硅酸盐矿物的风化作用。八灰水中水岩相互作用比较复杂，其水化学成分既受黄铁矿氧化作用，碳酸盐岩和硫酸盐岩溶解作用的控制，在一定程度上受阳离子交替吸附作用，硅酸盐矿物风化作用及脱硫酸作用的影响。

砾岩水水质类型呈现 $HCO_3^-Ca \cdot Mg$ 型，少部分呈现 HCO_3^-Ca 型，水中的 Ca^{2+}、Mg^{2+}、SO_4^{2-} 和 HCO_3^- 主要来源于碳酸盐岩和硫酸盐岩的溶解，Na^+ 的主要来源是岩盐的溶解作用和阳离子交替吸附作用。砾岩水化学成分主要受岩石风化作用控制。砂岩水的水质类型为 HCO_3^-Na 型，Ca^{2+} 和 Mg^{2+} 的主要来源是碳酸盐岩与硫酸盐岩的溶解作用，Na^+ 主要是硅酸盐矿物的风化作用与岩盐的溶解；砂岩水成分主要受阳离子交替吸附作用，硅酸盐矿物风化作用及脱硫酸作用的控制，黄铁矿氧化作用、碳酸盐岩和硫酸盐岩溶解作用对砂岩水成分影响较小。

第十章　矿山开采对地下水资源的影响及水质评价

第一节　矿山开采对地下水资源的影响

一、矿山开采对水资源循环的影响

降雨、蒸发、下渗、径流是水资源循环中的几个主要过程。矿山开采前水循环处于自然状态，开矿后由于矿坑疏干及采空后地表裂隙塌陷作用，使得矿山水循环系统发生了变化，主要表现为以下几个方面。

（一）改变了地表水与地下水的转化关系

开采前地表水对地下水补给关系较稳定，矿山排水后使地下水位区域性下降，致使河流地表水直接回灌地下，地表水流量明显减少或枯竭断流，处于滨海区域的会引起海水倒灌。当因采矿发生裂隙甚至引起地面塌陷使裂缝延展到地面时，地表水就会通过导水裂隙带下渗补给矿坑水，再人为机械排出地面流入河谷，致使河谷中的水流无法分辨其来源及其各自的数量，破坏了地表水与地下水的天然水力联系，使水资源量的评价难以得出较可靠的数据。

（二）加速了降雨和地表水的入渗速度的同时减少蒸发消耗量

采矿前受地下水储量的调节，地下水埋藏较浅且以横向运动为主，运动速度较慢，从补给到排泄时间较长，从而有利于蒸发消耗。采矿后地下水储蓄因不断被疏降而越来越少，漏斗范围越来越大，浸润线比降越来越大，地下水埋藏越来越深，运动速度加快，且运动方向由天然状态下的横向运动为主，逐步改变为垂向运动为主。特别是受地表裂隙塌陷的作用，不仅地表水向地下水的转化加强，而且降雨入渗的速度加快，因而不利于蒸发消耗。

（三）矿坑排水使水循环复杂化

矿坑水的来源主要为河床基流、地下水侧向径流。大量的矿坑排水加速了地表水的下渗及地下水的径流速度，且排出的矿坑水部分又渗漏补给地下水，从而改变了流域内地表径流、基流与潜流的相对比重，可使本来闭合的流域变为非闭合流域，使区域水循环复杂化。

二、矿山开采对水资源量的影响

所谓水资源量是指可以逐年恢复或更新的淡水量。由于矿山开采改变了水循环系统，使得区域水资源补给量和可利用量产生相应的变化。

（一）对水资源补给量的影响

矿山开采后产生的地表裂隙及塌陷，加快了地表水向地下水的转化和降水入渗速度，故地表水和降水入渗量均加大。特别是丰水期的入渗量增大，减少了地表径流向区域外的排泄量。另外矿坑排水降低了地下水位，加大了对外流域的袭夺量，减少向流域外的潜流量及地下水蒸发量，故区域水资源的补给量有所增加。

（二）对水资源可利用量的影响

自然条件下可利用的水资源有地下含水层中的水、泉水以及地表水。由于矿坑大量疏干排水，地下水均衡系统天然流场发生了改变，再加上矿层（体）采出后，采空区上方岩层在重力作用下发生弯曲、离层以致冒落形成塌陷，使矿坑上覆岩层产生破裂，促使岩层中原有断裂裂隙进一步扩展并波及地表，从而使坡面漫流、地表径流沿裂隙带渗漏流失而逐渐减少，造成许多河流水量明显减少，甚至断流，地表水资源可利用量减少。同时使塌陷区孔隙水通过导水裂隙带渗入井下而转化为矿坑水，导致地下水资源可利用量减少或枯竭。给生产造成了极大的经济损失，而且采矿过程中的矿井大量排水又使矿山水资源量锐减，加剧了供排矛盾。

三、矿山开采引起含水层水位变化

煤矿开采区含水层水位变化与农民饮用浅水井、农用灌溉机井的用水量及开采引起的含水层水流失等有关，其中主要是开采引起的。地下开采破坏了原有的力学平衡，使得上覆岩层产生移动变形和断裂破坏。当导水裂隙带波及到上覆含水层时，含水层中的水就会沿采动裂隙流向采空区，造成岩土体中水位下降。由此可以看出，岩土体中的水位下降与覆岩破裂密切相关。随着工作面推进距离增大，断裂带高度增大，当采空区面积达到充分采动时，断裂带高度将保持为某一定值，采空区边界的破坏带高度大于采空区中央破坏带高度。

而根据上覆岩层破坏带高度及其分布形态，可以推断出一般开采情况下的含水层水位变化。对于非充分采动，上覆层岩破坏带高度最大值位于采空区中央，导致此处的含水层水位降最大（图10-1）。

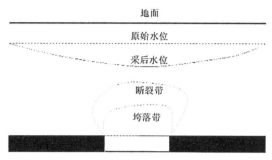

图10-1 非充分采动引起地下水位变化

如果采空区面积较大，采空区中央上方的断裂裂隙压密闭合，由此产生的含水层水位降在采空区边界达到最大值（图10-2）。

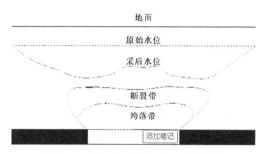

图10-2 充分采动引起地下水位变化

对于大采高小采深，上覆岩层冒落区波及含水层，则由此引起含水层的水直接流入采空区，也形成以开采边界为边界的扩散降落漏斗（图10-3）。

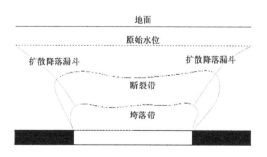

图10-3 深厚比大且充分采动引起地下水位变化

181

四、矿山开采造成地下水污染

矿山开采造成水污染是矿山普遍存在的环境问题。矿山的采掘生产活动同其它生产活动一样，需排放各类废弃物，如矿坑水、废石和尾矿等。由于这些废弃物的不合理排放和堆存，对矿山及其周围水环境构成不同程度的污染危害。

1. 直接污染

(1) 废石、尾矿以及选矿过程中排放的污水对水环境的污染

废石对水环境的污染主要体现在废石经雨水或各种水源渗滤、浸泡后形成的渗滤液对矿山地表水及地下水环境形成的危害。废石性质及所含微量元素的不同，其渗滤液对水环境的影响程度各异。如金矿废石长期堆放于地表，在氧化、微生物分解及雨水渗洗等综合作用下得到充分反应可产生含大量金属离子的酸性废水。在选矿过程中也会产生含污染成份的污水，这些污水不经处理而排放后，对地表、地下水资源的水质都有不同程度的污染。对于煤矿而言，主要涉及煤矸石和粉煤灰渗滤污染地下水。中国煤矸石积存量30多亿T，占地12000ha之多，仍以每年1.3亿T补排。在煤矿城市，煤矸石山星罗棋布，粉煤灰在灰场区内排放堆存，在雨水和洒水作用下，煤矸石和粉煤灰中有毒有害元素（Cu^{2+}、Pb^{2+}、Zn^{2+}、F^-等）可渗滤进入土壤，并向浅层地下水迁移，污染浅层地下水资源。水质分析检验结果表明化学耗氧量大，细菌总数和大肠菌群含量大，如未加处理，任其长期外排，对环境会产生一定的不良影响。

(2) 矿坑水对水资源的污染

矿坑水是井下揭露的来自各种水源的混合水，主要包括矿井开采产生的地表渗透水、岩石孔隙水、矿坑水、地下含水层的疏放水、以及井下生产防尘、灌浆、充填污水、选矿厂和洗煤厂污水。通常，矿井水PH值在7-8之间，属弱碱性。但是含硫的矿井水，含SO_4^{2-}较多，大都是酸性水。在含硫矿井，由于矿石或围岩及含硫煤中的硫化矿物经氧化、分解并溶解在矿井水中，形成酸性水。尤其在开采巷道中，在大量渗入地下水和良好的通风条件下，为硫化矿物的氧化、分解提供了极为有利的环境。此外地下开采尤其是水力采煤、水沙充填采矿排放的污水是不可忽视的。据统计，若不考虑回水利用，每产1t矿石，废水排放量为$1m^3$左右；生产1t原煤约从井下排出废水$0.5 \sim 10m^3$不等，最高可达$60m^3$。而且有些矿山关闭后，还会有大量的废水继续污染矿山环境，影响范围远远超出矿山本身。

矿井水污染可分为矿物污染、有机物污染和细菌污染。在某些矿山中还存在放射性物质污染和热污染。矿物污染物有砂、泥颗粒、矿物杂质、粉尘、溶解盐、酸和碱等；有机物污染有煤炭颗粒、油脂、生物生命代谢产物、木材及其它物质的氧化分解产物，以及受开采、运输过程中散落的粉矿、煤粉、岩粉及伴生矿物的污染，水体呈灰黑色、浑浊、水面浮有油膜，并散发少量的腥臭、油腥味。矿井水对水环境的污染方式主要包括：矿坑水自矿坑中排出后对水环境构成的直接（地表水）或间接（地下水）污染，以及由于地下水位回升或下降导致的含水层之间"串层"污染。

2. 间接污染

矿山开采对水资源的间接污染主要表现在地下水大幅度下降及地表塌陷的发生，导致了污水通过干枯的河道、泉眼及塌陷坑直接回灌或渗入地下，带来不堪设想的后果。例如对岩溶水的间接污染，矿山开采引起地表塌陷沟通了第四系含水层和岩溶含水层之间的直接联系，为污染物进入岩溶含水层开辟了途径；又因为第四纪含水层主要由亚砂土、砂砾石组成，而砂砾石与河床相通，被污染的河水通过砂砾石层经塌陷再进入岩溶含水层，造成岩溶水污染；此外由于地下水位下降，迫使人们弃浅采深，但在开采岩溶水过程中，又因凿井时需穿过上层水质不好的水层，上层水中的污染物通过井管外壁进入岩溶含水层。

3. 污染机理

所谓地下水污染是指在人工的因素作用下，引起物理、化学与生物化学过程，导致地下水中某些组分的浓度变化，达到危害人体健康、破坏生态自然环境的程度。污染源对浅层地下水的污染既体现在微量成分上，也体现在常量组分上，但各具特点：前者表现为多变、局限、规律性差；后者则表现为相对稳定、广泛、规律性强。这说明了埋藏于一定地质环境中地下水的污染，并非污染物直接进入而造成的，而是污染因素（污染源、污染物、污染途径等）与自然条件相互作用，进而改变了水文地质环境的结果。

矿山污染物对地下水污染的主要形式有两个方面。其一，可溶盐溶解。污染物中的无机盐类具有很强的可溶性，是地下水污染组分的主要物质来源。在长期的降水渗滤作用下，这些可溶的污染组分以溢流水为运动载体向外排泄，并下渗进入地下含水层，导致地下水无机盐类组分含量升高，造成地下水的严重污染。其二，水文地球化学作用。污染物的露天堆积使岩石从原来的还原环境转化为氧化环境，在长期的风化作用下，岩石的内部结构被破坏，使矿物晶格中的离子分解游离出来，由原来的化合态转化为游离态，使污染物组分的能量系数降低，溶解度升高，迁移能力增强。在这一转化过程中伴随了一系列的化学反应，如富含黄铁矿岩石分解生成硫酸盐，含氮矿物分解生成硝酸盐。矿山污染物在包气带中的运动以重力作用下的垂向迁移为主，当到达地下水面毛细管带时，由于密度差的影响，沿着毛细管带上的边缘横向扩展，最终漂浮在地下水面以上或者穿透含水层，直到遇到不透水层或弱透水层时才会显著横向扩展开来。在污染物流经的所有地方都会因为物理、化学吸附以及毛细截流作用，致使部分残留在空隙介质中。同时由于挥发和溶解作用，在地层中不断向周围环境中释放出污染物。污染物在进入含水层的过程中与周围介质之间发生了一系列的物理化学作用，使地下水组分发生改变，导致地下水的严重污染。

4. 污染源形状

地下水的污染同污染源的形状有很大关系，如点状污染源（废物堆、发生污染事故的地点等），其有害物质浓度比面状污染源要高的多，但污染范围有限；而面状污染源（加污染大气通过降水形成的污染源），虽浓度低，但涉及面大。据污染源调查分析，污染源本身可以是点状的、线状的、平面状的等，在区域范围内它们还可以成为分散状的、集中的、次集中的、多核心的、条带状的，连续的、断续的和混合类的。

第二节　采煤塌陷对地下水循环过程的影响

西南山地是中国喀斯特地貌分布最为广泛、类型最为复杂的地区之一。其特有的喀斯特地貌，其具有特有的"跑水"问题，加之不合理的人类活动的影响，该区已成为当前生态环境极其脆弱的地区之一。

地下水系统在自然界水循环系统中是一个非常重要的子系统。降雨、蒸腾、蒸发、径流、入渗、地下水补给、排泄等时空变化对一个区域的生态环境有着极其重要的影响。随着人类活动对能源需求的不断提高，采煤强度的增大和深度不断增加，从而导致采煤塌陷区的范围不断扩大，进而影响到区域水资源。而喀斯特地貌的特殊性，造成其地下水极容易受到破坏和污染，其治理与恢复将是一项非常复杂、困难且耗时的工程。

当前对喀斯特地貌区水循环过程研究较多，主要体现在水资源过程的再利用方面。对喀斯特地貌区采煤塌陷区的地下水循环的研究较少，主要集中在水污染治理上，而专门针对采煤塌陷前后地下水循环过程及水环境介质的研究则更少。笔者根据相关文献成果，同时结合实际考察重庆松藻煤矿塌陷区的现状，分析了采煤塌陷对地下水循环过程的影响，可为西南山地采煤塌陷区土地复垦规划以及方向提供一定参考。

一、地下水循环过程

1. 采煤塌陷前水循环过程

喀斯特地貌（碳酸盐类）的地下水水文循环过程主要包括峰丛—洼地（裸露型）和峰丛—谷地（覆盖型）的地下水水文循环。

峰丛—洼地基本上为裸露的基岩，降雨径流从裂隙或管道直接入渗，在完整基岩上产生坡面流，在微地形上汇集补充洼地。有土层覆盖的地方，可以分为4个主要水文作用带：土层带、皮下带、渗流带（发育于包气带的下部）和管流带（地下河系组成部分，其与落水洞、溶洞和漏斗及溶隙，是地下水径流排泄通道）。当降雨或径流进入土层带，就会填充土壤中的孔隙，形成孔隙流，其被充填满后，形成壤中流，一部分壤中流进行流动，另一部分在皮下带进行入渗，从而形成裂隙流，或直接形成裂隙流。如遇该带不发育地段，常溢出地表成泉，同坡面流一起流入落水洞补给地下河。渗流带常呈饱和状态，水量损失极小，渗漏水沿裂隙、节理缓慢地向管流带渗漏，即慢速裂隙流。快速裂隙流和慢速裂隙流向管道流汇集形成较大管道流，遇到大溶洞就会出露地表形成大的泉井和溶洞，如果遇到落水洞则直接汇集补充到地下暗河，当地下暗河有半渗透隔水层或其他裂隙就会进行越流补给。这样一来，就形成了喀斯特地貌地下水补给、排泄的复杂系统，具有不闭合流域特性。

2. 采煤塌陷过程中地下水环境介质变化

由于井下采煤活动导致地表移位、地层岩石被拉伸、断裂，导致塌陷，会产生一系列裂隙等，这些变化必然影响地下水的循环过程。岩石的水介质在产状、构造（局部）方面变化微小或未变，对其储水和水流动变化的作用非常有限。洞穴（地貌发育）和裂隙变化较为明显，不同的洞穴地貌发育阶段对其地下水的储水和流动能够起到较为明显的作用。由于采煤活动引起岩石的洞穴发育阶段加速或被塌陷充填，在洞穴地貌发育不同阶段将导致地下水流动速度变化，进而影响到地下水循环过程；岩石裂隙的大小直接影响快速和慢速裂隙水之间比例，进而会影响到渗流带和管流带之间的水文带的变化，如果不同的隔水组岩层有裂隙贯通，就会发生水文带之间跃进变化，这将完全打乱地下水运移的原有模式。

土层在土性和厚度方面变化微小或者未发生变化，而土壤孔隙度变化难以确定，这是因采煤塌陷土层有可能随基岩下沉而导致孔隙度变小，如果基岩下沉非常微小，则土层几乎不发生变化；原来的土层如果有土坑存在，遇到基岩塌陷会加快土层的特性（深度、面积等）发生较大变化；如果土层的基岩产生的裂隙影响到土层表面，一部分土壤会充填到不同裂隙中，使土壤原有的孔隙流发生快速或慢速裂隙流，会完全改变土壤入渗和壤中流的规律。总之，采煤活动引起的水环境介质的变化，改变了赋存水（水量和流速）在空间位置上的状态，进一步影响其他一些因素的变化，反过来影响水环境介质发育状态的变化，使采煤塌陷地下水系统也会变得更加复杂化。

3. 采煤塌陷后对地下水循环过程再利用的问题

采煤前，在峰丛—洼地适当部位，寻找有皮下水带（有的有泉水出露）修建水池和水窖，形成较有水源保证的自流蓄水池。依据地形条件使多个水池通过管渠相连形成有调节功能的水池网络系统，用于灌溉和人畜饮水。而采煤后，水环境介质的变化，完全改变了原来地下水的入渗和排泄过程，更重要的是破坏了原有地下水循环的入渗途径等，进而导致地下水排泄方式的复杂化和多元化。最终使原来喀斯特地下水循环过程再利用被完全打破，具体表现在以下方面：

1）再利用水源点枯竭

a. 降雨径流难以产生。由于采煤塌陷导致的地表裂缝较多，地表入渗过程加快，渗流带、管流带等水文带，因地裂缝的存在，导致壤中流、裂隙流、管道流，甚至越流，出现复杂及多元化补给形式。

b. 泉井（眼）、溶洞、地下河干枯，原有灌溉水源干枯。原有泉井、溶洞等排水方式，在采煤塌陷后，以前壤中流、快慢裂隙流、管道流等补给路径被裂缝损毁，导致固有补给水量、速度在空间和时间上发生完全改变。

2）蓄水实体损毁

a. 水池、水塘和水库等蓄水实体因采煤塌陷产生拉伸破坏，裂缝漏水，导致无法蓄水。

b. 水田的"快速"漏水主要是由于土层皮下带的犁底层及基岩下出现裂缝，原来以垂直入渗土层的孔隙流在土层微裂隙中转换为部分裂隙流，使土层蓄水时间缩短、水量快速减小；如果水田土层较薄，基岩有裂缝存在，通过土层的孔隙水流在皮下带侧向和垂直向的流速、流量增大，从而导致土层剖面蓄水完全被快速排干，转向基岩的裂隙流或管道流。如果水田土层表面灌溉一定的水量，产生了一定的水力梯度，则会加速水田"快速"漏水。

二、对策

通过对西南采煤塌陷地下水循环过程的水环境介质分析可见，地下水循环过程发生了较大的变化，导致水资源点干枯和蓄水实体损毁。为此，提出了在西南山地采煤塌陷区地下水再利用和保护水资源方面的主要对策：

1）矿井排出水源点分类利用。不管是北方地区，还是西南地区，采煤塌陷区形成的一个重要的原因是疏干法。矿井排出水往往从沟道中白白流走，使塌陷区的水资源更加短缺。分析其原因是矿井排出的水基本上都因采煤活动而被污染，难以利用。对采煤塌陷区而言，这部分水源是其再利用的重要水源点，应该分类加以利用。比如对矿井排出的水，首先让其通过一些生物措施处理，其次分为水田灌溉和人畜饮水，最后依据各类标准进行化学处理，并满足相应的水质要求。

2）雨水收集再利用。利用矿区的房屋、公路及其他水泥地面等，进行雨水收集的再利用。其难点是蓄水实体被塌陷拉伸开裂的问题，可采取 2 种策略：一种是地下开挖，应用特殊材料，建立橡胶水窖，即可满足矿区人畜饮水问题，减轻矿区水资源的压力；另一种是运用特有结构、钢筋等材料，采取加固等方式修建适应矿区塌陷的稳定区水池和水窖。

3）节水灌溉技术应用。根据对采煤塌陷区水田"快速"漏水原因的分析，可利用矿井的点水源或部分自来水等方式，以及节水灌溉技术（滴管或喷灌）对其水田土层的灌溉用水量及土层入渗的强度、速度、范围及土层深度等进行精细化经营，使其土层孔隙流被植物高效利用，难转换成裂隙流。其难点是投资较大，可依托区域高标准农田建设和农村水利工程建设，推广节水灌溉技术加以解决。同时寻求水稻品质性和其他农产品的优质开发，形成西南山地采煤塌陷区特色农业模式。

4）涵养水源林建设。针对采煤塌陷区地下水循环的某一些环节加快水循环的过程，采取改变下垫面的入渗强度方式，以延缓其水文循环过程。在地形和岩性确定的条件下，只要改变地表植被覆盖，则会明显影响其下垫面入渗方式，起到较好的保水作用。依据西南山地采煤塌陷区自然特点，以生态优先为原则，同时兼顾经济效益，以涵养水源为目标的生态林种选择、比例搭配等造林技术，导致其森林植被具有涵养水源的功能作用。

第三节　神经网络技术预测受采动影响的地下水水位

由于地下水资源系统是一个多因素影响下的非线性系统，故引入人工神经网络原理，建立地下水位动态预报人工神经网络模型。人工神经网络模型属于集中参数模型的一种，是模拟人脑工作模式的一种智能仿生模型，可以对信息进行大规模并行处理；具有自组织、自适应和自学习的能力，以及具有非线性、非局域性等特点；而且善于联想，能够从大量的统计资料中分析提炼实用的统计规律。

一、多层前馈 BP 神经网络

图 10-4 为三层前馈神经网络的拓扑结构，其中第一层为输入节点，第二层为隐节点，第三层为输出节点。

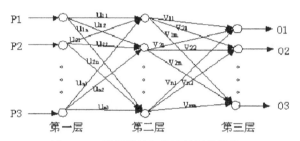

图 10-4 三层前馈神经网络的拓扑结构

每一个训练范例在网络中经过两遍传递计算，首先输入信号产生一个输出，并得到一个实际输出和所需输出之差的误差矢量，然后反向传播计算，从输出层至输入层，利用误差矢量对权值进行逐层修改。此种算法要求神经元特性函数是可微，通常选用 S(Signmoid) 型函数，其表达式如下：

二、受采动影响的地下水水位预测

对于地下水系统而言，某一地区的具体区域，影响地下水位变化的因素是确定的，所以可以用能代表该地区的地下水资源系统的系列实测样本数据输入本神经网络模型进行训练。通过神经网络的自学习过程，自动调整权值，直到满足误差精度要求为止。如果训练不能收敛到给定的精度，说明网络层数少，不足以描述该地区的地下水资源系统的复杂性，可适当增加网络的层数，一般 4～5 层的网络就能描述非常复杂的系统。采用某矿山地下水资源系统资料建立神经网络模型。据资料分析可知影响该地区地下水资源系统的主要因素是矿井排水量、生活用水量、降雨量以及蒸发量。模型采用三层，其输入层为 P1、P2、P3、P4，中间隐含层的神经元数为 4，输出层则为 D1，其网络拓扑结构简化为图 10-5。

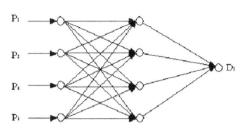

图 10-5 采用的网络拓扑结构

其中：P1—降雨量（mm）；

P2—蒸发量（mm）；

P3—矿山排水量（T）；

P4—生活用水量（T）；

D1—水位降落值（m）。

用该地区的实测序列资料（见表 10-1）作为样本展开模型训练。

表 10-1 模型训练样本资料

年份	降水量（mm）	蒸发量（mm）	矿山排水量（m3）	生活用水量（m3）	地下水位降落值（m）
1990	712.1	621.0	65320	1426	0.38
1991	662.0	532.0	78640	1563	0.42
1992	813.7	698.5	82450	1749	0.44
1993	741.6	624.9	95460	1864	0.58
1994	535.3	412.5	112450	1926	0.63
1995	433.6	328.2	123890	2045	0.66
1996	711.4	675.6	134560	2689	0.75
1997	639.2	529.4	146780	2864	0.78
1998	543.6	430.6	157850	2963	0.85
1999	435.8	332.0	169680	3450	0.94
2000	673.9	529.6	193640	3670	1.19
2001	789.6	636.4	213260	3870	1.64
2002	548.9	467.8	248640	4650	1.89
2003	679.1	526.8	283640	5862	2.20

表 10-2 模型训练结果表

年份	实测（m）	模拟（m）	相对误差 %
2001	1.64	1.49	9.1
2002	1.89	1.62	14.2
2003	2.20	2.47	12.3

从预报结果来看，预报值与实测值最大相对误差不到 15%，所有结果定性上都是一致的，说明利用 BP 神经网络模型可进行矿山地下水位动态预报。

第四节 保护矿山水资源的有效途径

地下水是人们常用的饮水水源，它具有稳定不易受污染特性。但由于其流速缓慢，所在含水层对污染物质的净化作用小以及含水层对污染物质的吸附与解析等作用造成了地下水一旦受到污染就很难进行治理。所以一定要做好地下水污染的防治工作。

一、统一规划管理及推行水资源有偿使用

矿坑大量疏排地下水，一方面提高了吨煤的生产成本，加重了煤炭生产企业的负担，另一方面造成了大量地下水资源的浪费。因此政府部门要对矿山水资源实行统一规划，将地表水、地下水、矿坑排水纳入统一管理。推行限量排水及回灌地下水制度，控制矿井地下水的排放。实行清水、污水分渠排放，分别利用，分类管理。矿井超前疏排的地下水，一般均系未受到污染和污染程度轻微，针对电厂冷却用水和一般工业用水完全能够满足。坑下明显受到污染的矿排水，主要是水中悬浮物、硬度和个别元素含量超标，因而，应采取建立污水处理厂等方式，加以净化处理，以满足一般工业和农业灌溉用水的需要。地下水作为人们不可替代的资源，尤其在普遍缺水的华北，更是不可浪费的宝贵资源。在市场经济的今天，可以通过行政管理手段，并利用经济杠杆作用，采取政府让煤矿有偿使用，煤矿向市场售水等办法，对煤矿山地下水资源做到合理使用，避免水资源的浪费。

二、加强开采过程中保护矿山地下水资源的措施

在富含水层下采矿，须留设足够有效的防水煤岩柱，井巷掘进工作在接近含水层、导水断层时，必须超前钻孔探水，在井下有突水危险的地区附近设置水闸门或闸墙，在掘进工作面或其它地点发生明显突水征兆或大量涌水时，应立即停止工作，采取相应的保护措施，确保含水层不受破坏；采用矸石或水砂充填采空辽宁工程技术大学硕士学位论文50区或改变采矿工艺、降低导水裂隙带高度，减轻对地下含水层的影响；加强矿山水文地质勘察工作，深入研究矿山水文地质条件。针对矿井边界的不同水文地质条件，分别利用地面防渗、帷幕注浆等工程，截断进入井田的地下水通道，以减少矿井涌排水量和突水发生的机率，减少地下水污染途径，避免水资源浪费。

三、消除矸石山

要消除矸石山灾害，最好的办法使其变废为宝进行综合利用。煤矸石利用途径有很多种，大致可以分为以下三类。煤矸石的热能利用，煤矸石的热能利用就是利用煤矸石中含有一定数量煤炭的性质进行回收；煤矸石的建材利用，煤矸石作为建筑材料，是当前煤矸石综合利用的主要途径，技术相对比较成熟；煤矸石的其它方面利用，经风化的煤矸石可充填采空区，减小地表沉陷带来的灾害，可改良土壤，还可加工成吸

附剂、分子筛、生产硅铝炭黑、回收硫化铁及铺设路基、地基等。

四、加大矿山废水污染控制

要解决矿山废水造成的危害，必须采取各种措施与方法，严格控制废水排放，减少废水对周围环境的污染。

1. 改革生产工艺，尽量减少废水排放量

污染物质是从一定的工艺过程产生出来的，因此改革工艺以杜绝或减少污染物的排放量是最根本、最有效的途径。如选矿厂可采用无毒药剂代替有毒药剂，选择污染程度小的选矿工艺，减少选矿废水中的污染物质。国外已采用无氰浮选工艺，中国也有不少单位正在开展氰化物及重铬酸盐等剧毒药剂代用品的研究，并取得一定的成效。如广东某铅锌矿用无毒浮选工艺，采用硫酸锌代替氰化钠，不仅减少污染和危害，而且也提高了选矿厂的经济效益。

2. 循环用水，一水多用

开展水采矿井煤泥水处理技术的研究，使水采煤泥和洗煤厂洗煤煤泥经浮选后全部厂内回收。一是可回收煤炭资源；二是保证洗煤厂洗煤用水的同时，实现洗水闭路循环，既可节约用水，又可节约清水；三又减少了污水的外排，保护了环境，还能取得良好的经济效益和社会效益。采用循环供水系统，使废水在一定的生产过程中多次重复使用。既能减少废水的排放量、又能减少新水补充，解决日益紧张的供水问题。

3. 井下污水处理

目前推广的经济型水泵工艺或区域化水泵工艺所采用的煤泥水处理系统都是按闭路循环设计的。在井下中央硐室采用斜管沉淀仓对采区分级脱水后的煤泥水进一步净化处理，大部分煤泥水净化在井下供采掘循环使用。只有少部分经过浓缩后的高浓度煤泥水用小流量高扬程煤泥泵排至地面入洗煤厂或脱水处理。针对小型煤矿，地面无洗煤厂，所产生的煤泥水都在井下中央硐室处理，中央硐室采用浓缩旋流器和高频振动筛对煤泥水进一步处理，可以做到煤泥水不升井。在大中型矿井中工作的采煤机、转载机、掘进机等使用的液压油、齿轮油、液压支架使用的乳化油，由于管理不善产生泄漏，随矿井水排至地面污染环境。应采取如下措施：一是要加强对设备的管理；二是完善各类用油设备的密封性能，防止漏油；三是研究开发水介质单体液压支柱，不使用乳化油，对于井下防灭火灌浆和水砂充填处理采空区的充填污水，可在井底硐室处理后循环使用。

五、开发利用采空区积水

煤矿开采活动中，对煤层围岩造成了很大破坏，围岩中原有裂隙宽度加大，并产生了大量新的裂隙；开采工作结束后，留下巨大的地下采空空间。二者存在，必然成为地下水运移与存储的新场所和空间。由于煤矿山多为大规模的开采行为，所以开采所产生的煤层采空区范围是非常广泛的，采空区空间特别巨大，故此采空空间可成为

不可忽视的巨大的地下水库。当然,煤矿采空区积水,一般 PH 值稍低,需经适当处理。但采空区积水的开发利用,不失为缓解矿山工农业生产用水矛盾,减轻岩溶水资源紧张,水位不断下降的局面的有效途径。

六、做好地下水污染防治工作

地下水污染指由于人类活动引起的化学成分、物理性质、生物学特性改变而使水质下降的现象。地下水的污染防治措施是:

(1)地下水污染调查。其目的是查明地下水的污染源、污染途径和影响地下水污染的各种天然和人为因素。对各种污染途径进行定量分析,计算每一类途径迁移的污染物数量。

(2)地下水污染预防。主要措施是消除地下水污染源与切除污染物渗入地下含水层的途径。一般采用改进工艺,减少污染物排放量,严格污染物排放标准;妥善处置工业废渣和生活垃圾;禁止用渗坑、渗井方式排放废水,严格控制污水灌溉水质;采矿过程中注意矸石及尾矿排放点的选择;酸性矿井水、高矿化度矿井水经处理后方可外排。建立地下水动态监测网,及时发现水量、水质变化,找出影响因素,为地下水污染预测提供依据。

(3)地下水污染治理。主要的方法有封闭截流法(把污染地下水封闭在一定范围内,控制扩散,保证水源恢复良好水质)、净化恢复法(更换被污染包气带土层,抽出受污染地下水,处理后再回灌原地下含水层,促进水质恢复),抽出处理后利用或另行排放。

第十一章 地下水环境保护与污染控制

第一节 地下水污染概念

一、概述

关于"地下水污染"的涵义，在现有的国内外文献中包含多种多样的提法，至今还没有公认的定义。

有些人认为，要对地下水污染下一个切合实际的定义就必须涉及到水质标准问题。德国马瑟斯（Matthess，1960）提出如下的定义：所谓污染地下水是指地下水由于人类活动的影响使其溶解的或悬浮的有害成分的浓度超过了国家或国际规定的饮用水最大允许浓度。中国有些水文地质工作者也常采用这种定义。但这种定义是有缺陷的，当地下水中的某些成分，由于人类活动而显著增高，虽还没有超过规定的饮用水标准，但已接近标准，这只是一个污染程度问题，若按这种定义还不能算为污染，这是不符合情理的。而且饮用水标准也是人定的，是随着人们的认识和适应而变的，它只代表人体对地下水中某些元素适应能力的准则，而作为评价污染的标准是不够的。因为地下水从开始污染到污染严重，乃至达到不能饮用的地步，有一个从量变到质变的过程，特别是一旦发现地下水中某些元素超标，再进行治理就比较困难。故应将污染定义在超过背景值的基点上。

按照巴肯和基及迈尔德和巴尔威德等人对污染地下水所下定义来看，所谓地下水的污染是指由于人类活动直接或间接的影响，致使水的可能利用范围与原来的水质相

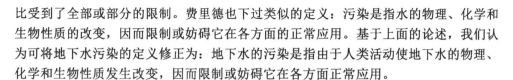

比受到了全部或部分的限制。费里德也下过类似的定义：污染是指水的物理、化学和生物性质的改变，因而限制或妨碍它在各方面的正常应用。基于上面的论述，我们认为可将地下水污染的定义修正为：地下水的污染是指由于人类活动使地下水的物理、化学和生物性质发生改变，因而限制或妨碍它在各方面正常应用。

二、地下水污染类型及危害

造成地下水水质恶化的各种物质都称为地下水污染物。地下水污染物的种类繁多，从不同的角度可分为各种类型。按理化性质可分为：物理污染物、化学污染物、生物污染物、综合污染物；按形态可分为：离子态污染物、分子态污染物、简单有机物、复杂有机物、颗粒状污染物；按污染物对地下水的影响特征可分为：感官污染物、卫生学污染物、毒理学污染物、综合污染物（王华东等，1984）。从污染物对人体的危害角度将地下水污染物分成 14 大类，各类均突出其主要危害。

（一）病原微生物及耗氧有机物污染

1. 病原微生物污染

受生活污水、医院污水及垃圾等污染的地下水中，常含有各种病原菌（常见的有霍乱、伤寒、痢疾等）、病毒（常见的有肠道病毒、传染性肝炎病毒等）和寄生虫（常见的阿米巴、麦地那丝虫、蛔虫、鞭虫、血吸虫、肝吸虫等）。病原微生物污染的特点是：数量大，分布广，存活时间长，繁殖速度快，易产生抗药性，传统的二级生化污水处理及加氯清毒后，某些病原微生物仍能大量存活。因此，此类污染物实际上通过多种途径进入人体，并在体内生活，一旦条件适合，就会引起疾病。

2. 耗氧有机物污染

生活污水和部分工业废水中含有大量的碳水化合物、蛋白质、脂肪和木质素等有机物。这类物质进入地下水中，在生物化学作用下易于分解，在分解时消耗水中的溶解氧，故称耗氧有机物。耗氧有机物没有毒性，但它能提供病原微生物所需的营养，故含耗氧有机物的污水中一般均含病原微生物。地下水中耗氧有机物愈多，耗氧愈多，水质愈差，地下水污染愈严重。

（二）无机有害、有毒物污染

1. 无机有害物污染

无机有害物污染主要指亚硝酸根、硝酸根、硫酸根、磷酸根、硅酸根、硫氢酸根等对地下水的污染。

亚硝酸根和硝酸根不仅本身对人体有害，同时还可作为水受有机物污染的标志。亚硝酸根被吸入血液后，能与血红蛋白结合形成失去输氧功能的变形血红蛋白，使组织缺氧而中毒，重者可因组织缺氧而导致呼吸循环衰弱。另外，亚硝酸盐在人体内还可与仲胺作用生成亚硝胺。亚硝胺有强烈的致癌作用，同时还有致畸胎与致遗传变异的可能。

硝酸根是亚硝酸根进一步氧化的产物，因此它可以被还原成亚硝酸根。如果饮水中硝酸根含量过高，儿童尤其是婴儿饮用后，由于其肠胃酸度较低，多适于微生物生长，微生物可使硝酸盐还原成亚硝酸盐，亚硝酸盐再被血液吸收，使大量血红蛋白变成正铁血红蛋白，使血液不能输送氧气而患白血病。

硫酸根主要来源于硫酸制造选矿场、矿坑水、钢铁酸洗厂、煤加工厂等。硫酸镁或硫酸钠盐对胃、肠有刺激作用，可引起肠道机能失调，也可以使水味变坏。硫酸盐含量过低，可能引起克山病。

磷酸根以 $H_2PO_4^-$；$H_2PO_4^{2-}$；$H_2PO_4^{3-}$ 的形式存在于水中。$H_2PO_4^-$ 来源于无机物及蛋白质的生物氧化，$H_2PO_4^{2-}$ 来源于磷矿物，$H_2PO_4^{3-}$ 主要来源于动物排泄物，它们的出现可作为水被污染的标志。不同形式的磷酸其毒性各有差异，对人体的危害主要表现在损伤神经系统。

硅酸在天然水中一般含量不高。如果人体从硅酸含量较高的水中长期摄取过量的硅酸，则可引起高血压和动脉硬化症。

硫氢酸主要来源于动物体或含硫蛋白质在还原条件下的分解，故可作为有机污染的标志。饮用水中硫氢化物含量过高对人体也有危害。

2. 无机有毒物污染

无机有毒物污染主要指氟离子 F^-、氰离子 CN^-、硫离子 S^{2-}。等对地下水的污染。

氟及其化合物主要来源于磷肥工业、电解制铝、硫酸、冶炼及制造含氟农药、塑料等工业废水。氟与人的牙齿及骨骼健康有关。人体需要适量的氟，水中含氟量过低（小于 0.3mg/L），饮用后人的牙齿失去防止龋齿的能力；过高（大于 1.5mg/L），又容易使牙齿釉质腐蚀，出现氟斑齿，甚至造成牙齿崩坏。长期饮含氟量过高的水，还会引起骨骼改变等全身慢性疾病，称为氟骨症。氟中毒会致人残废。

氧化物主要来源于含氧工业废水，包括电镀废水、焦炉和高炉的煤气洗涤废水及冷却水、有关化工废水和选矿废水等的排放。氰化物是剧毒物质，经人体消化道或呼吸道进入机体后，迅速被吸收，与高铁型细胞素氧化酶结合，变成氰化高铁型细胞色素氧化酶，失去传递氧的作用，引起组织缺氧而导致中毒。

硫化物污染主要有甲硫醇、二甲硫、二甲二硫、硫化氢等。硫化氢有刺激性，进入血液后部分与血红蛋白结合，生成硫化血红蛋白而使人出现中毒症状。含硫化氢的水除发臭外，对混凝土和金属都有侵蚀破坏的作用。

（三）金属有害、有毒物污染

1. 金属有害物污染

金属有害物污染主要指钙、镁、铁、锰、铜、锌、钼、钴、镍、锶、铍、钒、钡、镉、铝等金属离子对地下水的污染。

钙和镁在水中的含量是构成水硬度的主要成分。饮用高硬度水，特别是永久硬度高的水，不仅有"苦"、"涩"味，而且还可引起消化道功能紊乱、腹泻、孕畜流产。锅炉用永久硬水易结垢，导热系数减小，能耗成倍增加，易造成爆炸。

铁元素及其化合物一般无明显毒性，也是人体必需的元素之一，但若误服过量的亚铁（如硫酸亚铁），可使人发生急性中毒，表现为皮肤色素沉着、肝脾肿大、糖尿病、心肌病等。

锰也是人体必需元素之一，但锰也有毒性，人体吸收过多锰会产生慢性中毒，可能引起震颤麻痹、肺炎、记忆力下降、心动过速等病症。

铜和锌也是人体必需的元素之一，但若摄取过量也有毒性。硫酸铜的毒性较大，可能引起肠胃炎、肝炎、黄疸等疾病。锌的毒性较弱，若食入过多可引起肠胃炎、腐蚀消化道粘膜等疾病。

铜、钴和镍这三种元素也都是人体必需的元素，但食入过量时也会引起中毒。人过多或过少摄入相同钼时产生痛风症，接触三氧化钼对眼、鼻、咽喉粘膜可能有刺激作用。口服过量钴可引起红细胞、血红蛋白增加，还可能引起甲状腺肿大。吸入过量钴对肺、胃有损。金属镍实际上无毒性，但镍盐与皮肤接触可产生湿疹、镍痒疹，羟化镍具极毒并致癌。

锶、铍在天然水中的含量一般甚微，饮水中含量过高时可能引起大骨节病、锶佝偻和铍佝偻病。食入锻过多时可引起急性中毒。慢性中毒时病变主要在肺，呈肉芽肿改变。

钒在化学工业中用做催化剂，用于生产硫酸，其盐类用于玻璃工业、照相行业、染料工业。对人体危害最大的钒化物是五氧化二钒，有刺激眼、鼻、咽喉呼吸道的作用，引起支气管炎和哮喘，舌有墨绿色苔。

钡主要来自冶金、机器制造、染料工业和其他工业部门的污水。钡的可溶性盐（如氯化钡和碳酸钡等）对人体有害，食入后可导致四肢软瘫、心肌受累及呼吸肌麻痹现象。

镉主要来源于汽车和飞机制造工业的污水中。镉会影响水的色、嗅、味性状，进入人体主要累积于肝、肾和脾脏内，引起严重的骨痛病。

铝一般无毒，但如人体长期摄入过量铝盐，不仅对磷的吸收受影响，而且干扰磷化物的代谢。

2. 重金属与类金属有毒物污染

重金属类污染突出的特点是不能被生物分解去毒，只有形态、价态的变化，在环境中不断迁移转化。水体中重金属通常是被生物富集，即由很低的浓度，通过动物（及植物）食物链的特殊作用，可以富集到极高的浓度，这是重金属污染危害大的原因之一。主要包括汞、镉、铬、铅、砷、硒等对地下水的污染。

汞主要来源于化工、仪表、染料、农药、电镀等工厂的废水。汞进入水体后，通过生物化学过程转变为剧毒的甲基汞。汞及其化合物脂溶性很强，可在人体内蓄积，主要作用于神经系统、心脏、肾脏和胃肠。汞在神经系统积聚后，人先表现为头昏、饮食不振、牙根出血、脱发、视力障碍、疲乏等，后期表现为肢体末梢麻木、刺痛感、语言不清、视力模糊、耳聋、动作失调等直到死亡。

镉主要来源于冶金、电镀、化学及纺织工业的废水。镉及其化合物均具有毒性，能在人体细胞中蓄积引起慢性中毒，慢性镉中毒可引起骨痛病，该种病开始时是腰、手和脚等关节疼痛，延续几年后，全身的神经痛和骨痛，使人不能行动，甚至呼吸时都带来难以忍受的痛苦，随后骨骼软化萎缩，易发生病理性骨折，之后饮食不进，于虚弱疼痛中死亡。

铬主要来源于电镀工业、制革工业、化工工业等的废水。铬是变价元素，在废水中有六价铬和三价铬两种价态。六价铬的毒性比三价铅大100倍。铬对人体有很大的刺激性和腐蚀作用。铬及其化合物是一种常见的致敏物质。铬进入人体血液后，遇血中氧即形成氧化铬，夺取血液中部分氧气使血红蛋白变为高铁血红蛋白，致使血细胞携氧机能发生障碍，血中氧含量减少人就会发生窒息。铬盐对胃、肠粘膜有极强的刺激作用，对中枢神经有毒害作用。近来国外报道六价铬和三价铬都有致癌作用。

铅及其化合物来源于冶炼、机械加工、机器制造、化学、纺织、染料及其他工业部门。铅为积累性毒物，它很容易被胃肠道吸收，通过血液扩散到全身器官和组织，并能进入骨骼、肾中积聚，影响神经系统的正常功能。

砷多来源于硫酸工业、氮肥工业、铁砷合金冶炼、染料、医药、化工等工业废水、农作物施用的含砷农药。砷对人体毒性很大，特别是它的三价和五价化合物，随饮水进入胃肠道，很容易被粘膜吸收进入血液，扩散到所有器官和组织中并聚积起来。砷的慢性中毒表现为肝、肾的炎症，多发性神经炎、皮肤和指甲的病变，近年来还发现砷有致癌作用，经常饮含砷量较高的水，皮肤癌患病率也较高。

硒用于陶瓷、玻璃、染料、橡胶、电子及无线电工业。硒及其化合物都有毒性，但无毒硒的毒性较小，对人体的危害与砷相似，但毒性大于砷。硒损害肝脏和骨髓的功能，以及引起解齿病。亚硒酸中毒可发生多发性神经炎和心肌损害。硒是强致癌物。

（四）有机毒物污染

1. 易分解有机毒物污染

易分解有机毒物以酚类污染物为代表。酚在自然情况下也普遍存在着，有2000多种。低浓度酚主要来自粪便和含氮有机物在分解过程中的产物；高浓度酚主要来自焦化厂、煤气站、炼油厂、化工厂、树脂厂、制药厂等工业废水。酚类属高毒污染物，为细胞原浆毒物，低浓度能使蛋白质变性，高浓度能使蛋白质沉淀，对各种细胞有直接损害，对皮肤和粘膜有强烈腐蚀作用。长期饮用被酚污染的水，可引起头昏、出疹、搔痒、贫血及各种神经系统症状，甚至中毒。

有机磷农药是目前农药品种最多的一类，约有100多种，多数是杀虫剂（如敌百虫、敌敌畏等）、少数是杀菌剂（如稻瘟净、异稻瘟净等），除莠剂（如地散磷、草特磷等）和杀线虫剂（如除线虫特、线虫磷等）。其中有些农药亲体及其在自然环境中的降解产物，能残留在环境中或作物上，会造成农药污染。有机磷农药可引起人体肝功能障碍，有的还有致畸性。

2. 难分解有机毒物污染

主要包括有机氯农药、多环芳烃、合成洗涤剂、增塑剂、多氯联苯等对地下水的污染。

有机氯农药是农药中的一大类,具有剧毒、高效、难分解、易残留等特性。由于具有这些特性,通过生物富集和食物链作用,造成农药公害。有机氯农药通过食物链进入人体和动物体,能在肝、肾、心脏等组织中蓄积。DDT在人体内累积,造成慢性中毒,影响神经系统,破坏肝功能,造成生理障碍。

多环芳烃主要来源于焦化厂、煤气厂、炼油厂以及汽车、飞机等运输工业废气,采暖锅炉和家庭炉灶亦排出少量多环芳烃,种类十分繁多,其中有些是强致癌物。

多氯联苯主要来源于电机厂、化工厂、再生纸厂、造船厂。这些污染源的多氯联苯以废油、渣浆、涂料剥皮等形式进入水系污染地下水。饮用含多氯联苯的地下水后,经消化道吸收后,引起痤疮样皮疹,眼睑浮肿,眼分泌物增多,皮肤、粘膜色素沉着,黄疸,四肢麻木,肠胃道功能紊乱。

增塑剂是用来提高塑料可塑性的添加剂,目前使用的增塑剂主要是酞酸脂类化合物。饮用含酞酸酯类地下水,可引起中毒性肾炎,对外周神经系统有损伤作用,可引起多发性神经炎、感觉迟钝、麻木等症状。

合成洗涤剂主要来源于生活污水及造纸、纺织、金属处理等工业废水。合成洗涤剂种类较多,家庭常用的是烷基苯磺酸钠。在饮用水中浓度过大时如人体有害,同时由于不易被氧化和被生物分解,容易自生活污水或工业废水中进入水源地,故可作为水源受生活污染物污染的标志。

(五)石油污染

地下水中油类物质主要来源于炼油厂、石油的勘探与开采、石油的贮存、纺织工业、金属处理厂、食品厂等废水。原油是烷烃、烯烃和芳香烃的混合物,其组成成分中含有毒物质,特别是其中沸点300～400℃的稠环芳烃大多是致癌物。

(六)放射性污染

水体中放射性物质主要来源于铀矿开采、选矿、冶炼、核电站及核试验以及放射性同位素的应用等。摄入人体内的放射性核素,通常会聚积在一些重要的机体组织中或进入蛋白质核酸等生命体内。它们可能损伤机体的功能,引起白血病、癌症和减少寿命,或作用于人类生殖细胞的染色体等,会引起遗传疾病。

三、地下水污染源

向地下水排放或释放污染物的场所称为地下水污染源。污染源的类型很多,从不同角度可将地下水污染源划分为各种不同的类型。按引起地下水污染的自然属性可划分为:天然污染源(如地表污水体、地下高矿化水或其他劣质水体、含水层或包气带所含的某些矿物等)和人为污染源。人为污染源又根据产生各种污染物的部门和活动划分为:工业污染源、农业污染源、生活污染源、矿业污染源、石油污染源等。

按污染物进入地下水以前具体所在的地点、场所和建筑物可划分为:工业和生活废水贮存地段(地面集水池、沉淀池、蒸发池、残渣水池等);工业及生活固体废物堆放地段(如垃圾堆、化粪池、盐场等)和工业生产污秽地区;损坏的排水系统及个别在工艺过程中使用液体的车间场地；石油产品、化工原料及其产品堆放地段；施用肥料和有毒农药的耕地以及用污水灌溉的耕地；排泄污水的钻孔和水井；与开采层有水力联系的地下高矿化含水层；与含水层有水力联系的污秽地表水体等。

在进行地下水污染研究时，常常将以上两种划分原则混合使用，即污染物的来源有具体的场所或建筑时尽量用之，若没有则采用较抽象的某种活动。

此外，按污染源的几何形状特征可划分为：点污染源（如城市污水排放口、工矿企业污水排放口等）、线污染源（如污染的河流）、面污染源（如用污水灌溉的耕地）。按污染物的运动特性划分为：固定源、移动源。按污染物排入时间划分为：连续排放污染源、间断排放污染源、瞬时排放污染源。

下面按产生各种污染物的部门和活动分析讨论污染源。

（一）工业污染源

1. 工业废水

许多工业所排出的废水中含有各种有害的污染物，特别是未经处理的废水，直接流入或渗入地下水中，造成地下水的严重污染。不同工业所含的有害污染物不同，对地下水污染的影响不同。

化学工业中排出废物的污染最为严重，污染物的种类最多。它的污染物来源于化学反应不完全所产生的废料、副反应所产生的废料、燃烧废气以及冷却用水所含的污染物等。另外，许多化工产品本身便是有害物质，所以设备管道的漏泄、产品存放时的散落及产品的使用等都可造成污染。对水质污染的污染物主要是酸类碱类污染物、氰化物、酚类、醛类、油类、硝基化合物、有毒金属及其化合物、砷及其化合物、有机氧化物、芳烃及其衍生物等。

冶金工业中的污水来源于高炉、电炉冷却水、洗气水、焦化厂的蒸氨废水、煤气水、轧钢冷却水。这些废水中含酚、割，渗入地下则使地下水遭受严重的毒性污染。

各种机械工厂中，主要由于电镀车间的镀件冲洗水中常含有氰和铬等毒物。热处理厂、铸造厂等的污水主要来源于煤气发生炉，主要毒物是酚、氰。电厂的冲灰水中主要含砷、汞等毒物。

工业废水污染源具有水量大、影响面广，其成分复杂，毒性大，不易净化，处理难等特点。

2. 工业废气

许多工厂生产过程中要排出大量有毒有害气体，如制酸工业主要排放二氧化硫、氮氧化物、砷化物、各种酸类废气；钢铁冶金企业和有色冶炼企业主要排出二氧化硫、氯化氢、氮氧化物以及铅、铵、锌等金属化合物；制铝工业和磷肥工业主要排出磷化氢、氟化物等；石油工业主要排放硫化氢、二氧化碳、二氧化硫等；氮肥工业排放氮氧化物；炼焦工业排出酚、苯、氧化物、硫化物等。

各种车辆所排出的废气有一氧化碳、氮氧化物、臭氧、乙烯、芳香族碳氢化合物，以及废气经阳光照射后的光化学反应产物 —— 过氧化乙酰硝酸酯等，会对动植物都有严重危害。

以上所述这些废气不仅污染大气，直接影响农作物生长，腐蚀破坏金属和建筑材料，影响居民的生活卫生条件，危害人们的健康，且大气中的污染物还随着雨水、降雪降落到地表、渗入地下，污染土壤和地下水源。

3. 工业废渣

工业废渣包括：高炉矿渣、钢渣、粉煤灰、硫铁渣、电石渣、赤泥、洗煤泥、硅锭渣、铬渣、选矿场尾矿以及污水处理厂的淤泥等。这些工业废渣中常常含有多种有害物质，有的甚至有剧毒。

如果放置的地方不恰当，处置方式不当（中国目前工业废渣的处理方式有两种，有的工厂废渣直接堆放在地面，有的挖坑填埋），经分解淋滤下渗也可以污染地下水。

（二）农业污染源

由于农业活动而形成的污染来源有土壤中剩余农药、肥料与动物遗体的淋滤下渗及城市、工业污水灌溉等。

农药喷散在田地里后，有的农药如敌敌畏、敌百虫等，受碱性物质、紫外光及氧的作用，很快就被分解而消失。但有些长效性农药如DDT、六六六，由于它们在自然界比较稳定，在一定时间内，可以残留在土壤、水域及生物体内，并随着食物链逐步浓缩在高等动物和人体内，引起一些不良后果。

肥料包括动物废弃物和化肥。动物废弃物有动物粪便、厩肥或垫草、倒掉的饲料及丢弃的动物尸体。动物废物中含有大量的各种细菌和病毒，同时含有大量的氮，这些都是污染地下水的物质。化肥常有氮肥、磷肥、钾肥等，土壤中这些剩余的肥料可以随下渗水一起淋滤渗入地下水中引起地下水污染。

污水灌溉目前已成为农业增产的重要措施之一，同时也是污水排放的途径之一。一方面因城市污水中常含有氮、磷、钾及有机碳化物，故使用污水灌溉不仅可以节省肥料，而且使土壤变黑、发松、含氮量增加、土壤肥力大大提高；而另一方面因污水含有各种有毒有害物质，长期使用污水灌溉也可能引起对作物、土壤及地下水的污染，甚至造成农作物减产。

农业污染源具有面广、分散、难以收集、难以治理特点。

（三）生活污染源

人类生活活动会产生各种废弃物和污水，污染环境。特别是城市，人口密集，面积狭小，相对来说生活污染比较严重。生活污染及其对环境的影响途径有以下几种：

（1）消耗能源排出废气造成大气污染。如中国的一些城市里，居民普遍使用小煤炉，是构成大气污染的污染源，危害较大，亦是低空酸雨形成的基础，构成对地下水污染的危险。

（2）排出生活污水（包括粪便）造成地下水污染。城市生活污水包括城市居民生活污水、科研文教单位实验室排放污水、医疗卫生单位排放的污水。城市居民生活废水中的物质来自人的排泄物、肥皂、洗涤剂、腐烂的食物等；可从各种实验室排出的污水中成分复杂，常含有多种有毒物质，具体成分取决于实验室种类；医疗卫生单位的污水，以细菌、病毒污染物为主，是流行病、传染病的重要来源。

(3) 排出的生活垃圾、废塑料、废纸、金属、煤灰和碴土城市垃圾，造成地下水的污染。

（四）采矿活动

采矿活动引起地下水污染表现在以下几方面：

(1) 采矿时排出矿坑水中，有的是 pH 值很低的酸水（如煤矿），有的是含有某些有毒金属元素或放射性元素的水（如钼矿、铅锌、放射性矿等），排出的这些矿坑水可以污染地表水，或下渗污染矿山附近的其他地下水。

(2) 由于矿坑疏干排水降低了地下水位，使原来处于饱和带的矿体岩石转化为包气带，有些难溶矿物可转变为易溶矿物，经过风化、雨水渗入淋滤，或由于暂时停止抽水，水位回升时的溶解，可以使矿山地下水中增加某些成分，使地下水恶化。

(3) 采矿时堆积的尾矿砂，被雨水淋滤也可造成地下水的污染。

(4) 矿山废弃的坑道、废弃而未封死的钻孔，都可能成为未来污染的通道。

（五）石油污染源

石油污染源是指石油勘探、开采、运输、贮存活动中引起的石油污染。石油勘探和开采时，如果钻井封闭得不严密，可使石油或盐卤水由地下深处进入浅部含气层而污染地下水，也可以是通过废弃的油井、气井、套管与腐蚀破坏了油、气井而成为地下水的污染源。

石油生产过程中，常常同时开采出更多的废水（盐水），排放这些废水的坑池可以成为地下水的污染源。用这些废水回灌驱油时，有时也会通过未堵塞或破裂的套管进入淡地下水中，石油生产井场的废水和漏油从地表通过包气带的下渗污染地下水。

石油运输过程中漏油、溢油的现象也是常有的，油船事故造成漏油污染河水，也可间接污染地下水。输油管道的破坏引起石油溢出，也可污染地下水。地面贮油罐的漏油和地下贮油库的渗漏都能引进地下水污染。

（六）地表和地下污水体

已经遭受污染的地表水体，包括河流、湖泊、人工水库等，如果直接补给地下水，将引起地下水的污染。在沿海地区，由于开采地下水可能引起海水倒灌、咸水入侵而污染地下水源。地下水受地表污水体污染的程度与距地表水体的距离及地质条件有关。

对潜水来说，还有可能受到自深部的咸水的污染；对承压水来说，还有可能受到已被污染的潜水所污染。这属于地下水本身之间污染转移。

四、地下水污染途径

地下水污染途径是指污染物从污染源地（污染物进入地下水以前聚集存放地点）

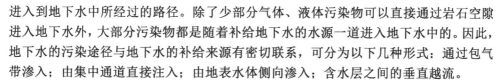

进入到地下水中所经过的路径。除了少部分气体、液体污染物可以直接通过岩石空隙进入地下水外，大部分污染物都是随着补给地下水的水源一道进入地下水中的。因此，地下水的污染途径与地下水的补给来源有密切联系，可分为以下几种形式：通过包气带渗入；由集中通道直接注入；由地表水体侧向渗入；含水层之间的垂直越流。

（一）通过包气带渗入

1. 通过包气带连续渗入

这种途径是污染液从各种具体的污染源地不断地通过包气带向地下水面渗漏。该途径的具体污染源地种类很多，如废水（废液）坑、污水池、沉淀池、蒸发池、排污水库、污水渗坑、残渣水池、蓄污洼地、化粪池、排污沟渠，管道的渗漏段、输油管和贮油罐损坏漏失处、石油井或矿化自流井中油或水溢流到地面地段等。

污染液在到达地下水面以前要经过包气带下渗，由于地层有过滤吸附等自净能力，可以使污染物浓度发生变化，特别是当包气带岩层的组成颗粒较细、厚度较大时，可以使污染液中许多污染物的含量大为降低，甚至全部消除，只有那些迁移性强的物质才能到达水面污染地下水。因此，这种污染途径的污染程度受包气带岩层厚度和岩性控制。

2. 通过包气带断续渗入

堆放在地表的工业废物及城市垃圾，被大气降水淋滤，一部分污染物通过包气带下渗污染地下水。这种情况只发生在降雨时，而非降雨期则无，故属断续渗入地下。

这种途径的具体污染源地有：地面废物堆、垃圾填坑、饲养场、盐场、尾矿坝、污水废液的地表排放场、化工原料和石油产品堆放场、污灌的农田、施用大量化肥农药的农田等。地下水受污染的程度与污染物的种类（固体、液体）和性质（可溶性）、下渗水源的多少、包气带岩层的厚度和岩性等因素有关。

（二）由集中通道直接注入

利用井、孔、坑道或岩溶通道将废水直接排入地下岩石孔隙裂隙中，是废液废水地下处理的一种方法。注入地下的污水，由于过滤、扩散、离子交替、吸附、沉淀等自净作用，使污染物的浓度降低，甚至完全自身净化。但是如果排人的废液太多，超过了岩石对污染的自净能力，则会污染地下水。污染的范围开始只限于通道附近，以后逐渐扩散蔓延。如果地下水流速很小，则扩展很慢，地下水流速较大时，则向下游可以延伸很远的距离，造成地下水的大片污染。

（三）由地表水侧向渗入

许多城镇的生活污水和工业废水都排入河流，以期达到天然自净。若未经处理的污水排放过多，特别是难以消除的化学污染物太多，超过了天然自净容量，则使地表水污染。污染了的地表水又可以成为地下水的污染源。布置在河谷里的岸边取水建筑物，常常受到河水的污染。在沿海地区，布置在滨海的钻孔，由于大量开采地下水，水位下降幅度较大，降落漏斗扩展到海岸线时，其也会产生海水入侵，咸水可渗入到淡水层引起污染。

地表水侧向渗入污染的特征是：污染影响带仅限于地表水体的附近呈带状或环状分布。污染程度取决于地表水污染的程度、沿岸岩石的地质结构、水动力条件及水源地距岸边的距离。距离岸边愈远，污染的影响愈弱。

（四）含水层之间的垂直越流

开采封闭较好的承压含水层时，顶板之上如果有被污染了的潜水，则对承压水来说是一个潜在的污染源。它可以由于开采承压水时水位下降，与潜水形成较大的水头差，潜水可以通过弱透水的隔水顶板直接越流；可以通过承压含水层顶板的"天窗"流入；也可以通过止水不严的套管（或腐蚀套管）与孔壁的间隙向下渗入承压含水层；还可以经由未封填死的废弃钻孔流入。

第二节　地下水污染调查和监测

一、概述

地下水污染调查的目的是通过一系列的现场观测、勘探、试验以及室内实验研究，查明地下水的污染源、污染途径以及影响污染的各种天然和人为因素，为进行地下水污染评价，进而提出预防、控制和消除污染的综合性措施提供依据。地下水污染调查的内容应包括对区域历史情况的研究，地下水污染现状的调查以及未来趋势的分析，不仅要调查污染物、污染源、污染途径以及含水层中的污染中心分布、迁移规律，而且还应调查自然地理和水文地质环境。

工作方法包括地面调查、勘探工作、野外试验工作、室内实验工作及地下水污染监测等。

地下水污染调查工作程序一般包括准备工作、野外调查及室内整理三个时期。

1. 准备工作时期

调查工作开始以前首先应明确调查的目的、任务，调查区的范围，参加工作人员，现有的仪器设备，要求提交的成果等。然后进行搜集资料、现场踏勘、拟订工作计划或编写设计书，经有关部门审查批准后方能开始工作。

设计书是调查工作的依据和总体调度方案。其内容包括，调查任务和要求；调查区的范围、调查区的自然地理条件和社会经济现状，以及调查区研究程序和存在问题；预期成果内容和质量要求；调查使用的方法、工作量及其布置原则；调查时期与施工计划的时间安排；物质设备计划、组织编制及财经预算等。

2. 野外工作时期

野外工作时期要求按设计在现场进行各项地下水污染调查工作，即可有步骤地做

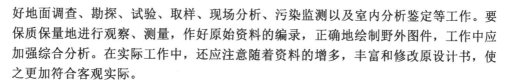

好地面调查、勘探、试验、取样、现场分析、污染监测以及室内分析鉴定等工作。要保质保量地进行观察、测量,作好原始资料的编录,正确地绘制野外图件,工作中应加强综合分析。在实际工作中,还应注意随着资料的增多,丰富和修改原设计书,使之更加符合客观实际。

3.室内工作时期

把野外调查中搜集的大量资料、各种监测数据、勘探和试验成果,进行系统的分析整理,编制图表,综合研究,从中找出影响地下水污染的主要因素及其对地下水污染的影响程度,进行地下水污染程度的评价,确定污染源及污染途径,找出污染物在地下水中的迁移规律并做出预测。在此基础上提出防治地下水污染切实有效、经济合理措施。

二、地面调查工作

地下水污染地面调查工作的目的在于查明地下水污染物的可能来源和途径,以及影响地下水污染的各种因素。其工作方法以搜集资料、社会调查及地面观测编录为主。

(一)与地下水污染有关的自然环境背景调查

污染物是否能进入地下水引起地下水环境污染和地下水环境的污染程度,是受自然环境和人为因素控制的。因此,进行地下水污染调查时,必须调查区域的自然地理、地质及水文地质条件。

自然地理环境调查主要是查明:污染区的气温、降水量、蒸发量等气候条件,测定降水的化学成分;地面水体的分布,河流水位、流速、流量、水化学成分的变化规律,以及地下水的水力联系及其对地下水污染的影响;地貌特征及其对污染地下水分布及浓度变化的影响;土壤的矿物成分和化学成分及其对地下水污染程度的影响;植被类型、主要植被资源的形态特征、生活习性以及其对地下水污染程度的影响。

地质及水文地质条件调查主要是查明:污染区的地质构造特征,地层分布,岩性特征;含水层的埋藏深度、厚度分布及各含水层之间的水力联系,地下水的补给、径流、排泄条件,地下水的水化学成分及目前污染的情况。了解地下水开采过程中,由于地下水补给范围以及上下含水层之间的水力联系等的改变对地下水水质污染的影响;调查潜水和承压水混合开采井的分布和数量,并查明混合水位和水质,分析含水层发生水力联系后,对地下水水质的影响;研究地下水与岩石的物理化学作用对水质的影响,特别是研究在不同地段(如农灌区、排污渠道两侧、河流两岸等)的污水下渗后,污水与岩石的相互作用对地下水水质的影响。

(二)地下水污染源调查和评价

1.污染源调查

污染源向环境中排放污染物是造成环境污染的根本原因。污染源排放污染物质的种类、数量、方式、途径及污染源的类型和位置,也直接关系到地下水污染的范围和程度。污染源调查就是要了解、掌握上述情况及其他有关问题。

为搞好污染源调查，可采用点面结合的方法，也分为详查和普查两种，对区域内所有的污染源进行全面调查称为普查，普查工作一般多由主管部门发放调查表，以填表方式进行。对污染物排放量大、影响范围广泛、危害程度大的污染源，应作为重点污染源进行详查，其污水排放量要进行实测。对一个地区的污染源调查时，要统一调查时间、调查项目、方法、标准和计算方法等。

工业污染源调查的主要内容是：工矿企业名称、厂址、企业性质、规模、占地面积、职工构成、固定资产、投产年代、产品、产量、产值、利润等企业基本情况；企业生产工艺流程，能源构成、产地、成分、单耗、总耗、水源类型、供水方式、供水量、循环水量、循环利用率、水平衡；污染物治理方式，治理工艺、投资、效果、运行费用；污染物种类、数量、成分、性质，排放方式、规律、途径，排入浓度，排放量，排放口位置、类型、数量、控制方法及污染物造成的危害调查；企业发展方向、规模、指标、工艺改革、综合利用、治理规划或设想。

生活污染源调查的主要内容是：居民总人口、流动人口数，人口构成，人口分布、密度；居民用水类型、用水量、城市下水道设置情况，机关、学校、商店、医院有无化粪池及小型污水处理设施 s 废水的排放方法、排放量及有害物的种类和浓度；居民燃料构成（煤、煤气、液化气），燃料来源、成分、燃料消耗情况；城市垃圾种类、成分、数量，垃圾场的分布、输送方式、处置方式，处理效果、投资、运行费用等。

农业污染源调查的主要内容包括：污水灌区的污水成分、污灌范围、污灌次数和污灌量，多余污水入渗情况；农药品种，使用剂量、方式、时间，施用总量，年限，有效成分含量（有机氯、有机磷、汞制剂、砷制剂等）及稳定性等，使用化肥的品种、数量、方式、时间，每亩平均施用量；水土流失情况的调查；农作物秸秆、牲畜粪便、堆放情况，农业机械台数、耗油量、行驶范围和路线等。

对于地表各种形式的污水坑、池、塘、库等，应调查面积大小、容量、结构、衬砌情况、投入使用的时间，周边植被，包气带厚度和岩性，污水种类成分、排污规律、排放量。池中水位变化规律，目前渗漏情况等。

对于地表固体废物的堆放地、地表填坑、尾矿砂等应调查废物的种类、成分、可溶性、面积、体积、表层土的岩性，填坑底有否衬砌，埋藏封闭的程度，堆放填埋的时间，有无淋滤污染地下水的迹象。

调查埋设在地下的疑为污染源的污水管道、储油库等渗漏情况，这些建筑物建立年代，维修情况，是否有腐蚀等损坏的情况。

调查废弃勘探孔的封填情况，因为它可能成为沟通污染水或咸水与洁净水的通道。对岩溶洞、落水洞、大裂隙、废坑道等同样应调查编录。矿山的旧坑道，老窑常常是污染的源地，也应调查。

调查各种地表水体（河流、湖泊）的污染情况及其与地下水间的联通关系，在滨海地区还应调查海水入侵的可能性。

2. 污染源评价

污染源评价是指对污染源潜在污染能力的鉴别和比较，即对污染源可能对环境产生的最大污染效应的评价。其主要目的是找出主要污染源及主要污染物，为地下水污染评价提供基础数据，为环境综合防治指出目标。污染源评价按时间可分为对评价区现有污染源的评价（现状评价）和对评价区污染源排放量的预测评价（预测评价）两种类型。

根据污染源调查的结果进行污染源评价有两类方法。其一是类别评价方法，即根据各类污染源某一种污染物的排放浓度、排放量、统计指标（检出率、超标率、超标倍数、标准差）等项指标，来评价污染物和污染源的污染程度；其二是综合评价方法，即综合考虑污染物的种类、浓度、总排放量、排放方式及排放场所的环境功能等，来评价污染物和污染源的污染程度。

三、勘探工作

地下水污染勘探就是指使用一定的工作手段，详细查明地下水污染带的分布和污染途径。常用的手段包括坑探、钻探、物探及遥感技术等。

（一）钻探（坑探）工作的特点

地下水污染勘探中运用（坑探）手段，主要为补充查明水文地质条件，地下水污染带的分布和污染途径，以及进一步研究污染地下水运移规律时做一些实验用。

勘探网点的布置（包括孔距、孔数和孔深），应根据工作区的具体水文地质条件来确定，一般应考虑开采含水层的类型，上覆岩层和隔水层的厚度，上下含水层之间有无水力联系，可能的污染源和污染途径，污染区的大致范围等（E.JL 明金，1978）。如果开采中已发现了污染，而且判断污染区可能从污染源到水源井呈狭长条带分布，则可沿此方向布置一条勘探线，由 3～5 个钻孔组成，在垂直于污染带的方向上再补充 1～2 条横断面，由 2～4 个钻孔组成。钻孔间距离视污染区面积大小及地下水类型而定，潜水一般可取 100～200m。如果是承压水其污染源于上部污染的潜水通过"天窗"进入，这种情况下钻孔间距乃应保持 100～200m。如果开采的承压含水层被不透水层很好地覆盖，污染途径是通过注水孔或破坏的勘探孔（或开采孔）渗入造成的，这种情况下，勘探孔的间距可以加大一倍，为 200～400m。如果污染源在水源地投产以前就产生了，则污染带的面积可能较大，并且有沿地下水天然流向延伸的形式，为了查明污染带大小和性质，其主要勘探线应沿地下水流向布置，勘探横断面应由较多的钻孔组成，钻孔的间距也应该大些。

勘探断面的边缘钻孔应布置在没有污染的地段上。同时，为了查明污染地带边界，最好在表明有污染和没有污染的两个相邻钻孔之间再打一个钻孔。

在钻探过程中应注意严格止水，对厚层含水层或多层含水层应分段或逐层取水样。

（二）物探及遥感技术的应用

地下水污染勘探中运用物探方法，主要为补充查明水文地质条件，确定咸淡水界面和圈定地下水污染带。在野外试验工作中还可用地面电法配合确定弥散系数。遥感技术在地下水污染调查中的具体运用还不多。据国外报道，红外线探测、雷达和微波探测已成功地应用于断层带测图、圈定渗流图形、确定地热和石油污染及咸淡水分界面，利用航卫照片可以查明某些污染源的分布。

四、监测工作

地下水污染监测工作在地下水污染调查中占有重要的地位。它对于判定地下水中有害物质成分、污染来源、污染途径、污染范围、污染程度以及对地下水水质变化的预测计算等都是非常重要的。

为了查明地下水污染的过程，除了监测地下水外，还应根据水文地质特点和环境条件，适当地进行一些地表水、大气降水、废液、污水等的监测。

（一）监测网点的布置

监测网点的布置应根据水文地质条件、地下水开发利用状况、污染源的分布等环境因素综合考虑。监测网的布置，采取点面结合的方法，抓住重点，并对区域情况作适当控制。监测的对象主要是有害物质排放量大，危害性大的污染源、重污染区、重要的供水水源地等。

在地下水的供水水源地，必须布设 $1 \sim 2$ 个监测点，当水源地面积 $> 3 \sim 5km^2$ 时，应适当增加监测点。在水源（供水含水层）分布区每 $5 \sim 10km^2$ 布设一个监测点。在水源地上游地区应布设清洁对照点。对不同类型的地下水或不同含水层组，应分别设置监测点，对大厚度含水层应沿不同深度分段设置监测点。

对于点状污染源（排污渗井或渗坑、堆渣地点等），可沿地下水流向，自排污点由密而疏布点，以控制污染带长度和观测污染物弥散速度。含水层的透水性较好，地下水渗流速度较大的地区，污染物扩散较快，则监测点的距离可稀疏些，观测线的延伸长度可大些；反之，在地下水流速小的地区，污染物迁移缓慢，污染范围小，监测点应布置在污染源附近较小的范围内。监测点除沿地下水流向布置外，还应垂直流向布点，以控制污染带宽度。

对线状污染源（如排污沟渠、污染的河流等），应垂直线状污染体布置监测断面，监测点自排污体向外由密而疏。污染质浓度高、污染严重、河流渗漏性强的地段是监测的重点，应设置 $2 \sim 3$ 个监测断面。在河渠水中污染质起伏不大或渗漏性较弱的地区，设置 $1 \sim 2$ 个监测断面。基本未污染的地段可设一个断面或一个监测点以控制其变化。

对面状污染源（如污水灌溉区），可用网格法均匀布置监测点线，污染严重的地区多布，污染较轻的地区则少布。

监测井孔：最好选择那些常年使用的生产井，以确保水样能代表含水层真实的化学成分，井筒结构、开采层位也符合观测要求。在无生产井的地区，可打少量专门的水质监测孔或分层监测孔，以保证监测工作的需要。废井、长期不用与管理不良的井，

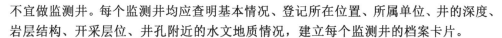

不宜做监测井。每个监测井均应查明基本情况、登记所在位置、所属单位、井的深度、岩层结构、开采层位、井孔附近的水文地质情况，建立每个监测井的档案卡片。

（二）监测项目及频率

地下水的监测项目除了应进行常规水质分析的项目外，还应增加与污染有关的特殊项目。一般有：氨氮、亚硝氮、硝氮、总硬度、pH 值、耗氧量、总矿化度、钾、钠、钙、镁、重碳酸根、氯离子、酚、氰化物、汞、砷、总铬、氟、油类、大肠杆菌个数、细菌总数等。此外，各地区根据当地水文地质条件，工业排废情况，适当增加或减少项目。

监测频率，目前一般都是按当地地下水的丰水期、枯水期、平水期分别各采样 1～2 次。但这对于水文地质情况复杂、水质变化大的地区往往不能满足。各地应根据人力、物力及地下水污染的实际情况等各方面条件，适当提高监测频率。

（三）水样的采集和保管方法

水样的采集和保管方法，在地下水污染调查中尤为重要。因为正确的采集和保存水样，使样品保持原来各种物质成分，是保证分析化验结果符合实际情况的重要环节。所采集样品，不但要求有代表性，而且还要求样品在保存和运送期间，不致发生变化，以免造成不客观的分析结果。为此，对水样的采取和保管提出了一些要求和注意事项。

在非经常开采的井中采样时，必须进行抽水，待孔内积水排再行采样。

取样容器的选择：采集水样的容器一般应使用磨口塞硬质细口玻璃瓶或聚乙烯、聚丙烯塑料瓶。当水样中含多量油类或其他有机物时，以玻璃瓶为宜，当主要测定微量金属离子时，以吸附性较小的塑料瓶为好，重点测定二氧化硅时最好用塑料瓶。

容器的清洗：一般硬质玻璃容器，可根据要求用重铬酸钾 —— 硫酸清洁液浸泡，或用碱、肥皂水清洗。优质塑料桶可用 2% 的硝酸溶液浸泡 24h，或用合成洗涤剂洗涤，最后均用清水洗净。取水样时，必须再用所采水样冲洗 2～3 次，以保证水样具有真正的代表性。

特殊水样的处理和保管：水中某些成分极不稳定，为了便于保存必须加入适当的保护剂，以提高其稳定性。样品采好后，应尽快地送往分析单位，以便于实验室及时分析或妥善保管。需要特殊处理的有：

酚及氰化物在水中的含量一般甚少，且很不稳定，容易分解，最好能在取样后 4h 内进行测定。否则应在 1L 水样中加入 2g 氢氧化钠，使 pH 值大于 11，并保存于阴凉处或冰箱内，以提高其稳定性。

对铅、锌、镉、铜、锰、钡等金属元素、可在玻璃瓶 1L 水样中加入 5mL∶1 的盐酸，使 pH 值在 1～2 间，以减少沉淀和吸附，而能保存较长时间。

汞在水中含量甚微且不稳定，须先在玻璃瓶内加入 50mL 浓硝酸和 5mL2% 重铬酸钾溶液，然后再取 1L 测试水样，以防汞的损失。

取含铁高的酸性水时，为防止铁的沉淀，可在每升水中加入 10mL∶1 的硫酸及 1.5g 硫酸铵。取淡水水样时，每升水加 3～5mLpH 值为 4 的乙酸－乙酸钠缓冲剂，以此来防止产生的沉淀。

氨氮一般要求采样后 6h 进行测定，否则须在 1L 水样中加入 0.8mL 浓硫酸作为保护剂。

测定溶解氧的水样要尽可能避免水样与空气接触，并在 250～500mL 水中加入 1mL 的硫酸锭（或氯化锰），3mL 碱性碘化钾，以固定溶解氧。

硫化氢也不稳定，有条件时最好在现场测定，否则应在 500～1000mL 水样中，加入 10% 醋酸镉 20～40mL，以固定硫化氢。

测定甲醛的水样，可每升加入 2mL 浓硫酸，以抑制细菌活动。

除测定溶解氧外，水样一般不要装满，应留有 10mL 的空隙，防止温度改变而挤出瓶塞。水样取好后，应及时详细填写标签，注明编号、位置、水温、气温、要求分析项目、取样人、取样时间、水样内加入保护剂的名称和数量等。

（四）水质监测分析方法

地下水水质监测分析方法应主要按国家环保局颁布的《环境监测技术规范》进行。新方法使用时，首先对新方法的精度、准确度做 AQC 实验验证，通过大量的生产数据对比，证明方法的可靠性，然后推广使用。

五、地下水污染调查成果

在地下水污染调查工作结束后，还要求依据所获得的调查、勘探、试验、实验、监测等实际材料、编制出符合设计要求的高质量的地下水污染图件和报告书。

（一）图件的编制

图件是反映调查成果的主要形式。资料整理过程中应编制哪些图件没有统一的规定，可视具体情况而定。大体有以下几种主要图件。

（1）基础图件。即反映区域地下水污染形成基础的各类图件，如地质地貌图、地下水埋深图、等水位线图、水化学类型图、地下水污染源分布图、地下水污染成因类型图等。

（2）地下水污染物浓度分布图。表示出该区地下水中主要污染物浓度分布的实际情况，可以反映出地下水污染区（单项污染指标）的分布范围和污染程度。根据各个水点的水分析资料来编制，可以用浓度等值线的方法表示，也可以将浓度分为几个等级分区表示。

（3）地下水环境质量评价图。它反映出各种污染物对地下水的综合污染程度。编图时根据调查精度、所获得的资料多少及污染的情况将评价区域进行等网格的划分，即分为若干方格网，然后在已作出地下水中各种污染物浓度分布等值线图的基础上，对地下水污染程度进行评价，在图上画出各级的界线，用颜色或线条符号表示出地下水的污染程度。

（4）污染水文地质分区图。根据水文地质条件，结合地下水污染现状和污染形成的原因进行综合分区，针对每一个区或亚区的特点提出防治地下水污染措施。分区时主要应从含水层防护污染的能力和自净稀释能力来考虑，这对潜水来说应考虑包气带岩层的岩性、厚度、含水层的岩性，地下水的补给排泄条件及运动情况；对承压水主要考虑隔水顶板的岩性、厚度、延伸连续情况、承压水的补给、流动和排泄条件。在污染水文地质分区图上还应附有相应的污染水文地质剖面图，表示出地下水污染带在剖面上的分布，表示出污染源和污染途径的情况，有不同浓度的分层取样资料时还可以表示出污染程度在剖面上的分布情况。污染水文地质分区图上还应附有分区说明表，有时还可以加必要的镶图。

（二）报告书的编写

地下水污染调查报告书的内容也没有统一规定，可视具体情况而定。一般可包括下列内容

（1）序言。阐明工作目的任务，研究程度，工作完成等情况。

（2）调查区的自然地理、经济地理、地质概况。

（3）水文地质特征。含水层的埋藏条件与分布情况，含水层的岩性和厚度，地下水的补给、排泄及运动特点，地下水的化学特征，地下水动态特征。

（4）地下水污染的现状。地下水的污染物、污染源和污染途径，地下水污染的范围和污染程度，影响地下水污染因素的分析。

（5）地下水污染的评价。

（6）地下水污染发展趋势的分析和预测。分析地下水污染带的弥散趋势，有条件时可进行一些计算和预测，分析潜在的污染源。

（7）地下水污染控制。

（8）防治地下水污染措施的建议和对地下水污染进行监测意见。

（9）结论。

第三节　地下水源地卫生防护带

为了保护供水水源地的地下水免受污染，必须加强水源地卫生防护，建立水源地卫生防护制度。中国目前此项制度还很不完美，正在逐步建立。

水源地的卫生防护一般分为两个带：

Ⅰ带：严禁活动带。此带仅包括取水建筑物周围附近的小范围，应消除带内一切可能引起污染的活动和妨碍取水建筑物运行的活动。此带的大小主要取决于取水建筑物的结构及布置情况。

Ⅱ带：活动限制带。紧接Ⅰ带，包括更大的区域，应消除此范围内含水层污染的可能性。一般认为在25年的开采期限内，保证水质不受污染，以此来计算Ⅱ带的范围。

建立水源地的卫生防护带要考虑两个问题：一是Ⅱ带范围大小的确定，另一个是带内防护措施的规定。确定的范围愈大，规定也愈严，则地下水质的保证性愈高，但

同时提高了这些地区的供水成本，限制了这个带内地下水的利用。因此，每个水源地卫生防护Ⅱ带大小的确定，应根据具体的经济条件和自然条件来考虑。特别应考虑含水层天然防护污染的条件、水源地的类型和生产效率。

在卫生防护Ⅱ带上的卫生防护措施的制定应当考虑水文地质条件，含水层的天然防护性及可能污染的种类（化学污染或生物污染）。由此分为三类卫生防护措施。

第一类是必须执行的措施。无论是怎样的水文地质条件和经济条件，也不管可能的污染种类和含水层天然防护能力如何都必须执行。这些措施有以下几种：

（1）各种建筑必须得到卫生防疫机关和水文地质管理部门的许可才能进行施工；

（2）禁止在带内进行可能引起开采含水层污染的工作；

（3）必须经卫生防疫机关和水文地质管理部门的同意后才允许打新的钻孔；

（4）清除（或封填）无用的、损坏了的及不合理的开采钻孔和坑道，因为它们可能引起污染。

第二类是补充性措施。是在含水层缺乏对化学污染的防护能力时采取的补充措施，包括下列措施：

（1）禁止修建存放污水和废物的各种水库和沉渣库，禁止设置工业和生活污水的渗透场；

（2）禁止修建新的产生大量工业废液和污水以及排放大量废气的大型工厂；

（3）监督所有现存工业的工作情况和工艺改变情况，预防未净化的污水、废液漏失及烟尘随降水渗入；

（4）限制和监督农业化肥使用；

（5）禁止施用农药和林药。

第三类也是补充性措施．在含水层缺乏对生物污染的天然防护能力时，应当采取第三类补充性措施。这类措施实行的范围可以小一些，按 Tp=200d 和 Tp=400d（取决于微生物的数量）计算圈定。这类措施有：

（1）禁止修建破坏含水层上面防护层的基坑、水池、露天采矿场，禁止建立大型畜牧场和家畜屠宰场；

（2）限制采用新的肥料和禁止使用污水灌溉；．

（3）限制在区域内增加新的居民点和医疗、防疫机关；

（4）必须建立房屋的下水道系统，把废水排放到Ⅱ带以外去。应排除区内污染了的地表水。

以上所有措施，都可以根据卫生防护带内的天然条件和经济条件，加以修改或补充。

第四节　地下水污染预防措施

预防性的技术措施，是指那些有助于防止地下水水质恶化现象产生的各种措施，包括减少污染物的产生和防止污染物渗入等。

（1）对城市的发展与水源地的建设作出全面的规划与合理的布局。在制定城市发展规划，特别是制定工业布局时，必须考虑减少城市环境污染和保护地下水水质不受污染。对于那些容易造成地下水水质污染的工厂，尽可能布置在水源地下游较远的地方，或者采用管道排污。新建水源地时，也必须考虑地下水污染的环境条件（如把水源地选择在城市上游或地下水的补给区，或从地层岩性结构上看防污染条件较好的地方）。总之，为保护地下水源，必须在城市建设的总体规划中考虑环境保护的要求，必须要有防治污染、维持生态指标，要将环保工作与经济发展同步规划、同步实施，做到经济、社会和环境协调的发展。

（2）污水排放是造成水体污染的主要原因，为减少和防止地下水的污染，降低排污量是关键。应从资源、能源的综合利用入手，通过企业管理、技术改造、"三废"资源化、征收排污费等，尽可能把污染物控制在生产过程中。尽量采用无排或少排工艺，做到一水多用，串级使用，闭路循环，污水回用，以达到最大限度压缩排污量。污水最后排放必须达到环境部门要求的标准。

（3）兴建配套的环境工程，大力开展污水的处理和利用。大量污水未经处理便排入环境，是当前造成环境污染，特别是水源污染的主要污染源。因此积极开展污水的处理和利用是治理地下水质恶化的治本措施。同时，处理后的污水，又可根据其质量用于不同目的供水如饮用水源、冷却降温水源、农业灌溉或阻止海水入侵的地下水屏障的水源等，增加水资源的总量。

（4）完善下水管道系统，注意其封闭性，隔离污水运输线。

（5）向地下深部岩层中处理难于净化的高毒性污水时，应必须选择合适条件的地点，否则会带来严重后果。

（6）选择合适的地点作为厂矿处理废水废渣的场所，最好将这种场所放在城市和水源地的下游，厚粘土层区，离地表水体较远之处；废渣废水排放池的坑底不应低于地下水位。

（7）对生产过程中漏失废液和污水较多的工厂，应建立各种防渗幕，防治污水渗入地下水中，并在地下建立层状排水设施将漏失污水汇集排除。如果隔水层埋藏不深，可以用环状隔水墙和幕将整个工厂范围与周围洁净水隔离开来，并设置排水设备，排除渗入的污水和大气降水。

（8）当取水层位上下或附近有劣质水层或水体分布时（特别是滨海水源地），应当注意由于开采地下水所引起的水质恶化问题。根据咸水与淡水接触锋面的移动情况，及时调整开采方案，以防止海水入侵和水质恶化。

（9）采用污水灌溉农田时应注意当地条件是否适于污灌，只有在包含带土层渗透性较差和厚度较大的地区才允许用污水灌溉，并应严防污水渠道的渗漏，严格控制污灌定额和农药化肥的施用量。

（10）在矿床开采过程中应注意尾矿砂堆放地点的水文地质条件。对毒性较大的矿床，在尾矿砂堆放地可以设置防渗装置，避免对地下水的污染。在硫化矿床中，应注意减少酸性水的产生，即防止硫化物的氧化。

（11）当污水已经渗入含水层中形成了一个污染中心，但还没有运移弥散到水源地时，为了限制污染物质的弥散迁移，可以采用堵塞或截流措施。堵塞措施就是在地下水污染中心与水源地之间的地方设置防渗墙或防渗幕，通常其都应穿过整个含水层直达隔水层之上才能起到堵塞作用。如果含水层很厚，隔水层埋藏很深时，则不宜采用防渗幕或墙，而可采用截流装置。截流装置是在污染区与水源地之间设置排水设备，通过抽水而形成下降漏斗，以防止污染水向水源地流动。截流装置可以用各种形状（环状、线状）的孔组或水平排水建筑物，截流装置布置的地点应通过水文地质计算来确定。采用截流装置时，应当考虑到排出污水的出路或净化处理问题，不允许将抽出的污染水不经处理就任意排放地表水体中。

第五节　地下水污染治理措施

对已污染水源地的治理措施，应针对引起地下水污染的主要原因、污染途径和当前国家的经济条件来制定。治理地下水污染时首先应切断污染源，防止污染物继续进入，然后再考虑采取下列一些治理措施。

一、人工补给

在过量开采地下水的地区，由于地下水位区域性持续下降，也会造成地下水质的不断恶化。这主要是由于自然界中水动力和水化学的平衡状态被破坏，从而使污水直接或间接地流入并污染含水层。在含水层逐渐被疏干的过程中，含水层由原来的封闭还原环境变为开放的氧化环境，随之是地下水中的矿化度、硬度及铁、锰离子不断增高，而 pH 值降低的现象。为了恢复和保持地下水位，扩大地下水资源的储存量，人工补给地下水的方法是最直接和最有意义的手段。

人工补给就是通过人工入渗措施，把地表水补充到地下含水层中，从而解决地下水资源不足的矛盾，改善地下水的储存量。在人工补给地区，回灌水可以大大加快被污染地下水的稀释和净化过程，而且具有水力阻拦污水入渗、调节水温、保持取水构筑物出水能力、防止地面沉降及预防地震等效益。

1. 地下水人工补给的基本条件

（1）水文地质条件：一个地区能否进行人工补给，首先要取决于有无适合的水文地质条件。含水层的容积、透水性、埋藏浓度、储水性能、排泄条件等都直接影响地下水人工补给的效果。如果一个含水层可利用的容积不大，或补给的水很快就流失或排入附近河道沟谷中，这样的含水层就不适于进行人工补给。试验表明：人工补给含水层的厚度一般以 30～60m 为最佳，含水层产状应平缓且广泛分布，透水性能中等的松散堆积物或裂隙岩层为最理想。因在这样的岩层中补给的水不会很快流散，岩层也能充分净化水质欠佳补给水。

（2）可靠的补给水源：多数情况下补给地下的水是来自河水及水库水，如在水质或水量上不能满足要求时，也可以利用汇集的大气降水，经过处理的某些污水也可以作为补给水。选择补给水源时，在水量上一定要有保证，此外水质也要特别考虑，补给水的化学成分对补给效率和补给后的含水层水质都将产生重要影响。

（3）显著的经济效益：在制定地下水人工补给方案时，必须要与其它解决水资源问题的工程方案相比较，判断在经济上的可行性。不仅要考虑增加单位水量的工程投资，还应考虑工程运转后水的成本对比，以及综合受益情况和对环境产生的影响。

2. 人工补给水的水质要求

人工补给时回灌水的水质要求随目的、用途及所处的水文地质条件而定。一般来讲，若补给水将用于工农业生产时，水质标准可以要求低些；如果补给的水以后将用于生活饮用水，对水质的要求则不能降低。这对自净能力强的含水层来说，补给水的水质可以稍差一些，但事先要做试验以证明哪些污染物经自净后可以降低含量或完全被去除。人工补给水质一般满足下列条件：

（1）人工补给后不能引起区域性的地下水质变坏或受污染，因此补给水质应比被补给的含水层好，特别不能含有有害成分。

（2）补给水中不应含有腐蚀性气体、离子及微生物等；悬浮物的含量也不能过高，必须控制在 20mg/L 以下。

（3）补给水的温度将影响在地层中的渗透和过滤速度，水温的变化也能引起地下水中的某些化学反应或促使微生物繁殖。人工补给水的最佳温度为 20 ～ 25℃。

（4）补给水中 pH 值变化可引起某些成分的溶解或沉淀，并刺激生物繁殖，实验表明补给水的 pH 值最好在 6.5 ～ 7.5 之间。

目前对于人工补给水的水质尚无统一标准，但采用低浊度、低铁、低溶解氧、无细菌和无有害成分的水作为回灌水是理想的。

3. 地下水人工补给的方法

地下水人工补给的方法有直接法和间接法两大类。直接法又包括了地表入渗补给法和井内灌注补给法。合理地选择回灌方法才能保证入渗补给快、占用土地少、工程投资小，并使回灌水量在较大面积上分布均匀，充分起到净化地下水质的作用。

（1）地表入渗补给法：主要是利用河床、水库、渠道、天然洼地或农田灌溉等来蓄集地表水，借助地表水和地下水之间的天然水头差，使之自然渗漏补给含水层。

地表入渗补给法的优点是：可因地制宜以简单的工程设施和较少的投资获得较大的入渗补给量，比较容易管理和便于清淤，由此能经常保持较高渗透率。但该方法也有一些缺点，如：占地面积较大，受地质、地形条件的限制，补给水在干旱地区蒸发损失较大，管理不善可能造成附近土地盐渍化、沼泽化或危害工程建筑基础。

地表入渗法在使用上应具备一定的条件。

a. 该方法主要适用于地形平缓的山前冲洪积扇、平原的潜水含水层分布区，以及某些基岩台地和岩溶河谷地带。许多地面入渗的经验表明：地面坡度与地面水的入渗速度成反比，最适宜的地面坡度为 0.002 ～ 0.04。

b. 接受补给的含水层需分布面积较大，应有较大的孔隙及孔隙度，透水性中等，并有一定的厚度。对于砂质含水层来说，厚度为 30 ～ 60m 最佳。

c. 补给区包气带土层应具有良好透水性，如沙、砾石、亚砂土、裂隙发育的基岩等，厚度以 10 ～ 20m 为宜。当包气带为弱透水岩层时，其厚度最好小于 5m。

地表入渗法便于将大量地表水补给地下，因此，是目前国内外使用最广泛、最成功的地下水人工补给方法。例如北京市由于多年的超量抽取，几乎使地下水资源枯竭，后来在北京市西郊地区采取各种人工补给方法把地表水转为地下水，不仅增加了地下水的储量，而且使地下水的硬度也明显减小。

(2) 井内灌注补给法：该方法是将补给水通过钻孔、管井或大口井直接注入含水层。为提高补给效率，除采用天然注入外，也常采用加压注入。

井内灌注法的主要优点是：不受地形条件限制，也不用受包气带岩层厚度及岩性的影响，可向指定含水层集中回灌，补给量与气候条件无关，水量浪费少。但该方法需要一定规模的输配水及加压设施，故工程投资及运转管理费用都很高。由于水量集中注入，在井周围含水层中流速和压力很大，因此回灌时管井和含水层易被阻塞。

井内灌注补给法因占地小，主要用于城市内或工业区的回灌，特别适合用来补给承压含水层或埋藏较深的潜水含水层。

(3) 诱导补给法：该方法是一种间接的地下水人工补给方法，即在河流或其它地表水体附近开凿抽水井，抽取地下水的同时，使地面水与地下水间的水位差不断加大，导致地表水大量渗入补给含水层。这种方法的效果除与地层的透水性密切相关外，还同抽水井与地表水体间的距离有关，距离愈近诱导补给量愈大。但为了保证天然的净化作用，抽水井应与地表水体保持一定距离，且水源井一般位于区域地下水流下游一侧比较有利。

二、物理化学处理法

在处理已被污染的地下水时可采用活性炭吸附法、臭氧分离法、泡沫分离法和其他一些化学的方法。

(1) 臭氧分离法：即利用臭氧处理污染含水层。向含水层中输入臭氧可以形成分解石油的微生物的生长环境，减少溶解有机碳（DOC）含量，同时又可促使氰的分解。

如德国卡尔斯诺市曾用此法清理被石油污染的含水层，用四眼深井抽水时在井底安装有臭氧混合装置，使抽到地表的地下水与臭氧均匀混合，然后再把抽出的地下水通过设在污染带周围的注水井回灌到地下。地下水位在注水井下部被抬高而形成一道水墙，阻止了污染地下水向污染带范围之外的扩散和运动。用这种方法成功地清除了含水层中的石油和割。

(2) 活性炭吸附法：在已污染的地下水体内打净化井，井中投入粒状活性炭进行吸附。但往往由于污染水体分布面积较大，水量较多，利用此种难以见效，而且成本也高，目前尚处于试验研究阶段。

(3) 利用高锰酸钾清除砷：德国曾用高铱酸钾作为氧化剂来清除污染含水层中砷。

污染源是一个锌矿矿渣堆积场，地下水中砷的本底值为 0.01mg/L，遭到污染后 As^{3+} 的浓度为 1mg/L，As^{5+} 的浓度为 0.1mg/L，某些局部位置砷的最高浓度可达 56mg/L。由于 As^{5+} 与 C^{2+} 和一些亚离子形成的化合物溶解性很小，因而在氧化条件下所产生的大量 As^{5+} 的化合物就会从地下水中沉淀出来。在六个月的净化过程中，通过 17 眼注入井将 29t 的高锰酸钾投入含水层中，第二年地下水中砷含量已降低到 0.06mg/L，然而以后两年又升到 0.4mg/L。这也说明含水层的净化只是暂时性，最根本的措施还是要首先清除污染源和上部被污染的土壤层。

三、生物处理法

生物处理法指利用微生物净化含水层，因微生物可以分解地下水中的某些有机物成分，从而使污染物浓度降低或完全被清除掉。一般来说，生物作用主要发生在包气带中。但研究表明，当地下水遭受高浓度有机物污染时，一些厌氧的微生物也会在含水层的深部位置生长，条件适宜时也可大量繁殖并起到净化含水层的作用。

微生物的分解过程可使含水层的污染带表现出明显的分带性。在地下水污染严重的区域内，微生物作用所引起的氧化还原反应使 Eh 值表现为负值，故这个区域称为"还原带"。一般硝酸盐还原细菌、反硝化细菌、贝氏菌属等微生物常活动于该带中。

在"还原带"下游的一个区域由于有机物质已经过很大程度的还原，生物分解作用明显减弱，以致由土壤空气中渗入或地面渗入的天然水中携带的氧不再被消耗，多余的氧使无机物氧化并使 Eh 值上升为正值，因而这个地下水污染区域称为"氧化带"。在"还原带"和"氧化带"之间夹有一个"过渡带"，其范围内可断续地测到自由的溶解氧。地下水中的微生物总数在"氧化带"中达到正常数值，在"过渡带"中显著减少，天然含水层中有机与无机污染物质的生化分解作用是由水中生活的少量微生物完成的，当水中的营养供应由于污染而增加时，微生物也会随之增加。

污染含水层的微生物处理法可以通过两条途径来完成，一是在含水层中培育出微生物，另一途径是向含水层中引进菌种。

在含水层中培育微生物时，不仅要加入培养液，同时根据微生物的生长特点，还要加入一些化学成分，创造出有利于微生物生长的物理、化学条件，常加入的有溶解氧、N、P、K、Fe、Mg、Ca 等。投放时应参照水流特点，使投入的物质在污染含水层中很快扩散开，以便微生物能在大范围内生长起来。培养液和辅助化学成分的选择及施加量都要预先在实验室确定，然后才能应用到含水层中，要谨防某些辅助化学成分对地下水造成新污染。如 20 世纪 60 年代末美国加利福尼亚州的格兰德尔市发生了 95 万公升石油泄漏事件，周围的水井均被污染。环保工作者向含水层中注入培养液和溶解氧后不久，就发现数种吞噬石油的微生物开始生长，而且繁殖得相当快，最高微生物数可达 5 万 /mL，当污染基本净化后就降低到 200/mL。同时研究也发现，在包气带土壤中微生物对石油及其它碳水化合物的分解作用远比在含水层中快。

在向污染含水层移入菌种时，首先要弄清含水层的物理、化学条件是否适合微生物生长，为妥善起见可将具有类似作用的多种微生物菌种同时引入。近些年来一些遗传工程学者用射线辐照的方法来增强菌种的适应性和分解化学成分的能力，长期辐照可以产生新的变种。这些微生物的变种往往有更多的优点和更强的净化能力。如处理除草剂2，4，5-T造成的地下水污染时，在含水层培育出的微生物分解能力很弱。后来在实验室中用射线照射又产生出一种新变种定名为P.cepaciaAC1100，引入到含水层后可将浓度高达1～5mg/L的2，4，5-T的溶液分解掉70%以上，而净化土壤时含量为1mg/L的2，4，5-T在一周内就可被去除95%之上。

利用微生物法净化污染含水层近年来取得了一些成果，这种方法的主要优点为：

(1)微生物法在去除污染含水层中的碳水化合物和其它有机物时效果很明显，特别是当污染物浓度低或为易溶性有机物时最有效。

(2)采用微生物法迅速、安全、经济，不需要大型设备，运转周期也短。

(3)处理和净化过程会沿整个地下水污染带自然地进行。

但微生物处理法也有缺点和局限性，如：

(1)对有些有机物尚不适用，如胺、甲基化合物、卤素化合物、苯的衍生物等。同时环境因素如：溶解氧、pH值、温度、氧化还原电位、含盐量、养分及污染物的浓度等均影响着微生物分解的程度和速度。

(2)微生物在含水层中的大量使用会使地下水的色、味发生异常，含水层中注入培养液后有时会产生新的污染问题，用微生物净化的含水层往往无法持续很长时间等。

四、其它方法

(1)加大抽水排除污水：抽水井发现有污染后，增大抽水量，使更多的污水直接排出，促进净化作用。但应考虑抽出污染水的出路和净化处理问题。

(2)污水灌溉：由于土壤是一个天然的过滤器，利用被污染的地下水进行灌溉，不仅可以使农业增产，还因土壤对污染物的吸附净化而达到改造污水的目的。一般污染地下水的有害物质浓度不高，不会造成土壤对农作物的污染。大量抽取被污染地下水进行灌溉，还可以促进污染水的循环交替而增强净化强度。但必须注意土壤的自净能力、污染水内有害物质浓度和灌溉方式、灌溉制度等，以防止土壤发生毒化而带来相反的效果。

第六节　地下水污染管理措施

一、行政管理措施

(1)建立水环境管理的行政机构，负责制定区域、流域、水域的各种水环境保护政策、方针、法令、标准和制度。

(2)编制区域、流域、水域各种水资源保护和利用的总体规划，统筹安排水资源的分配，制定水污染控制规划和措施。

（3）建立水环境管理的监测机构，形成分级监测网络系统。

（4）制定并实行取水、用水、排污许可证制度。对水资源、水源、污水排放各个环节都管理起来，才有可能杜绝任意开采地下水、任意用水、任意排水现象。

二、经济管理措施

（1）实行用水收费制度。凡用水单位、个人均应根据用水水质、水量、水的开发、输送、处理、水的环境经济价值交纳水费，超出定额用水标准的部分要累计收费，以促使节约用水。

（2）实行排污收费制度。凡排污根据排水的水质、水量、污水的处理、危害、污水的再利用价值交纳污水费，超出排放标准的部分应交累加费，千方百计地减少污水量及污染物流失量，降低污染浓度，改变不合理的排污方式，促进工艺改革，综合利用，重复循环利用。

三、法律措施

（1）建立、健全并严格实施有关环境保护和防止水质污染的法律、法令和条例。

（2）按环境容量对工矿企业的污水排放，实行"总量控制"和"有害物质排放标准"的控制。

（3）建立地下水水源地的卫生防护带。

加强执法守法监督管理，严肃处理违法、违章事故。并逐步建立依法管水、治水、护水的执法体系。

参考文献

[1] 黄澎涛. 基于系统观的矿山地下水动态监测探讨 [J]. 中国煤炭地质, 2021, 33 (05): 38-41.

[2] 荣耀, 荣恪萱. 国外地浸铀矿山地下水修复技术 [J]. 铀矿冶, 2021, 40 (02): 158-164+178.

[3] 朱治国. 矿山地下水处理技术新工艺和应用 [J]. 粘接, 2021, 46 (04): 29-32.

[4] 游红江. 某大水矿山地下水资源综合利用与回灌技术 [J]. 现代矿业, 2021, 37 (02): 234-236.

[5] 何山. 水文地质因素对矿山地质灾害的影响及预防措施 [J]. 世界有色金属, 2021 (04): 107-108.

[6] 陈勇. 矿山水文地质类型及地下水对采矿的作用及影响浅析 [J]. 新型工业化, 2021, 11 (02): 119-121.

[7] 孙占学, 马文洁, 刘亚洁, 刘金辉, 周义朋. 地浸采铀矿山地下水环境修复研究进展 [J/OL]. 地学前缘: 1-10[2021-07-05]. https://doi.org/10.13745/j.esf.sf.2021.2.11.

[8] 苏喜平. 甘肃酒泉地区矿山水文地质环境调查与分析 [J]. 世界有色金属, 2021 (01): 136-137.

[9] 冷冬, 王文茂, 栾庆军. 矿山地质勘查中水文地质相关问题及解决对策 [J]. 世界有色金属, 2020 (20): 106-107.

[10] 杨柱, 赵恰, 黄炳仁. 矿山帷幕强动水通道注浆控制技术及工程应用 [J]. 矿业研究与开发, 2020, 40 (12): 117-121.

[11] 石增红, 郝晓宇. 矿山采空区地质环境恢复治理模式创新研究 [J]. 世界有色金属, 2020 (23): 145-146.

[12] 蒲嘉霖, 刘亮. 地下水对矿山开采的不利影响及其防治——评《尾矿库工程地质特性与稳定性研究》[J]. 有色金属工程, 2020, 10 (11): 139.

[13] 史云娣. 可持续发展理念下中国矿山水文地质勘查中的相关问题研究 [J]. 中国金属通报, 2020 (11): 118-119.

[14] 李建. 矿产勘查中水文地质灾害防治措施 [J]. 世界有色金属, 2020 (21): 117-118.

[15] 孙延宗. 山东省矿山水文地质资源相关调查研究 [J]. 世界有色金属, 2020 (21): 125-126.

[16]王宝燕,肖巍.地下水污染现状与防治对策研究[J].环境与发展,2020,32(10):38-39.

[17]尹芝华,孙晖,任锋,陈国梁,张启军. 地下水抽出处理体系在离子型稀土矿山中的应用[C]. 中国稀土学会、江西省科学技术协会、赣州市人民政府.中国稀土学会2020学术年会暨江西（赣州）稀土资源绿色开发与高效利用大会摘要集.中国稀土学会、江西省科学技术协会、赣州市人民政府:中国稀土学会,2020:77.

[18]白俞,周文亮,周鸣.矿山地下水环境影响评价要点浅析[J].中国金属通报,2020(10):155-156.

[19]杨文.矿山水文地质类型及地下水对采矿的影响研究[J].中国高新科技,2020(19):71-72.

[20]Kai Zhang,Huifang Li,Jiaming Han,Binbin Jiang,Ju Gao. Understanding of mineral change mechanisms in coal mine groundwater reservoir and their influences on effluent water quality: a experimental study[J]. International Journal of Coal Science & Technology,2020(prepublish).

[21]Kai Zhang,Huifang Li,Jiaming Han,Binbin Jiang,Ju Gao. Understanding of mineral change mechanisms in coal mine groundwater reservoir and their influences on effluent water quality: a experimental study[J]. International Journal of Coal Science & Technology,2020(prepublish).

[22]杨建新,郭克林,吴俊刚.湖南省矿山地质构造特征及水文地质资源的形成机理[J].世界有色金属,2020(17):105-108.

[23]包婷婷.矿山建设中水文地质灾害防治技术[J].中国高新科技,2020(17):126-127.

[24]胡文艺,陈令强,罗其奇,冯勇,朱六兵,陈建平.风化花岗岩隧道矿山法施工地下水渗流特征与防水技术研究[J].安全与环境工程,2020,27(04):215-222.

[25]郭帅.吐鲁番盆地南部矿山地下水分布特征与成因探讨[J].世界有色金属,2020(14):187-188.

[26]何毅.铁矿水文地质类型及地下水综合利用研究综述[J].中国金属通报,2020(07):234-235.

[27]骆骁.矿山开发利用中的地下水问题探析[J].科技风,2020(19):103.

[28]吴溪,杨瑜泽.论矿山水文地质类型及地下水对采矿影响的防范措施[J].世界有色金属,2020(13):54-55.

[29]司志远.矿山开采对地下水环境污染的影响分析[J].世界有色金属,2020(11):205-206.

[30]唐坪.矿山地下开采活动对地下水环境的影响[J].西部资

源,2020(03):97-99.

[31] 龙文江. 添加剂对磷尾矿充填体有害离子无害化及机理研究 [D]. 贵州大学,2020.

[32] 谢文超. 基于 Visual Modflow 对地下水锑污染的运移模拟研究 [D]. 湖南科技大学,2020.

[33] 梅傲霜. 铜陵金属矿山地下水环境特征及污染物运移数值模拟 [D]. 中国地质大学（北京）,2020.

[34] 范书凯. 有色金属矿山开发对地下水环境的影响及防治措施 [J]. 工程建设与设计,2020(10):126-127.

[35] 姜晓平. 山东金岭铁矿采空区地下水库工程建设可行性研究 [J]. 西部探矿工程,2020,32(05):128-131.

[36] 陈约余. 西北某酸法地浸采铀矿山退役采区的岩芯样特征及地下水理化性质分析 [D]. 南华大学,2020.

[37] 尚佳楠. 鹤壁市矿山地质环境调查评价及恢复治理研究 [D]. 长安大学,2020.

[38] 刘晏辉. 西南某铜矿地下水环境风险评估及分区防控研究 [D]. 成都理工大学,2020.

[39] 付毅. 矿山建设中水文地质灾害防治技术 [J]. 冶金管理,2020(07):139-140.

[40] 苏利平,苏喜平,王恒山. 矿山集中开采区域水文地球化学特征分析 [J]. 世界有色金属,2020(07):167-168.

[41] 刘妍芬. 矿山开采对地下水环境影响的研究 [J]. 中国金属通报,2020(03):291-292.

[42] 石东伟. 新建矿山排泥库地下水多元示踪试验研究 [J]. 工程建设与设计,2020(05):66-68.

[43] 欧阳志宏,张兵,李仕斌. 探讨楚雄六苴铜矿深部采矿对水文地质条件的影响 [J]. 中国金属通报,2020(02):28+30.

[44] 王奇. 吉林省东部地区矿山开采引发地下水隐患与防治对策 [J]. 世界有色金属,2019(22):293+295.

[45] 曾庆海. 离子型稀土矿山地下水环境保护措施探讨 [J]. 世界有色金属,2019(21):237+239.

[46] Jonghoon Park,Eunhye Kwon,Euijin Chung,Ha Kim,Batbold Battogtokh,Nam C. Woo. Environmental Sustainability of Open-Pit Coal Mining Practices at Baganuur, Mongolia[J]. Sustainability,2019,12(1).

[47] 舒仲强,舒顺平. 矿山地下开采对地下水环境的影响及防治 [J]. 科技创新导报,2019,16(35):31+33.

[48] 张丽娜. 矿山开采过程中地下水保护措施研究 [J]. 能源与节

能,2019(11):83-84+122.

[49] 任军旗.矿山水文地质高精度勘查设备对环境的影响[J].世界有色金属,2019(17):160-161.

[50] 杨红斌,张博辉.陕北煤矿山实践教学及创新人才培养功能探讨[J].中国矿业,2019,28(S2):75-79.

[51] 郭腾翔,蔡俊勇,魏骏,刘湘萍.矿山地质地面沉降与地下水资源污染的关系建模研究[J].环境科学与管理,2019,44(10):34-39.

[52] 谢冬平.矿山水文地质类型及地下水对采矿影响的防范措施分析[J].世界有色金属,2019(15):128+130.

[53] 任伊滨,李广来,倪艳芳,郭春鹏,吴海龙.矿山开采区地下水基础环境状况调查评估研究[J].环境科学与管理,2019,44(09):80-83+132.

[54] 王康东.瞬变电磁法在皖东某矿山周边石英闪长岩地区地下水勘查中的应用研究[J].世界有色金属,2019(14):216-218.

[55] 高文谦,陈玉福.离子型稀土矿山地下水环境保护措施探讨[J].价值工程,2019,38(24):39-40.

[56] 李衡,周义朋,曾琴,王伟鹏.某地浸铀矿山地下水多组分耦合反应运移模拟[C].中国环境科学学会(Chinese Society for Environmental Sciences).2019中国环境科学学会科学技术年会论文集（第三卷）.中国环境科学学会(Chinese Society for Environmental Sciences):中国环境科学学会,2019:460-465.

[57] 谢谊.金属矿山岩土工程勘察中地下水问题的防治[J].世界有色金属,2019(13):189+191.

[58] 施莉.矿山地下水环境检测技术探究[J].江西煤炭科技,2019(03):137-138.

[59] 莫德科.论矿山水文地质类型及地下水对采矿影响的防范措施[J].世界有色金属,2019(10):294+296.

[60] 张弛.浅析矿山水文地质勘查中地下水的问题及应对措施[J].世界有色金属,2019(10):142-143.